中国计算机专业教育系列规划教材

macromedia®

DREAMWEAVER 8

网页制作

实用标准教程

主编　张　涛　葛海霞

编委　岳利波　王国胜

　　　张玉军　田　文

　　　王丽颖　黄　薇

南开大学出版社

天　津

图书在版编目(CIP)数据

网页制作实用标准教程 / 张涛,葛海霞主编. —天津:
南开大学出版社,2007.2

(中国计算机专业教育系列规划教材)

ISBN 978-7-310-02671-5

Ⅰ.网... Ⅱ.①张...②葛... Ⅲ.主页制作—高等学
校—教材 Ⅳ.TP393.092

中国版本图书馆 CIP 数据核字(2007)第 020118 号

南开大学出版社出版发行

出版人:肖占鹏

地址:天津市南开区卫津路 94 号   邮政编码:300071

营销部电话:(022)23508339 23500755

营销部传真:(022)23508542   邮购部电话:(022)23502200

*

天津泰宇印务有限公司印刷

全国各地新华书店经销

*

2007 年 2 月第 1 版   2007 年 2 月第 1 次印刷

787×1092 毫米 16 开本 17.5 印张 443 千字

定价:28.00 元

如遇图书印装质量问题,请与本社营销部联系调换,电话:(022)23507125

内 容 提 要

中文版 Dreamweaver 8 是 Macromedia 公司推出的最新网页制作软件之一，作为专业的网页制作工具，可以帮助网页设计人员快速地制作出精美的网页。

本书主要内容包括网页制作概述、Dreamweaver 8 基础知识、页面属性与文本操作、应用图像、使用超链接、应用表格、应用层、应用框架、多媒体网页、制作菜单、应用 CSS 样式、应用模板和库、应用行为、动态网页的实现以及网站上传和维护。

本书本着实用的原则，以图文并茂的形式详尽介绍了网页制作的基本知识和操作步骤，内容丰富、语言通俗易懂。本书适合作为各大中专院校、职业院校和计算机培训学校的培训教材，也可作为网页设计与制作爱好者的参考用书。

前　言

计算机技术在我国各个领域发展迅速,操作和应用计算机已成为人们必须掌握的一种基本技能,许多单位和部门已把掌握一定的计算机知识和应用技能作为晋升和提薪的重要依据之一。为适应知识经济和信息产业发展的需要,提高从业人员的基本素质,推动全国信息化进程,我们在充分调研市场和了解读者需求的前提下组织策划编写了本套"中国计算机专业教育系列规划教材",以适应社会发展的需要。

本书编者严格依据"以应用为目的,以必要、够用为度"的原则,力求从实际应用出发,尽量减少枯燥死板的理论概念,加强了应用性和可操作性内容,坚持基础、技巧、经验并重,理论、操作、实训并举,使读者可以学以致用,学有所成。

本书主要具有以下特点:

✓　在知识内容上贴近培训和基础学习,对各个知识点进行了系统安排。编者根据多年经验的积累,在撰写时有的放矢,使读者在学习时有深入的理解与深刻的印象。

✓　在结构安排上由浅入深,理论与实际操作相结合,使之更加符合"从基础到技能、从入门到提高"循序渐进的学习规律。

✓　在语言上通俗易懂,叙述简洁明了,注重条理性,不但适合课堂教学,也适合读者自学。

✓　在介绍理论的同时注重实际操作,从而使理论知识不流于形式。行文中还穿插了大量精心设计、具有典型意义的实践内容,使读者学以致用,在实践中熟练掌握相关知识。

本书全面介绍了 Dreamweaver 8 的应用,共分 15 章:第 1 章主要介绍了网页的相关概念、网页设计的关键及过程,便于读者对网站制作有一个整体的了解;第 2 章介绍了 Dreamweaver 8 的工作界面及其基本操作;第 3～5 章介绍了网页中的主要元素,包括文本对象的插入与格式化、图像的应用与编辑、各种超链接的创建、管理与测试;第 6～8 章介绍了如何进行页面布局,其中重点讲述了表格布局、层布局、层与表格的相互转换和框架页面的设计;第 9 章主要介绍了多媒体网页的制作;第 10 章介绍了表单在网页中的作用,以及如何利用 Dreamweaver 8 所提供的工具进行表单的制作;第 11 章介绍了网页制作中流行的 CSS 样式设计的基础知识,以及 CSS 样式应用实例;第 12 章介绍了模板和库的应用;第 13 章通过大量的实例介绍了行为的应用;第 14 章介绍了动态网页的制作过程;第 15 章介绍了在网站上传之前所要进行的准备工作,以及在维护过程中需要注意的问题。

本书结构严谨、重点突出、内容新颖丰富,注重实践性和可操作性,是各大中专院校、职业院校和计算机培训学校的首选教材,也可作为网页设计与制作爱好者的参考用书。

本书由张涛、葛海霞主编,参与编写的还有岳利波、王国胜、张玉军、田文、王丽颖、黄薇等，其中，张玉军编写了第 1、2 章，王国胜编写了第 3 章，岳利波编写了第 4 章，田文编写了第 5、6 章，张涛编写了第 7～11 章，葛海霞编写了第 12、13 章，王丽颖编写了第 14 章，黄薇编写了第 15 章。由于编者水平有限，书中不足之处在所难免，恳请广大专家和读者不吝指教。

编 者

2007 年 2 月

目 录

第 *1* 章　网页制作概述

导语与学习目标

随着 Internet 的迅速发展，网页、网站已经成为时尚流行的名词，它们凭借设计精美的页面、丰富的信息、方便快捷的信息获取方式吸引着越来越多的用户。

通过本章的学习，读者将对网页及网站有一个整体的认识，并且能够全面了解网站的制作流程。

要点和难点

➢ 网页、网站的概念
➢ 了解网站的制作流程

1.1　初识网页

网页作为网络信息的基本载体，读者应对其有一定的了解。本小节将向读者介绍网页和网站的基本概念、分类以及网页制作的意义。

1.1.1　网页与网站

用户上网冲浪时所看到的一个个页面就是网页，每一个网页都是用 HTML（超文本标记语言）代码编写的文件。

网站是由许多个信息类型相同的网页组成的一个整体。各个网页之间通过超链接连接在一起，它们之间可以相互访问。同时，网站之间又以不同的方式相互链接，从而构成一个庞大的网络体系，最终实现了更多信息的共享与交流。

按照网页实现形式的不同，可以将其分为静态网页和动态网页。静态网页就是只有 HTML 标记而没有程序代码的网页文件，其后缀名为.htm 或.html。静态网页制作完成之后，所显示的内容将不再变化，无论什么时间访问，其显示的内容总是一样的。如果要修改静态网页中的有关内容，就必须修改源代码，然后重新上传到服务器上。浏览网站时，用户在浏览器地址栏中输入网址，然后按回车键，用户的计算机就向服务器端提交了一个浏览网页的请求。服务器接到请求后，就会查找到用户所要浏览的静态网页文件，然后发送到用户的浏览器上，并显示出来，其传输示意图如图 1-1 所示。

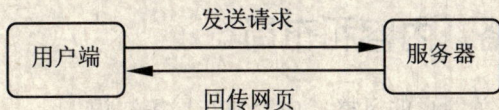

图 1-1　静态网页传输示意图

动态网页是指不仅含有 HTML 标记且含有程序代码的网页文件。动态网页常用的程序设计语言有 JavaScript、ASP.NET、JSP、PHP 和 ASP 等，不同的程序设计语言产生的文件后缀名也不同，如 ASP 文件的后缀为.asp。动态网页能够根据不同的时间、不同的来访者而显示不同的内容，还可以根据用户的即时操作和请求，在内容上发生相应的变化，如常见的 BBS、留言板、聊天室等都是用动态网页来实现的。动态网页的工作原理与静态网页有很大的不同。当用户在浏览器地址栏中输入一个动态网页的网址并按回车键后，用户计算机便向服务器端提交一个浏览网页的请求。服务器端接到请求后，首先会查找用户所要浏览的动态网页文件，然后执行网页文件中的程序代码，并将含有程序代码的动态网页转化为标准的静态网页，最终将静态网页发送给用户计算机。

1.1.2　网页制作的意义

互联网的出现和发展，将人类社会推向了一个崭新的时代。网络作为信息共享的平台和通信工具，已经引起了人们的广泛关注，被称为继广播、报纸、杂志、电视之后的又一种媒体——数字媒体。

利用传统媒体进行企业的宣传不但价格昂贵，而且还会受到时间、地区等多方面因素的限制，效果不是令人十分满意。相比之下，利用基于网络的网站宣传，费用低廉、速度快捷，而且回报也丝毫不逊色。同时由于网络的无限性，使得网页的宣传更加广泛，从而为企业把握广阔的国际发展空间和潜在的商业伙伴提供了有利条件，因此越来越多的公司、企业和行政单位都建立了自己的网站，使得企业本身不再局限于某个地区，而直接面向全世界，最终为企业带来效益。企业的网站建设已经成为衡量其综合素质的重要标志之一。

在信息时代的今天，网页作为网络信息的载体，不仅对企业的发展起到了巨大的推动作用，而且也对人与人之间的交往产生了深远的影响。它使人们的沟通突破了时空的限制，使全球性交易成为可能。对于企业来说，网站已成为商家与客户进行交流的重要工具，可以通过它建立贸易关系，进而提高了商家的竞争力。网络的出现也为商家提供了新的交易场所，可以利用网页来展示自己的产品，提高经济效益，增加企业的收入。电子商务的实现使得企业内部人员的沟通更加频繁，人员、机构的减少为企业节省了大量的费用。网站可以使商家及时了解客户的反馈信息，掌握市场的需求，宣传自己的企业文化，提升企业的知名度等。对于个人来说，利用网页来交友、展示自我也已成为一种时尚，同时还可以进行网上购物等。

1.2　网页制作的关键

如何设计网页才能使它不仅页面精美而且可以准确地表达设计者的意愿、达到预期的目的呢？本节将重点讲解应如何把握网页设计中的各个关键因素。

1.2.1　网页的风格、内容和布局

下面将向读者介绍有关网页的风格、内容和布局等知识。

1. 网页的风格

网页的风格在网页设计中是非常重要的，它是网页的魅力所在，也是设计者人格魅力的体现和企业文化的展示。好的设计风格可以吸引一大批浏览者，从而增强宣传的效果。对于不同类型的网站，对网页风格的具体要求也不相同，如对于娱乐、休闲型的网站来说，可以考虑采用简单、明快的设计风格；对于学术性质或政府网站来说，应采用比较严谨、严肃的设计风格。但对于网站设计风格也不能一概而论，要分类剖析，一般情况下，设计网站应注意以下几点：

（1）资讯类站点，如新浪、网易、搜狐等。这类站点为访问者提供大量的信息，而且访问量较大，因此在设计时需注意页面结构的合理性、界面的亲和力等问题。

（2）资讯和形象相结合的网站，如一些大公司、高校等的网站。在设计这类网站时，既要保证具有资讯类网站的性质，同时又要突出企、事业单位的形象。

（3）形象类网站，如一些中小型的公司等。这类网站一般较小，功能也较简单，设计时应重点突出公司形象。

2. 网页的内容

网页内容的确定，也是关键的环节。作为网页的主体，设计者在设计网页时，应针对网页内容考虑以下几点：

（1）网页内容的选择要考虑网站的性质、网站主要针对的浏览者的文化水平、年龄特征和爱好如何。

（2）浏览者希望得到什么样的信息和服务，他们对哪些信息感兴趣。

（3）特别要注意主页内容的选择。主页作为网站的门户不但要考虑美观，也要注重它的实用性。

建议设计者充分利用网页的交互功能，设计一些表单、留言板，让浏览者发表意见，以获取他们对网站的意见或建议。同时，应及时更新网页内容，因为再好的内容和形式，如果总是一成不变，浏览者最终也会厌烦的，只有不断地更新，才能使网站保持永恒的魅力和不衰的生命力。

此外，对文本的修饰也很重要，修饰是指对内容的格式化，如果只有好的内容而没有一个好的形式，就会显得过于平淡。

3. 网页的布局

同绘画一样，一个空白网页就像一张白纸，设计者可以任意挥洒自己的设计才思。但是在下笔之前，应先结合网站的性质和风格，在心中或纸上做一个草稿。而最终设计出来的网页，应符合约定俗成的标准或者大多数人的浏览习惯。

首先，对于普通的网站，不要放太多、太大的图像，以免影响网页的下载速度。其次，应考虑客户端的计算机配置（例如：用户计算机中有无声卡、特殊字体等），网页中的关键内容尽量少使用特殊效果，以免影响用户对内容的理解，而达不到所要的宣传目的。此外，要使用不同的浏览器、不同分辨率的显示器来浏览所制作的网页，并对网页进行修改，尽量不要使效果相差太远。作为设计者，可以在主页上对浏览器、显示分辨率进行说明，建议浏览者采用相应的配置。

1.2.2 网页中的色彩搭配

色彩搭配是网页设计中的关键问题之一，也是让初学者感到头疼的问题。采用什么样的色彩才能更好地表现网站的主题，怎样搭配色彩才能更好地表达出设计的内涵呢？

首先分析一下色彩的成分与分类。颜色由三原色构成，即红色、绿色和蓝色。在计算机中，色彩是采用十六进制表示的，如红色为 FF0000，白色为 FFFFFF。色彩又可以分冷色、中性色和暖色，其中冷色系包括蓝、绿；暖色系包括红、橙；中性色系包括青、紫。不同的色彩会给人不同的心理感受。另外，每种色彩在饱和度、透明度上略微有所变化，也会产生不同的效果。

下面是各种色彩给人的感觉：

红色：是一种激奋的色彩，具有刺激效果，能使人产生冲动、愤怒、热情、活力，象征着人类最激烈的感情：爱、恨、情、仇，可以表现情感的充分发泄。

绿色：是一种轻松舒爽、赏心悦目的色彩，能给人以和睦、宁静、健康、安全的感觉。

橙色：也是一种激奋的色彩，具有轻快、欢欣、热烈、温馨、时尚的效果。

黄色：具有快乐、希望、智慧和轻快的个性，它的亮度最高。

蓝色：是最具凉爽、清新、专业的色彩，常常以纯色来描写游历与闲适的气氛。

紫色：能表现神秘、深沉的个性，也能给人怪诞、诡异的感觉。

白色：能使人产生洁白、明快、纯真、清洁的感受。

黑色：能使人产生深沉、寂静、悲哀、压抑的感受。

灰色：能给人中庸、平凡、温和、谦让、中立的感觉。

在色彩搭配方面要注意以下 2 点：

（1）在搭配主色调时不要将所有颜色都用到，应尽量控制在三种色彩以内。

（2）背景和正文的对比最好大一些，可以使用一些花纹简单的图像，以便突出主要内容。

1.3 网站的规划和设计过程

在了解了网站的基础知识后，下面将介绍整个网站的制作过程，以便于读者更好地把握网站的制作流程。

1.3.1 确定网站主题

要确定网站主题，除了进行整体规划外，还需要确定网站的题材。

1. 整体规划

在建立站点前，首先要进行网站规划。一个网站的建设结果与建站前的规划有着很大的关系，因此在规划时应明确网站的性质和目标，确定网站的功能、规模和投入费用等。如果是商业网站，则还应进行必要的市场分析。只有详细地进行规划，才能减少网站建设中所遇到的问题，从而使网站建设能顺利进行。其次要确定网站的结构，如果是一个简单的个人网站，则可以把所有的网页都放在根目录下，还可以建立一个 images 文件夹，用于存放网站中的图片及其他素材；而对于较复杂的网站，如大型商业网站，其内部结构、信息内容繁多，在规划时要注意分类，最好采用树型结构或星型结构。

2. 确定主题

网站的主题就是网站所要表达的主要内容、中心思想。主题定位通常是由所要创建网站的目标、性质及其浏览对象所决定的。在网站建设之前，设计者应明确网站所要表达的内容，即给网站一个明确的定位，如娱乐网站、家庭教育网站、计算机技术网站等，这样才能确定下一步的工作。在确定主题时，要根据网站的性质进行定位，并且大小要合适，内容要精练。如果是大企业，那么在定位主题时就要考虑网站是以宣传公司形象为主、以介绍产品为主还是以电子商务为主，或者是兼顾两个方面以上；如果是一个公益性的网站，那么就要考虑它的宣传性、社会性及公益性；如果是一个个人网站，那就可以定位于展示才华、交友、技术讨论等。

下面以个人网站为例介绍网站主题定位要注意的地方：

（1）选取自己比较擅长的题材，如自己最熟悉、做得最好的领域，这样做起来才能得心应手。兴趣是制作网站的动力，如果擅长编程，就可以建立一个编程爱好者网站；若对文学感兴趣，就可以建立一个写作交流的网站。

（2）选材定位要大小合适，内容要精练。如果选题太大，面面俱到，反而显得内容肤浅、空洞、没有针对性，且维护工作也需要大量的精力和时间。

（3）要有创新。尽量避免与优秀网站的主题发生冲突，否则做起来会十分困难。一旦选定主题，就可以参考一些与自己主题相似的网站，加入自己的创新，突出自己网站的亮点。

1.3.2 确定网站风格

网站同人一样也有自己的风格（站点的整体形象给浏览者的感受），独特、出色的风格会让浏览者愿意多停留些时间，细细品味网站的内容，甚至还会得到他们的鼓励与关注。那么如何才能制作出自己的风格，产生独特的创意呢？在网站制作过程中应把握以下几个方面：

1. 颜色搭配

颜色搭配是体现风格的关键。一般情况下白色和黑色搭配做网页背景最方便；亮色与暗色搭配，最容易突出画面主题；而相似颜色的搭配则能给人一种柔和感。在具体制作时，最好能给主页确定一种主色调，此外，也可以参考一些优秀网站的颜色搭配。

2. 页面布局

页面布局也是网站风格的一个重要标志。导航栏该如何放置，文字应放在哪里，图片又该放在什么地方，这些都是设计者需要考虑的问题。一般可采用左边导航、右边文字，或者上边导航、下边文字的做法，这是一种最实用、最容易让人接受的方法。用框架同样可以很方便地实现上面两种布局。

3. 内容结构

在设计网页的内容结构时，条理要清晰，分类条目要精练、有层次性，且页面间的链接层次不要太深，以免给浏览者查找资料带来不便。对于一般的网站可以采用树型或星型结构，尽量做到在各个栏目之间可以方便地跳转，至少应让浏览者可以随时返回主页。

4. 网站设计风格总述

对于网站风格的设计，应注意以下几点：

（1）网站的风格一定要与内容相符，并且内容一定要有价值，因为风格是建立在内容的基础上的。

（2）确定网站的风格后，找出其中最有特色的内容，将其作为网站的亮点，以便突出自己的风格。

（3）为装饰页面，可以使用一些图片，但不要使用过多，否则会让人眼花缭乱、摸不到头绪，一定要适可而止。

（4）从审美的角度来讲，一个网站必须具有统一的风格。这不仅表现在内容和页面的设计相协调上，还表现在页面内容排列的疏密、页面的颜色、图像的选择等方面。总而言之，各种网页要素的搭配要和谐。

（5）一个页面采用一个主题，并且所有的页面应根据其主题进行排列，这样浏览者就可以快速查找到所需要的信息。如果主题较多，可以在主页创建一个索引，使浏览者通过链接来访问相应的内容，以免混乱。

1.3.3　准备网页素材

在制作网页之前，需要准备好各种素材，不仅要搜集大量的素材，还要设计网站所特有的标志，包括网站的 Logo、图片、Flash 动画、各种按钮、声音文件、用于布局参考的参考图像等。

Logo 是网站的重要标志，就像一个国家的国旗一样。对于 Logo，设计者可以自己制作，也可以请人制作，但一定要根据网站的内容来设计，以突出网站的特点，反映网站的主题与性质。对于其他素材，则可以到一些素材网下载（如三连素材网 http://www.3lian.com/、中国素材网 http://www.sucai.com/等），或者自己用一些工具软件（如 Flash、Photoshop 等）来制作。此外，还可以使用扫描仪、数码相机等设备来获取外部素材。

1.3.4　设计主页

主页是一个网站的门户，在设计时一定要慎重。主页关系着网站给浏览者的第一印象，并且决定了浏览者是否继续浏览该网站。因此在设计主页时，要根据网站的类型和内容的多少来设计。下面将以个人主页为例来介绍主页的设计过程。

首先，在设计时需要注意以下几点：

（1）设计一定要简洁，导读性要强。

（2）在色彩搭配上要符合网站中所列的内容。主页的整体色彩效果应该是和谐的，可以在局部的、小范围的地方有一些强烈的色彩对比，以突出重点。在色彩的运用上，可以根据主页内容的需要，分别采用不同的主色调。

（3）体积要小。首先使浏览者能尽快地看到主页，而没有长时间的等待。

其次，设计的实现过程可以分为两部分。第一部分为站点的规划及草图的绘制，这一部分可以在纸上完成；第二部分为网页的制作，这一部分是在计算机上完成的。

在设计版面布局时，可以将网页当作报刊杂志来编辑，这里面有文字、图像及动画，设计者要做的工作就是将相应的图片和文字排放在页面上合适的位置。这一步的实现可以使用Dreamweaver、Flash 及 Photoshop 等软件来辅助完成。

网页要通过软件才能将设计的蓝图变为现实，其最终的集成可以在 Dreamweaver 中完成。在网页的实现过程中，虽然我们设计了草图，但灵感一般都是在制作过程中产生的，因此，用户可以根据实际情况随时添加好的创意。设计完成的网页一定要有创意，这是最基本的要求，没有创意的网页是失败的网页。

1.3.5 制作其他页面

在完成了主页的制作后，网站的基本界面也就确定了，然后应完成其他页面的制作。首先要清楚网站的所有内容该如何分类，还需要做多少二级页面，以及各个页面之间的链接关系。二级页面确定以后，再根据类别的范围大小决定是否做三级页面，甚至四级、五级页面等。所有的构架、分类完成以后，就要根据主页的设计风格或以主页为模板，完成各个次级页面。在次级页面的制作过程中要注意整个网站的风格统一，各页面间的链接要明确，尤其注意次级页面与主页的链接，应使用户不论在网站的什么位置，都可以很容易地返回到主页。

例如在制作一个计算机类的个人网站时，主页完成以后，二级页面可分为站长简介、作品展示、技术创新、个人论坛和友情链接等。在确定三级页面的设计时可以根据需要而定，如作品展示中可分为 Flash、Photoshop 和 ASP 等。

1.3.6 测试与发布网站

站点发布就是将所制作的网页放到网络服务器上。当完成整个网站的制作并要上传站点的时候，首先要配置服务器。

1. 安装 Internet 信息服务管理器（IIS）

对于使用 Windows 2000 和 Windows XP Professional 系统的用户，应该安装 IIS。下面将以在 Windows XP Professional 上安装 IIS 为例进行介绍，其具体操作步骤如下：

（1）单击"开始" | "控制面板"命令，打开"控制面板"窗口，在该窗口中双击"添加或删除程序"图标，如图 1-2 所示。

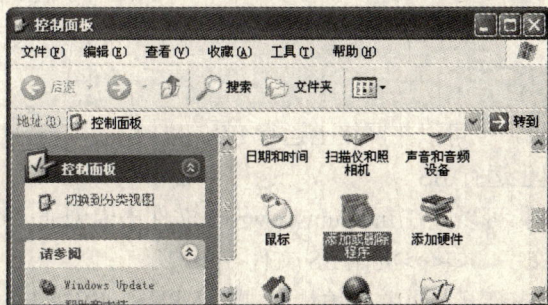

图 1-2 "控制面板"窗口

（2）在打开的"添加或删除程序"窗口中，单击"添加/删除 Windows 组件"按钮，如图 1-3 所示。

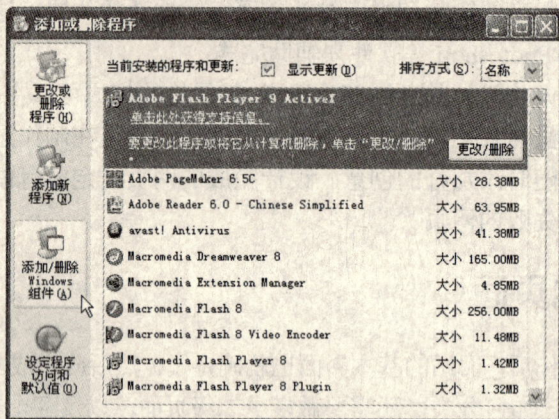

图 1-3 "添加或删除程序"窗口

（3）此时将打开"Windows 组件向导"对话框，在"组件"列表框中选中"Internet 信息服务（IIS）"复选框，如图 1-4 所示。

（4）单击"下一步"按钮，根据提示进行操作，即可完成安装。

安装成功后，IIS 会自动在计算机中的系统盘根目录下创建名为 Inetpub 文件夹，如图 1-5 所示。

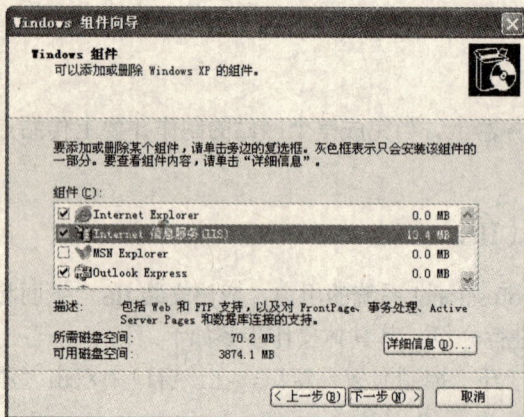

图 1-4 "Windows 组件向导"对话框

图 1-5 IIS 自动创建的文件夹

2. 测试 IIS

可以通过本地计算机，也可以在网络上运行 IIS，以对其进行测试。

（1）在本地计算机上运行 IIS

在测试 Web 服务器时，可以先在 Inetpub\wwwroot 文件夹中创建一个名为 mysite 的 HTML 页面，在其中输入一行文字，如<p>测试 IIS 文件</p>。

然后在 Web 浏览器中打开该页并在地址栏中输入以下 URL：http://localhost/mysite.html 即可进行测试。

（2）在网络上运行 IIS

如果 IIS 运行在网络中的计算机上，则将网络上的计算机名作为域名。例如，如果运行 IIS 的计算机名称是 zzhu-pc，则在其浏览器中输入以下 URL：http://zzhu-pc/mysite.html。

如果浏览器可以正常显示网页，则说明 Web 服务器运行正常；如果浏览器不能正常显示该页，则检查服务器是否正在运行。如果仍无法打开该页，则检查测试页是否位于 Inetpub\wwwroot 文件夹中，且文件的名称是否与用户所设置的默认文件名称相符。

3．发布文件

首先连接服务器，打开 IE，并在地址栏中输入 ftp://账号:密码@服务器地址。例如，ftp://zzhu:12345@127.0.0.1。

然后复制本地站点文件，将其粘贴到远程服务器上即可。

4．下载文件

首先连接服务器，打开 IE，并在地址栏中输入 ftp://账号:密码@服务器地址。例如，ftp://zzhu:12345@127.0.0.1。

选择所要复制的文件或文件夹，并单击鼠标右键，在弹出的快捷菜单中选择"复制到文件夹"选项，然后选择相应的位置进行存储即可。

1.3.7　管理和维护网站

网站的管理和维护是网站建设中极其重要的一部分，也是最容易被忽视的一部分。如果网站不进行管理和维护，很快就会因内容陈旧、信息过时而无人问津，或者由于某种技术原因而无法正常运行。

所谓网站的管理和维护，是指经常对网站内容进行更新。网站的维护主要包括网站内页面信息管理维护和技术管理维护。网站页面管理维护包括定期改版，增加、删除、更新信息以及调整网站结构等。技术方面的管理与维护包括服务器安全监测、虚拟主机管理维护、搜索引擎优化、数据库系统管理维护和网站访问统计报告等。此外，网站提供的服务和回复客户信息的工作也属于管理与维护的范围。

习　题

一、填空题

1．网站的最终目的是实现_____。

2．网页按照其实现形式来分可以分为_____和_____。

3．_____作为信息共享的平台和通信工具，已经引起了人们的广泛关注，被称为继广播、报纸、杂志、电视之后的又一种媒体。

4．颜色由_____、_____和_____构成。色彩可分为冷色、_____和_____三类。

5．网站的成功发布并不意味着工作的结束，_____和_____同样是网站建设中极其重要的一部分。

二、简答题

1．什么是网站、网页？
2．网站制作的意义是什么？
3．如何发布网站？
4．谈谈怎样制作一个优秀的网站。

三、上机题

1．上网浏览一些不同性质的网站，比较它们不同的设计风格。如中国制造网（http://www.made-in-china.net.cn/）和网吧娱乐平台网（http://www.88123.com），如图1-6所示。

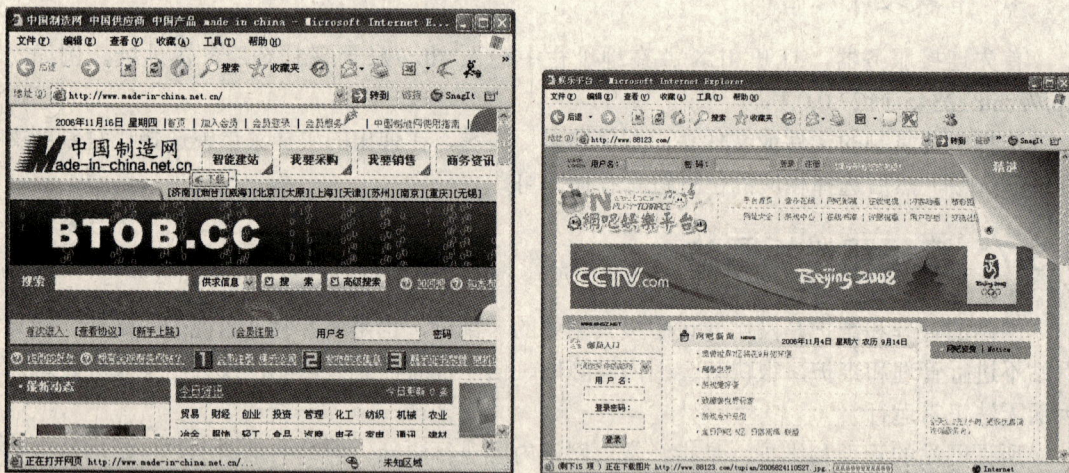

图 1-6　网站浏览

2．上网搜集网站制作素材，如中国素材网（http://www.sucai.com）、素材精品屋（http://www.sucaiw.com）和三连素材网（http://www.3lian.com）等。

第 *2* 章　**Dreamweaver 8 基础知识**

导语与学习目标

　　在学习任何软件知识的时候，都应该从最基础的概念和操作学起。Dreamweaver 是由 Macromedia 公司推出的一款专业的网页制作软件。随着软件版本的不断升级，现阶段的 Dreamweaver 8 功能更加完善，操作更加方便，在很大程度上提高了网页的设计效率。本章将着重介绍 Dreamweaver 8 的工作界面及基本操作。学习完本章内容后，读者应可以利用 Dreamweaver 8 进行页面的基本操作及站点的建立。

要点和难点

- ➢ Dreamweaver 8 的工作界面
- ➢ 网页的新建和保存
- ➢ 站点的创建和管理

2.1　Dreamweaver 8 的工作环境

　　在使用 Dreamweaver 8 进行网页制作之前，先向读者介绍一下它的工作环境。

2.1.1　启动 Dreamweaver 8

　　单击"开始" | "所有程序" | Macromedia | Macromedia Dreamweaver 8 命令，或直接双击桌面上的 Dreamweaver 8 快捷方式图标，即可进入 Dreamweaver 8 的启动界面，如图 2-1 所示。

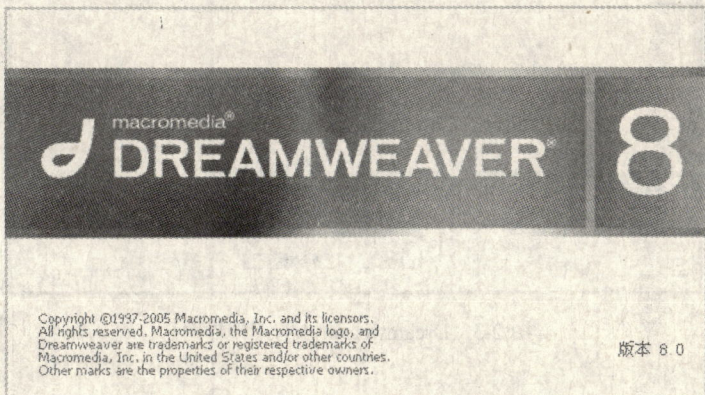

图 2-1　Dreamweaver 8 的启动界面

　　当系统载入各种文件，启动完成后，即可显示 Dreamweaver 8 的起始页，如图 2-2 所示。其中主要包括"打开最近项目"、"创建新项目"和"从范例创建"三大部分。

图 2-2　Dreamweaver 8 的起始页

　　单击起始页中的"创建新项目"栏中的任意一项，即可创建一个相应的空白文档，并进入工作界面，如图 2-3 所示。

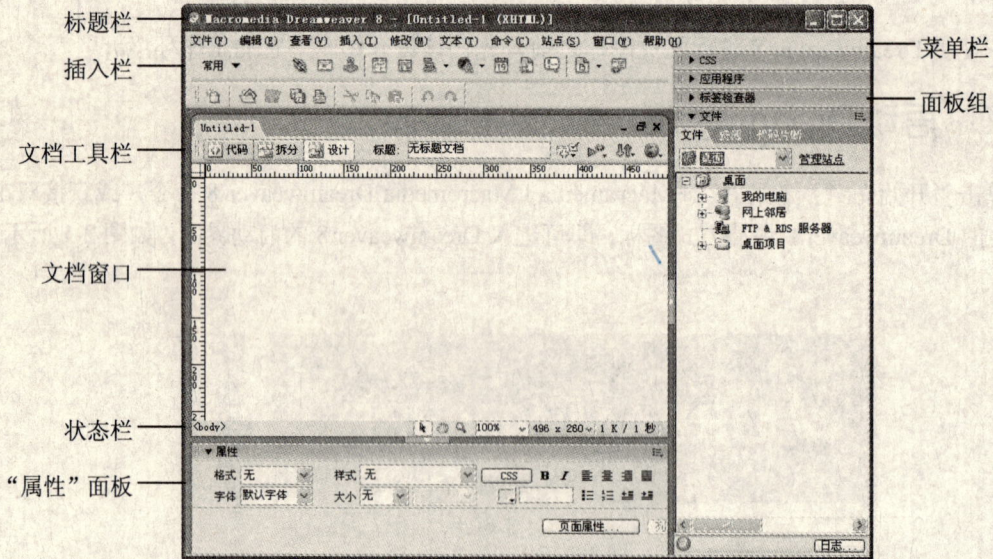

图 2-3　Dreamweaver 8 的工作界面

2.1.2　工作界面简介

　　中文版 Dreamweaver 8 的工作界面主要由标题栏、菜单栏、插入栏、文档工具栏、状态栏、各种面板及文档窗口等组成。

1. 标题栏

标题栏位于整个文档窗口的顶端,主要显示应用程序的名称和当前文档的名称,如图 2-4 所示。其中 Untitled-x 为当前文档的名称,即指该文档在磁盘上存储时的文件名,未保存的文件名为系统默认的文件名(如第一个未命名的文档为 Untitled-1)。当保存以后该名称显示为详细路径,并显示其扩展名(如.html)。当文档窗口处于还原状态时,可以用鼠标拖曳标题栏以移动整个文档的位置。

图 2-4 标题栏

当文档被修改后,在标题栏中的(XHTML)的后面会出现一个"*",其主要作用是提示用户及时对所修改的文档进行保存。

2. 菜单栏

菜单栏中包含文件、编辑、查看、插入、修改、文本、命令、站点、窗口和帮助十个菜单项,如图 2-5 所示。

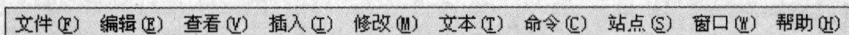

图 2-5 菜单栏

❊ 文件:包含"新建"、"打开"、"保存"、"关闭"、"另存为"、"导入"以及"在浏览器中预览"等选项,主要用于对当前文档进行一些基本操作。例如,"新建"选项是增加一个空白文档;"打开"选项可用于打开一个已有的文档。

❊ 编辑:包含"拷贝"、"撤销"、"粘贴"、"全选"、"查找和替换"以及"首选参数"等选项,其中通过"首选参数"选项可以根据用户的习惯,设置一些符合用户要求的参数。

❊ 查看:可以对文档的各种视图进行设置,还可以显示和隐藏不同类型的页面元素和辅助性工具。

❊ 插入:主要用于向网页中添加基本元素,如图像、媒体、表格、电子邮件、日期等。

❊ 修改:可用于修改所选定对象的属性。

❊ 文本:主要用于修改一些文本以及段落的格式。

❊ 命令:主要用于调用各种命令。

❊ 站点:在此菜单中可以新建和管理用户的站点,如修改、上传、取回站点同时生成站点报告等。

❊ 窗口:可以隐藏和显示 Dreamweaver 8 中的所有面板。

❊ 帮助:此菜单的主要作用是对 Dreamweaver 8 功能的说明。如对一些常见问题的解答、新功能的说明以及创建 Dreamweaver 扩展功能的帮助系统,还包括各种语言的参考材料、Dreamweaver 入门教程等内容。

3. 插入栏

插入栏包含了各种常用对象所对应的按钮,单击这些按钮,可以在网页中插入相应的对象。例如，用户在常用工具栏中单击表格按钮▦，即可在文档中插入一个表格。

在插入栏中还有一类带下拉菜单的按钮（如"图像"按钮▣·），当单击该类按钮右侧的下拉按钮时，会弹出一个下拉菜单，用户可以从中选择相应的选项，且该选项将成为下次单击该按钮的默认操作。例如，单击"图像"按钮右侧的下拉按钮，在弹出的下拉菜单中选择"图像"选项，此时将弹出"选择图像源文件"对话框，在该对话框中选择"图像"，单击"确定"按钮，插入一张图像。当再次单击"图像"按钮时，就会自动打开"选择图像源文件"对话框。

插入栏的显示形式有两种，一种是以菜单的形式显示（如图 2-6 所示），另一种是以制表符的形式显示（如图 2-7 所示）。这两种形式可以互换，在菜单形式下，单击"常用"下拉按钮，在弹出的下拉菜单中选择"显示为制表符"选项，即可切换到制表符状态；在制表符状态下，单击插入栏右上角的▤按钮，在弹出的下拉菜单中选择"显示为菜单"选项，则可以返回到菜单状态。

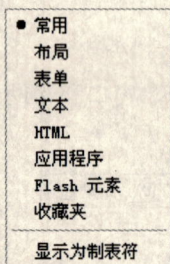

图 2-6　菜单形式

图 2-7　制表符形式

4. 文档工具栏

文档工具栏主要包括视图切换按钮、文档标题、浏览器检查错误、验证标记、文件管理、在浏览器中预览/调试、刷新设计视图、视图选项、可视化助理等工具，如图 2-8 所示。

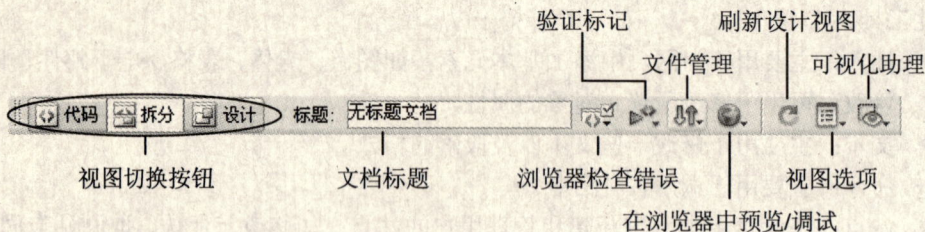

图 2-8　文档工具栏

❀ 视图切换按钮可以在不同的视图之间进行切换，在 Dreamweaver 中有三种视图：代码视图、拆分视图和设计视图。代码视图中只显示当前文档的代码，是编写和编辑 HTML、JavaScript、服务器语言（如 PHP）等类型代码的手工编码环境；设计视图是可视化的设计方式，可以对文档进行"所见即所得"的可视化编辑；拆分视图是把文档分为了上下两部分，上面显示代码视图，下面显示设计视图，能够同时进行代码和设计的编辑。

❀ 文档标题是用户为文档命名的一个标题，它将显示在浏览器的标题栏中，如在其中输入"快乐家园"作为标题，则在浏览器中的显示如图 2-9 所示。

图 2-9 "快乐家园"标题

文档标题和文档的名称不同，文档的名称只在 Dreamweaver 中显示，而在浏览器中看不到，且文档名是以路径的形式出现，如图 2-10 所示。

图 2-10 "快乐家园"文档名

※ 浏览器检查错误主要用于检查浏览器的兼容性。

※ 验证标记用于检查当前文档、站点是否存在错误，验证结果将显示在文档的下面，用户还可以根据自身的需要进行自定义参数。

※ 在浏览器中预览/调试用于把用户做好的网页、站点放在 IE 中进行浏览并调试。

※ 刷新设计视图用于当用户在代码视图中进行更改后刷新文档的设计视图。

※ 视图选项中包含了一些辅助设计工具，不同视图下其显示的选项也不尽相同，在设计视图下，菜单显示如图 2-11 所示，其中各个选项都只应用于设计视图。

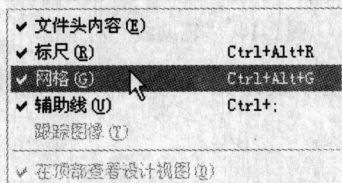

图 2-11 设计视图下的菜单

"文件头内容"是文件头部的内容信息，可以设置文档头部的内容。除此种方式可以调用、查看文件头内容外，还可以通过单击"查看"|"文件头内容"命令来查看。而要增加文件头内容信息时，单击"插入"|HTML|"文件头标签"命令，便可以增加相应的内容，如关键字、说明等。

"网格"、"标尺"和"辅助线"是辅助设计工具，如图 2-12 所示。网格在文档窗口中显示的是一系列的水平线和垂直线，可用于精确地放置对象，使对象移动时自动靠齐网格，且可以设置网格的参数来更改网格或控制靠齐行为。

若要显示或隐藏网格，可单击"查看"|"网格"|"显示网格"命令；若要启用或禁用靠齐功能，可单击"查看"|"网格"|"靠齐到网格"命令。单击"查看"|"网格"|"网格设置"命令，打开如图 2-13 所示的对话框，在该对话框中可以设置网络的各参数。

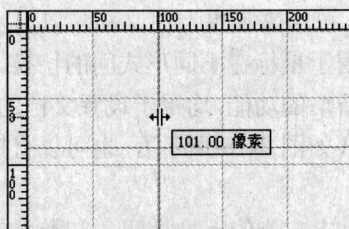

图 2-12 辅助设计工具

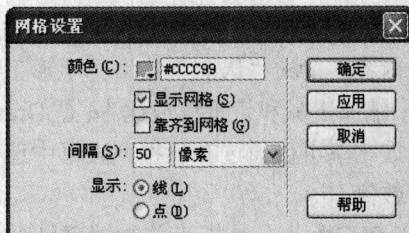

图 2-13 "网格设置"对话框

标尺主要用于测量、组织和规划布局，显示在文档的左侧和上方，以像素、英寸或厘米作为标记单位。单击"查看"|"标尺"|"显示"命令，可以使标尺在显示和隐藏之间进行切换；如果要更改度量单位，则可以单击"查看"|"标尺"子菜单中相应的命令，如"像素"、"英寸"或"厘米"。

辅助线的主要作用是辅助用户更加准确地放置和对齐对象、测量页面元素的大小，使用时可以用鼠标从标尺直接拖曳到文档中。若要更改辅助线，则单击"查看"|"辅助线"|"编辑辅助线"命令，在打开的如图 2-14 所示的对话框中进行设置。如果要更改当前辅助线的位置，可以将鼠标指针放在辅助线上，当鼠标指针变为双向箭头形状（参见图 2-12）时拖曳鼠标即可。

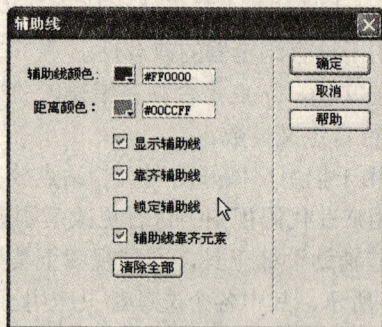

图 2-14 "辅助线"对话框

❋ 可视化助理：可以帮助用户设计文档和估计文档在浏览器中的外观。

5. 状态栏

Dreamweaver 8 的状态栏主要包括标签选择器、选取工具、手形工具、缩放工具、设置缩放比率、窗口大小、文档大小和下载时间，如图 2-15 所示。

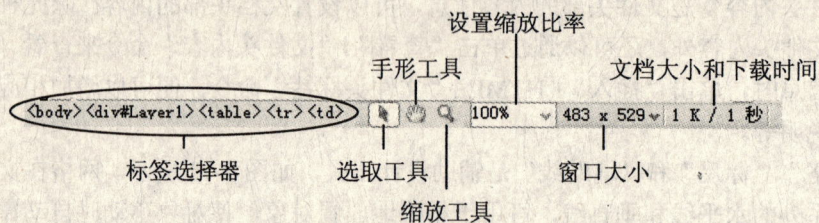

图 2-15 状态栏

❋ 标签选择器：是指当前选定内容的标签，单击各标签可以选择该标签及其包括的全部内容，单击<body>则可以选中整个文档。

❋ 选取工具：可用于在文档中选择不同的对象，以便于对其进行操作。

❋ 手形工具：在文档尺寸大于文档的显示窗口时，可用来拖曳当前文档，以显示文档的其他内容，单击"选取工具"、"手形工具"按钮，可用于鼠标在不同形式间的切换。

❋ 缩放工具和设置缩放比率：是 Dreamweaver 8 中新增的功能，均用于设置文档的大小。设置缩放比率可以通过在下拉列表框中选择相应的选项（如图 2-16 所示），也可以直接在其中输入数值。

❋ 窗口大小：是指当前文档可显示部分的大小。单击右侧的下拉按钮，在弹出的下拉菜单中选择"编辑大小"选项，打开如图 2-17 所示的"首选参数"对话框，用户可以在该对话框中自定义显示区的大小。需要注意的是，显示区的大小不能超过显示器分辨率的大小。

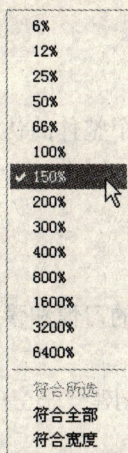

图 2-16　设置缩放比率

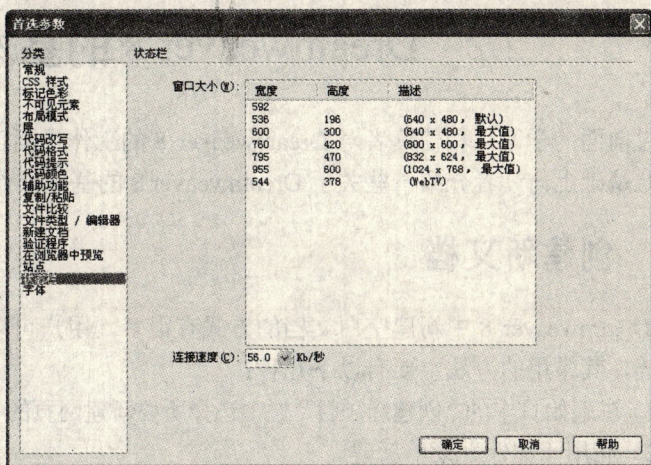

图 2-17　"首选参数"对话框

❋　文档大小和下载时间：说明当前文档的大小及其下载时间。

6."属性"面板

"属性"面板位于整个文档窗口的底部，主要用于显示当前处于选中状态的对象的各种属性及参数，如图 2-18 所示。用户可以通过设置其中的各个参数，完成对所选对象的更改。如果当前窗口中没有显示"属性"面板，可以单击"窗口"|"属性"命令或按【Ctrl+F3】组合键打开"属性"面板，在默认状态下，将显示文档的属性。

图 2-18　"属性"面板

7.面板组

面板组是在某个标题下进行分组的相关面板的集合，如图 2-19 所示。通常停靠在文档的最右侧。当要展开或折叠一个面板组时，可以单击该组名称左侧的小三角按钮。如果是要关闭面板组，则可以单击面板组右侧的 ≒ 按钮，在弹出的下拉菜单中选择"关闭面板组"选项。当面板关闭后，需要再次打开时，在"窗口"菜单下选择相应的选项即可。Dreamweaver 允许用户保存和恢复不同的面板组，以便针对不同的操作自定义工作区。当保存工作区布局时，

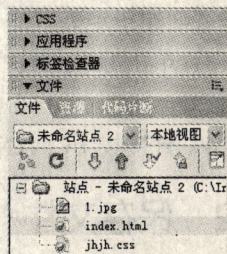

图 2-19　面板组

Dreamweaver 会记忆指定布局中的面板及其属性，如面板的位置和大小、面板的展开或折叠状态、应用程序窗口以及文档窗口的位置和大小。

2.2　Dreamweaver 8 的基本操作

经过前面的学习，相信读者对 Dreamweaver 8 的工作界面已经有了一个整体的认识，本节将在此基础上向读者介绍一些关于 Dreamweaver 8 的基本操作。

2.2.1　创建新文档

在 Dreamweaver 8 中新建空白文档的方式有很多，用户可以根据自己的习惯和爱好来创建新文档，其常用的方法主要有以下几种：

（1）在起始页中的"创建新项目"栏中选择所要新建网页的类型，即可创建一张空白文档。

（2）利用"文件"菜单新建。

利用"文件"菜单新建文档的具体操作步骤如下：

① 单击"文件"|"新建"命令，打开如图 2-20 所示的"新建文档"对话框。

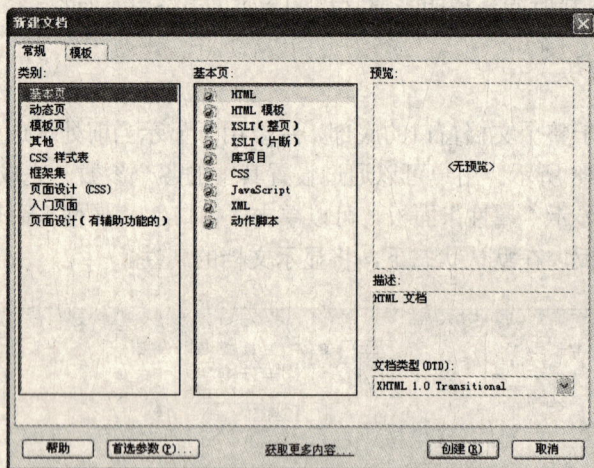

图 2-20　"新建文档"对话框

② 在"常规"选项卡的"类别"列表中选择一种网页类型，如选择"基本页"选项。

③ 在右侧打开的列表中双击某种文档选项，或者从中选择一项，然后单击"创建"按钮，即可创建指定类型的一个新文档。

（3）单击标准工具栏上的新建按钮 ，也可以弹出"新建文档"对话框，并由此创建新文档。

（4）直接按【Ctrl+N】组合键，也可以弹出"新建文档"对话框，并由此创建新文档。

2.2.2　保存文件

当一篇文档设计完成之后，就需要对其进行保存，其保存方式同样也有多种，用户可以从以下所列方式中任选一种进行保存：

❋ 单击"文件"丨"保存"命令（如图 2-21 所示），打开如图 2-22 所示的"另存为"对话框（注意：如果是一个已保存过的网页，就会按原来的路径进行保存，并覆盖原有文档，而不会弹出该对话框），在"保存在"下拉列表框中选择所要保存的位置，然后在"文件名"下拉列表框中输入文件的名称，最后单击"保存"按钮即可。

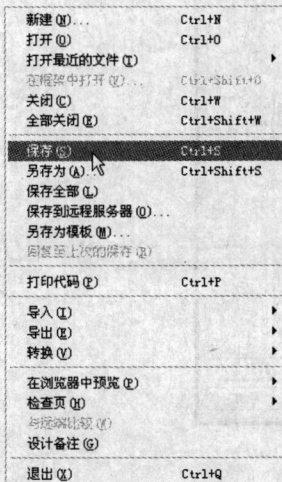

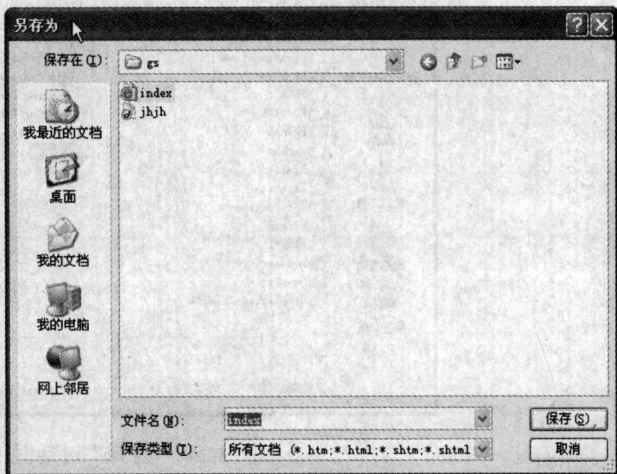

图 2-21　"保存"命令　　　　　　　　　图 2-22　"另存为"对话框

❋ 单击标准工具栏中的"保存"按钮，然后在弹出的"另存为"对话框中进行保存设置。

❋ 按【Ctrl+S】组合键，然后在弹出的"另存为"对话框中进行保存设置。

2.2.3　打开文件

当需要对已保存的文件进行重新编辑时，就需要将其打开，其打开方式有如下几种：

❋ 通过"我的电脑"窗口或资源管理器找到要进行修改的文件，并用鼠标右键单击该文件，此时，将弹出如图 2-23 所示的快捷菜单，从中选择"使用 Dreamweaver 8 编辑"选项，即可用 Dreamweaver 8 打开该文件。

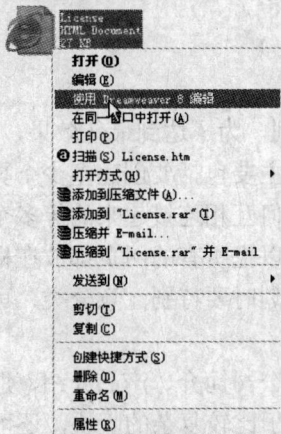

图 2-23　快捷菜单

✳ 在 Dreamweaver 8 软件中直接打开。单击"文件"I"打开"命令，弹出如图 2-24 所示的"打开"对话框，在"查找范围"下拉列表框中选择文件的位置，在文件列表中找到要修改的网页，然后单击"打开"按钮即可。

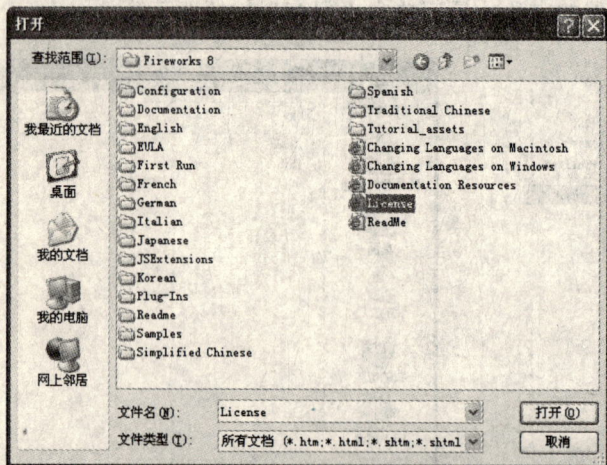

图 2-24 "打开"对话框

✳ 按【Ctrl+O】组合键，然后在打开的"打开"对话框中选择要打开的文件，并将其打开。

2.3 创建与管理 Dreamweaver 站点

建立站点时，通常先在自己的计算机上建立一个文件夹作为根目录，然后将制作的所有网页保存在此文件夹中，最后把这个根目录上传到 Web 服务器上。本节将向读者介绍如何利用 Dreamweaver 建立一个站点目录，并通过该目录管理站点。

2.3.1 创建站点

创建站点的工作可以分为两部分，一部分是规划网站结构，另一部分是利用 Dreamweaver 设置站点属性并建立站点。

1. 规划网站结构

创建 Web 站点前，首先是规划，为了达到最佳效果，在创建任何 Web 站点页面之前，应对站点的结构进行设计和规划，主要包括要创建多少个页面、每个页面上显示什么内容、页面布局的外观以及页面之间是如何互相连接起来的等多个方面；其次是确定网站的结构，如果是一个简单的个人网站，则可以把所有的网页都放在根目录下，而对于较复杂的网站，其内部机构和信息相对繁杂，在规划时要特别注意分类，可以采用树型结构。下面以大型企业的网站建设为例进行规划分析。

一个公司的网站可分为首页、公司简介、产品介绍、服务内容、价格信息、部门简介、联系方式和网上订单几个版块。对于比较复杂的版块，还可以继续分解，网站结构如图 2-25 所示。

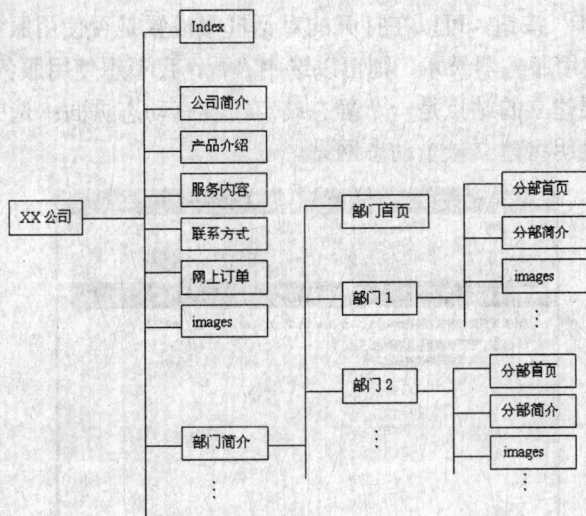

图 2-25　网站结构图举例

2．使用 Dreamweaver 建立站点

在完成了站点的结构规划后，下面将在 Dreamweaver 中实现站点的建立。站点的建立方式有两种，下面将分别进行介绍。

第一种方式：

（1）打开 Dreamweaver 8，进入其工作界面。

（2）选择"站点"|"新建站点"命令，打开"未命名站点 1 的站点定义为"对话框，在此对话框中，用户可以在"您打算为您的站点起什么名字？"文本框中输入所建站点的名称，如"我的小站"，则对话框的顶端将显示为"我的小站 的站点定义为"，如图 2-26 所示。其名称的主要作用是在 Dreamweaver 中标识该站点，便于以后查找。

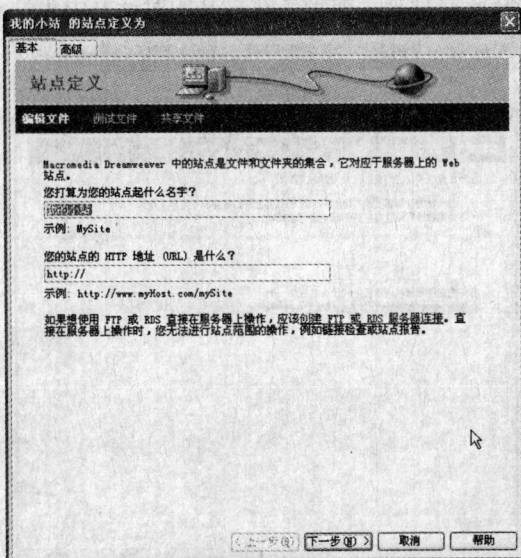

图 2-26　"我的小站 的站点定义为"对话框（一）

（3）单击"下一步"按钮，可以在打开的对话框中设置是否使用服务器技术，如图 2-27 所示。如果用户不想使用服务器技术，则可以选中"否，我不想使用服务器技术"单选按钮，选中该单选按钮表示要建立的站点是一个静态站点，没有动态页面；选中"是，我想使用服务器技术"单选按钮表明将建立一个动态网站。

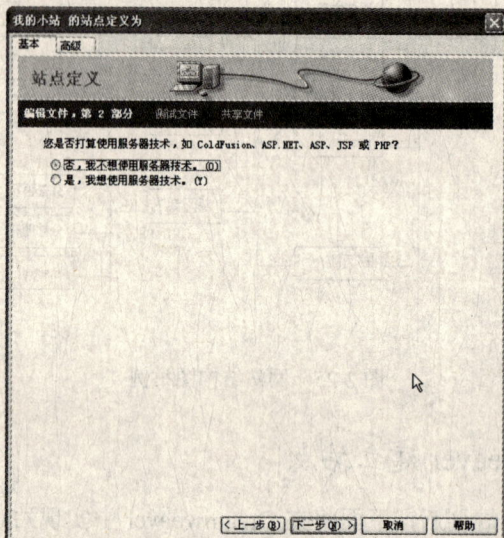

图 2-27 "我的小站 的站点定义为"对话框（二）

（4）单击"下一步"按钮，进入设置管理站点文件夹的对话框，如图 2-28 所示。在该对话框中系统将询问用户是在本地计算机上进行编辑，还是在网上直接编辑。建议用户选中"编辑我的计算机上的本地副本，完成后再上传到服务器（推荐）"单选按钮。单击"您将把文件存储在计算机上的什么位置？"文本框右侧的文件夹图标，在本地磁盘上指定一个文件夹，以存放所建站点的文件。在此之前，用户可以先在本地磁盘上新建一个名称为"我的小站"的文件夹，在这一步中直接选择此文件夹，或者是在打开的对话框中为站点定义一个新文件夹。

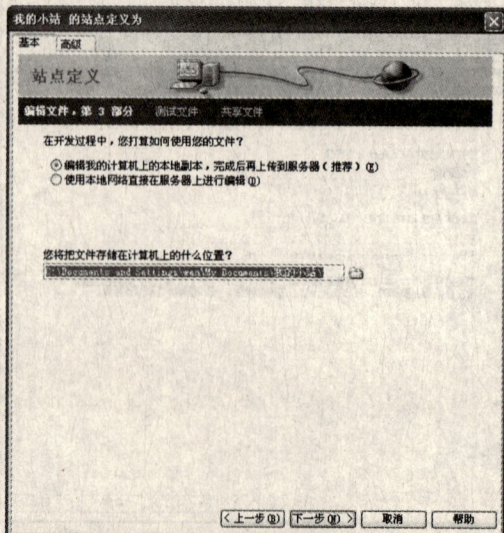

图 2-28 "我的小站 的站点定义为"对话框（三）

（5）单击"下一步"按钮，打开如图 2-29 所示的对话框。如果用户在上一步设置为在本地计算机上进行编辑后上传到网站的方式，则应在该对话框中的"您如何连接到远程服务器？"下拉列表框中选择"无"选项。

（6）单击"下一步"按钮，将在弹出的对话框中显示刚才所定义的站点信息，如图 2-30所示。其中包括站点的存储位置、远程信息和测试服务器。

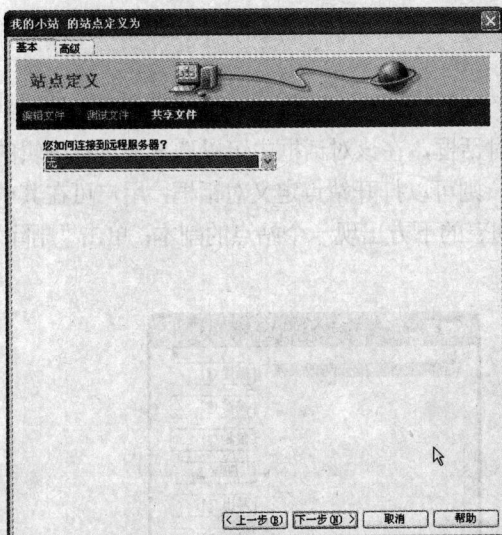

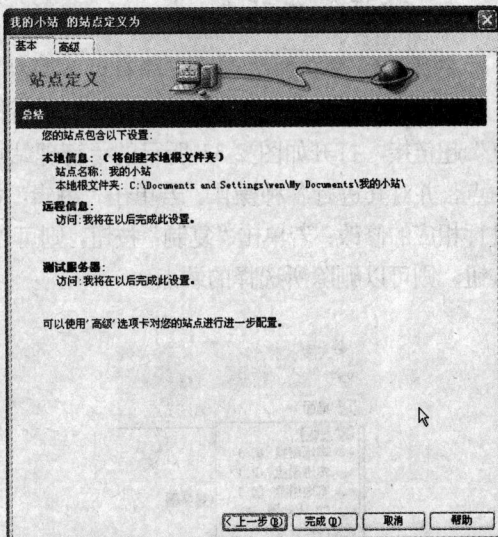

图 2-29 "我的小站 的站点定义为"对话框（四）　　图 2-30 "我的小站 的站点定义为"对话框（五）

（7）单击"完成"按钮，完成站点的建立。但目前站点中不包含任何文件或文件夹。

第二种方式：

在"我的小站 的站点定义为"的对话框中单击"高级"标签，打开"我的小站 的站点定义为"对话框，如图 2-31 所示。此方式为较熟悉 Dreamweaver 的用户提供了方便，省去了按照步骤提示进行建站的操作过程。各项设置在此不再详述，读者可以自己练习。

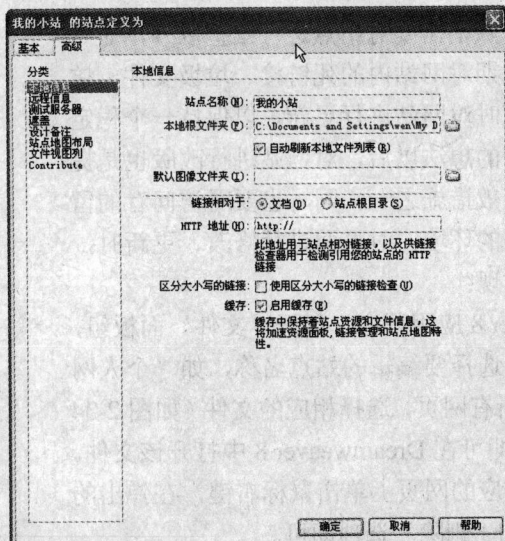

图 2-31 "我的小站 的站点定义为"对话框（六）

2.3.2 管理站点

站点的管理可以分为两部分，一部分是对本地站点的管理，另一部分则是对站点中网页文件的管理。

1. 修改本地站点

修改已经建立的站点的方法有以下两种：

❋ 打开 Dreamweaver 8 应用程序，然后打开"文件"面板，如图 2-32 所示。单击"管理站点"超链接，打开如图 2-33 所示的"管理站点"对话框，在该对话框中可以选择要进行编辑的站点，并对其进行各种操作。若单击"编辑"按钮，则可以打开站点定义对话框，用户可在其中进行相应的修改；若单击"复制"按钮，则可以在列表的下方出现一个站点的副本；单击"删除"按钮，则可以删除所选择的站点。

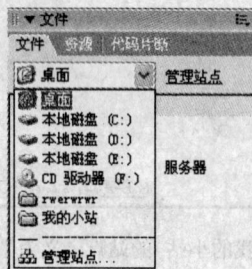

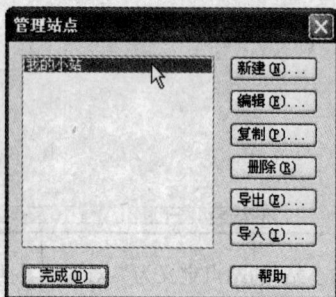

图 2-32 "文件"面板　　　　图 2-33 "管理站点"对话框

❋ 单击"站点"|"管理站点"命令，打开"管理站点"对话框，然后在其中进行相应的设置即可。

2. 管理网页

对于一个网站来说，除了需要对站点进行维护以外，对网页的维护同样重要。应定期对网站内的死链接、垃圾文件、访问速度等进行处理，并随时对网站进行更新，以保持一个稳定的读者群。当有了一个好的想法以后，对网站进行改版也是提高网站人气和知名度的有效措施之一；同时也要对访问者的留言进行管理，保持网站内的环境。对页面进行修改、更新时，可通过以下几种方法来实现：

❋ 启动 Dreamweaver 8 应用程序，打开"文件"面板组，单击"文件"标签，从中选择要编辑的站点名称，如"个人网站"，即可显示该站点的所有网页，选择相应的文件（如图 2-34 所示），并双击鼠标左键，即可在 Dreamweaver 8 中打开该文件。如果要删除网页，则在相应的网页上单击鼠标右键，在弹出的快捷菜单中选择"编辑"|"删除"选项即可。

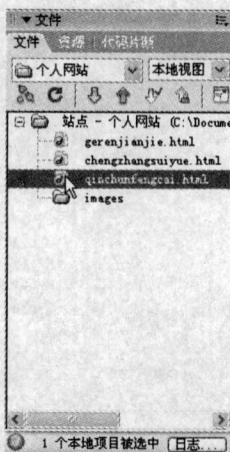

图 2-34 "文件"面板

❋ 打开要修改的网站所在的根目录，找到相应的网页，在该网页上单击鼠标右键，在弹出的快捷菜单中选择"使用 Dreamweaver 8 编辑"选项，即可在 Dreamweaver 中打开该文件。

❋ 在 Dreamweaver 8 应用程序中，单击"文件"｜"打开"命令，在弹出的对话框中选择相应的文件将其打开并进行相应的编辑操作。

2.4 HTML 简介

HTML 是 Internet 中的通用语言。网络中的服务器与浏览器之间的沟通是通过它来进行的，且互联网中的信息也可以通过它来表现。本节将向读者介绍 HTML 语言的基本结构和常用格式。

2.4.1 初识 HTML

下面将向读者介绍有关 HTML 的基本知识。

1. HTML 的概念

HTML（HyperText Markup Language）即超文本标记语言，是一种用于描述网页文档结构的标记语言，与平台无关。它之所以被称为超文本标记语言，是因为文本中包含有超级链接，通过这些超链接可以在网页之间相互访问。HTML 还是 Web 编程的基础，因此也是因特网的基础。它是由国际组织 W3C（万维网联盟）维护的。

在因特网上，一个超媒体文档被称为一个页面，一个页面对应一个 HTML 文件。HTML 文件以.htm 或.html 作为扩展名，可以使用多款软件来编辑 HTML 文件，只要这种软件能够生成 TXT 类型的文件即可。标准的 HTML 文件都具有一个基本的整体结构，即 HTML 文件的起始标记、HTML 的头部与实体。作为一个企业或个人的网页，在 Internet 上最初被加载的页面称为主页（Homepage）或首页，主页中包含有指向其他相关页面的超级链接。

2. HTML 语言的作用

HTML 是一种规范，一种标准，通过标记符号来标记要显示的网页内容。网页文件本身是一种文本文件，通过在文本文件中添加标记符，告诉浏览器如何显示其中的内容（如文字如何处理、图片如何显示等）。浏览器按顺序阅读网页文件，然后根据标记符解释显示其内容，对书写出错的标记将不指出其错误，且不停止其解释执行过程，设计人员只能通过显示效果来分析出错原因和出错位置。但需要注意的是，对于不同的浏览器，对同一标记符可能会有不完全相同的解释，因而可能会导致不同的显示效果。

2.4.2 HTML 的结构

上面提到 HTML 超文本文档包括起始标记、文档头部和文档实体，且它是一种用来控制页面结构的标记符，那么 HTML 语言是如何在网页内发生作用的呢？下面先来分析一下其结构形式。

```
<html>
    <head>
        文档头部信息
    </head>
    <body>
        文档实体部分信息
    </body>
</html>
```

在上面的结构中可以看到，处于最外面一层的是<html>和</html>，是文档的起始和结束标记，它们表示在这对标记之间的内容是 HTML 文档的内容。但是有一些文档会省略<html>标记，因为以.html 或.htm 作为后缀的文件被 Web 浏览器默认为 HTML 文档。<head>与</head>标记之间包含的内容是文档的头部信息，如文档标题等，这一标记在没有头部内容的情况下可以省略。同样，<body>和</body>标记之间的内容则表示的是正文内容。由上面的结构可以看出，在 HTML 代码中所有的标记都是成对出现的，并且开始的标记是< >，结束标记是</ >。下面是一个 HTML 文件的简单实例：

```
<html>
    <head>
        <title>HTML 简单实例</title>
    </head>
    <body>
        <center>
            <h1>我的第一个网页</h1>
<font size=2>
                欢迎来到我的网站
</font>
        </center>
    </body>
</html>
```

其中在头部信息中，只有一个文档的标题"HTML 简单实例"放在 title 中。在实体部分<center>、</center>中的内容格式为居中对齐，包括一级标题<h1>、</h1>中的内容，以及主体内容"欢迎来到我的网站"，在此将主体内容的字号指定为 2 号字，即<font size=2>、</font>中的部分。该实例显示效果如图 2-35 所示。

图 2-35　实例显示效果

2.4.3 编辑 HTML 代码

在编辑 HTML 文件时，可以在任何一款可以存储为 HTML 文件的软件中进行，如记事本。在 Dreamweaver 中编辑时，首先在 Dreamweaver 中切换到代码视图，然后按照符合 HTML 语言的格式进行编辑，用户可以设置链接、文字效果等。但是用户在进行编辑 HTML 代码时，最好先学习一下 HTML 语言，在熟练掌握 HTML 后，制作网页时才能得心应手。表 2-1 中列出了一些常用的 HTML 语言格式。

表 2-1   常用 HTML 格式

html 标记	标记的作用	html 标记	标记的作用
\<html\>、\</html\>	表明此文件为 html 文件	\<dl\>、\</dl\>	设置清单分两层出现
\<head\>、\</head\>	此标记为文档的头部标记	\<dt\>	定义标题
\<title\>、\</title\>	定义文件标题，将显示于浏览器的标题栏中	\<dd\>	标明定义的内容
\<body\>、\</body\>	将文档的正文内容添加到此	\<tr\>、\</tr\>	设定该表格的列
\<!--注解--\>	为文件加注解说明	\<td\>、\</td\>	设定该表格的栏
\<p\>、\</p\>	段落标记	\<th\>、\</th\>	定义加粗文字的范围
\<br\>	换行符号	\<form\>、\</form\>	表单标记
\<hr\>	水平线	\<input\>	输入标记
\<center\>、\</center\>	设定正文内容位置居中	\<textarea\>、\</textarea\>	文字区域，提供文字方盒以输入大量的文字
\<div\>、\</div\>	设定正文内容的摆放位置	\<option\>	选项标记
\<nobr\>、\</nobr\>	设定文字不因太长而绕行	\<img\>	用于插入图形及设定图形属性
\<strong\>	设置字体加粗 bold 效果	\<a\>、\</a\>	加入连结标记
\<b\>、\</b\>	产生字体加粗的效果	\<kbd\>	字体稍为加宽，单一空白
\<i\>、\</i\>	为其中的内容应用斜体效果	\<frameset\>	设定框架
\<u\>、\</u\>	为文本加上底线	\<noframes\>	当浏览器不支持框架时的提示
\<h1\>、\</h1\>	一级标题标记	\<bgsound\>	设置背景音乐
\<h2\>、\</h2\>	二级标题标记	\<marquee\>	设置文字左右走动
\<h3\>、\</h3\>	三级标题标记	\<blink\>、\</blink\>	闪烁文字

续　表

html 标记	标记的作用	html 标记	标记的作用
<h4>、</h4>	四级标题标记	<isindex>	可输入关键字寻找该页
<h5>、</h5>	五级标题标记	<link>	定义链接关系
<h6>、</h6>	六级标题标记	<blockquote>	缩排字体
<font>、</font>	设置字形、大小、颜色	<small>、</small>	使字体减细
<basefont>	设定所有字形、大小、颜色	<code>、</code>	使字体加大
<strike>、</strike>	加删除线		

习　题

一、填空题

1．在 Dreamweaver 8 中提供了三种视图模式，分别是_____、_____和_____，在默认情况下为_____显示方式。

2．文档工具栏中的视图选项中包含了一些辅助功能，主要有_____、_____和_____。

3．HTML（HyperText Markup Language）即_____，是一种用于描述网页文档结构的标记语言，与_____无关。

二、简答题

1．文档的标题和文档的名称有何不同？

2．为什么要进行站点的规划，它的意义是什么？

3．谈谈应如何建立一个完整的站点。

三、上机题

1．尝试建立一个自己的站点，并进行初步规划，然后通过 Dreamweaver 8 在本地计算机中创建相关的文件夹。

2．用记事本打开一个从网站上下载的页面，在其中查看各种 HTML 标记，并熟记它们的作用。

第*3*章　页面属性与文本操作

导语与学习目标

　　学习了在 Dreamweaver 中如何创建站点和网页后，接下来就需要向页面中添加内容。在本章中将学习文本的输入、页面的设置等内容。通过本章的学习，读者可以学习到在网页中添加文本的方法、项目符号的应用以及文本格式的设置等。

要点和难点

➢ 文本的输入及文本格式的设置
➢ 列表的设置和使用
➢ 页面属性的设置

3.1　设置页面属性

　　当一个页面创建完成后，首先需要对此页面的各项属性进行设置，使页面规范化，最终达到设计的要求和美化页面的目的。

　　设置页面属性时，首先要打开"页面属性"对话框。单击"修改"|"页面属性"命令，即可打开"页面属性"对话框，如图 3-1 所示。或者单击页面中的空白位置，在文档的"属性"面板中单击"页面属性"按钮，也可以打开"页面属性"对话框（如果在文档的下面没有显示"属性"面板，可单击"窗口"|"属性"命令）。"页面属性"对话框分为两部分，左侧是"分类"列表，右侧选项区中显示了所选选项的各个属性。

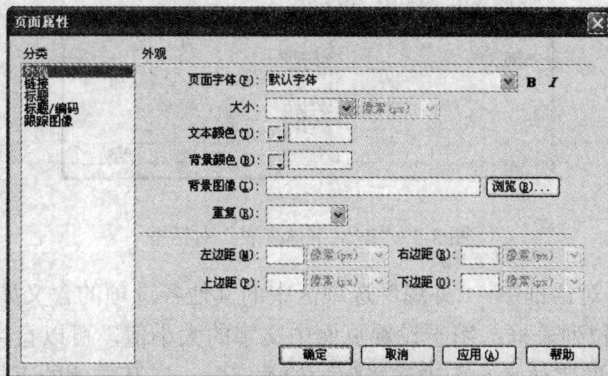

图 3-1　"页面属性"对话框

1. 外观

在"分类"列表中选择"外观"选项，在右侧的选项区中将显示其对应的各项参数，在

"页面字体"下拉列表框中可设置页面文字的字体，在未设置字体之前将显示默认字体（即在"首选参数"对话框中设定的字体，如图 3-2 所示。当要更改页面的默认字体时，可以在"均衡字体"下拉列表框中重新设置）。

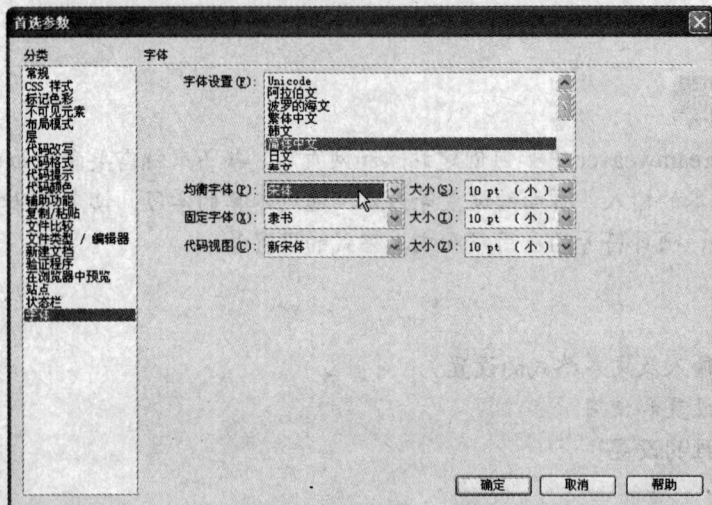

图 3-2 "首选参数"对话框

如果要改变页面字体，则可以在"页面属性"对话框中的"外观"选项区中，单击"页面字体"下拉列表框中的下拉按钮 ✓，在弹出的下拉列表中选择一种字体来代替当前字体。如果用户所使用的字体不在当前下拉列表中，则可选择其中的"编辑字体列表"选项，打开"编辑字体列表"对话框（如图 3-3 所示），从中选择要添加的字体，然后单击"确定"按钮即可。

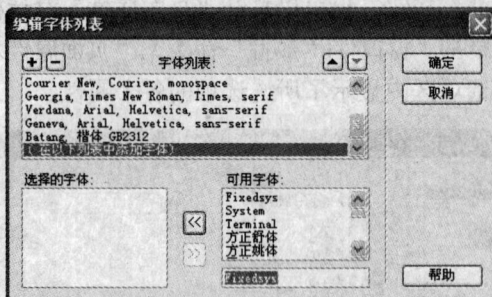

图 3-3 "编辑字体列表"对话框

在"页面属性"对话框中，"外观"选项区中的其他各选项的含义如下：

❋ "大小"下拉列表框：用于设置页面中文字的大小值，可以直接输入数值或在其下拉列表中选择已定义的字体大小，当选择阿拉伯数字时，在其右侧的下拉列表框中可选择一种度量单位，如像素、厘米、英寸等。

❋ "文本颜色"颜色井：用来设置页面中文字的颜色，可以通过单击颜色井 ▢，在打开的颜色调板中选择一种颜色，或者在其右侧的文本框中直接输入颜色值。

❋ "背景颜色"用于设置文档的背景色。

❋ "背景图像"文本框：是指用一张图片取代背景颜色，作为文档的背景。用户可以单击文本框右侧的"浏览"按钮，打开"选择图像源文件"对话框，如图 3-4 所示。在本地磁盘中选择一张图像，然后单击"确定"按钮即可。

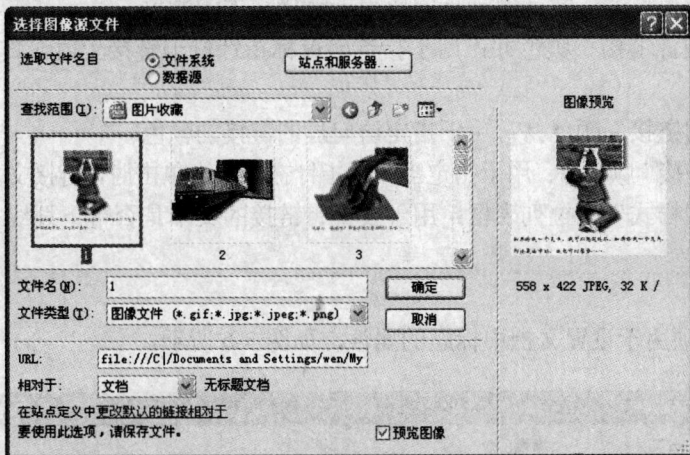

图 3-4 "选择图像源文件"对话框

❋ "重复"下拉列表框：用于设置所插入图片的放置类型（如不重复、重复、横向重复、纵向重复）。

在"页面属性"对话框的下半部的边距设置区域中，可以分别设置正文到页面四周的距离，其默认值均为 3 像素。也可以在代码视图中设置，如在<body>标记中添加 leftmargin="0"，则表示当前页面的左边距是 0。

2. 链接

"链接"选项主要用来设置链接文本的格式，在"分类"列表中选择"链接"选项，在该对话框的右侧将显示"链接"选项的所有参数，如图 3-5 所示。

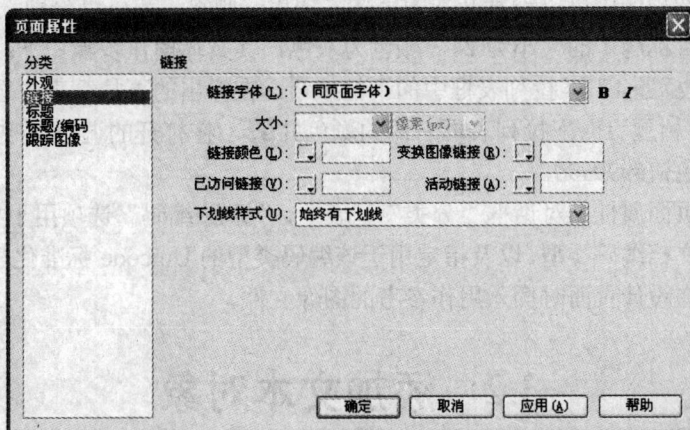

图 3-5 "链接"选项

在"页面属性"对话框中，"链接"选项区中各选项的含义如下：

❋ "链接字体"下拉列表框：可用于设置链接文本的字体格式。默认为"同页面字体"，即和前后文的文本字体相同。此外，还可以单击**B**和**I**按钮来设置链接文字的加粗与倾斜效果。

❋ "大小"下拉列表框：用于设置链接文字的大小和页面文字的设置相同。

❋ "链接颜色"颜色井：用于指定应用于链接文本的颜色。

❋ "变换图像链接"颜色井：用于指定当鼠标指针位于链接上时，链接文本所显示的颜色。

❋ "已访问链接"颜色井：用于指定访问过的链接的颜色。

❋ "活动链接"颜色井：用于指定当鼠标指针在链接上单击时，链接文本所显示的颜色。

❋ "下划线样式"下拉列表框：用于设置带链接的文本是否带下划线及其显示方式。

3. 标题

"标题"选项用于设置文档中标题的属性，如图 3-6 所示。

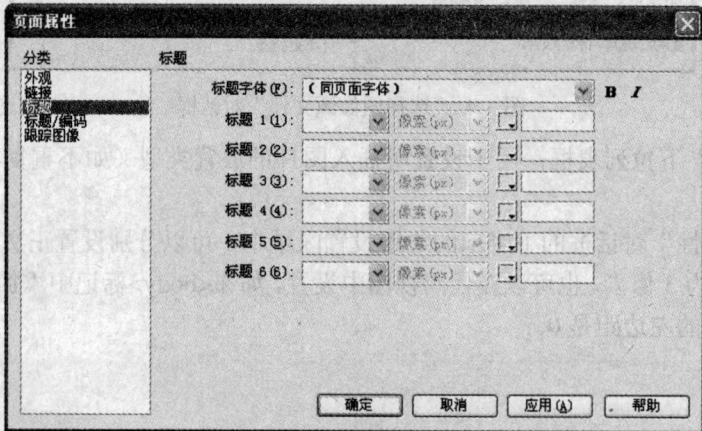

图 3-6 "标题"选项

在"标题"选项区中可以设置文本的字体、加粗、倾斜，还可以分别设置各级标题的大小和颜色。如设置标题 1 的大小为 24，颜色为灰色，其具体操作步骤如下：

（1）单击"标题 1"下拉列表框中的下拉按钮，在弹出的下拉列表中选择 24。

（2）单击"标题 1"下拉列表框右侧的颜色井，在打开的调色板中选择灰色，或在文本框中输入颜色值#999999。

此外，在"页面属性"对话框"分类"列表中，"标题/编码"选项用于指定制作 Web 页面时所用语言的文档编码类型，以及指定用于该编码类型的 Unicode 标准化表单；"跟踪图像"选项可以使用户在设计页面时插入用作参考的图像文件。

3.2 添加文本对象

文字作为传统的信息表达方式，在网页中同样具有重要的作用。本节将讲述如何在文档中添加各种形式的文本。

3.2.1　添加普通文本

Dreamweaver 8 允许用户向页面中添加文本，将鼠标指针定位到指定位置，直接向页面中输入文本内容，或者从其他文档中复制所需要的文本，然后将其粘贴到 Dreamweaver 8 文档中，也可以从其他应用程序中直接将文本拖曳到 Dreamweaver 8 文档中，如图 3-7 所示。

Web 专业人员接收的、包含需要合并到 Web 页面中的文本内容的典型文档类型有 ASCII 文本文件、RTF 文件和 Microsoft Office 文档。Dreamweaver 可以使用户从这些类型的文档中取出文本，然后将其并入 Web 页面中。

【一剪梅】
李清照

红藕香残玉簟秋。　花自飘零水自流。
轻解罗裳，　　　一种相思，
独上兰舟。　　　两处闲愁。
云中谁寄锦书来？　此情无计可消除，
雁字回时，　　　才下眉头，
月满西楼。　　　却上心头。

图 3-7　输入文本举例

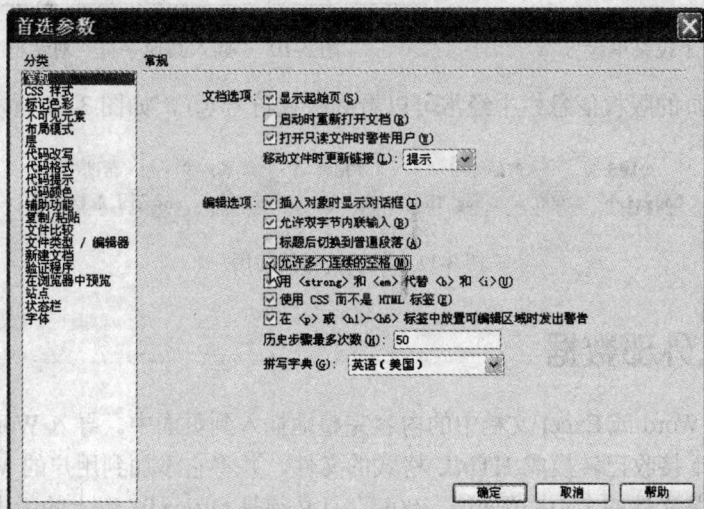

在 Dreamweaver 文档的默认情况下，HTML 只允许字符之间包含一个空格，若要在文档中连续插入多个空格，可以在文档中设置自动添加不换行空格的参数，用户可通过以下几种方法来实现：

❋　单击"插入"|HTML|"特殊字符"|"不换行空格"命令。
❋　按【Ctrl+Shift+Space】组合键。
❋　在"首选参数"对话框中设置添加不换行空格。

在"首选参数"对话框中设置添加不换行空格的具体操作步骤如下：

① 单击"编辑"|"首选参数"命令，弹出"首选参数"对话框。
② 在"常规"选项区中选中"允许多个连续的空格"复选框，如图 3-8 所示。

图 3-8　"首选参数"对话框

3.2.2　插入特殊字符

某些特殊字符在 HTML 中以名称或数字的形式表示，被称为实体。HTML 中包含有版权符号（©）、英镑符号（ ）和注册商标符号（®）等字符的实体名称。每个实体都有一个名称（如&mdash）和一个数字等效值（如&#151）。

如果要在文档中插入特殊字符，可执行以下操作：

（1）将光标定位到要插入特殊字符的位置。

（2）单击"插入" | HTML | "特殊字符"命令，在其子菜单中选择要插入的字符名称，或者在插入栏中的"文本"类别中，单击"字符"下拉按钮，在弹出的下拉菜单中选择需要的字符，如图 3-9 所示。

如果要使用的特殊符号不在该下拉菜单中，可以单击"插入" | HTML | "特殊字符" | "其他字符"命令，或选择插入栏中的"文本"类别，单击"字符"下拉按钮，然后在弹出的下拉菜单中选择"其他字符"选项，打开"插入其他字符"对话框（如图 3-10 所示），在该对话框中选择所需的字符，然后单击"确定"按钮即可。

图 3-9　下拉菜单　　　　　　　图 3-10　"插入其他字符"对话框

例如，在网页的版权信息栏中经常可以看到版权符号©，如图 3-11 所示。

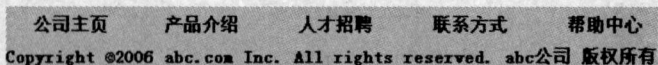

图 3-11　版权符号的使用

3.2.3　导入外部数据

用户可以将 Word 或 Excel 文档中的内容完整地插入到页面中。导入 Word 或 Excel 文档时，Dreamweaver 接收已转换成 HTML 格式的文件，并将它添加到用户的 Web 页面上。导入时需要注意的是文件的大小必须小于 300K，且必须是 Office 97 以上的版本。

1. 导入 Word 文件

导入 Word 文件的具体操作步骤如下：

（1）在设计视图模式下，单击"文件" | "导入" | "Word 文档"命令，打开如图 3-12 所示的对话框，从中选择要导入的文档，并设置"格式化"选项，然后单击"打开"按钮。

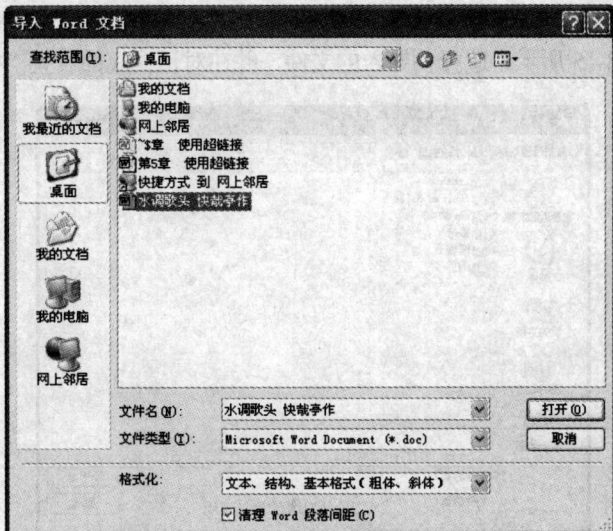

图 3-12 "导入 Word 文档"对话框

其中"格式化"下拉列表框中各选项的含义如下：

❋ 仅文本：可以导入无格式文本。如果原始文本带格式，则导入后文本的所有格式将被删除。

❋ 带结构的文本：可以在插入文本的同时保留其结构，但不保留其基本格式的设置。

❋ 文本、结构、基本格式：可以插入结构化并带简单 HTML 格式的文本。

❋ 文本、结构、全部格式：可以插入文本并保留其所有结构、HTML 格式设置和 CSS 样式。

如果选择了"带结构的文本"或"文本、结构、基本格式"选项，则粘贴文本时可以选中"清理 Word 段落间距"复选框以清除段落间的多余空格。

（2）单击"打开"按钮，系统将弹出一个提示信息框，如图 3-13 所示。单击"确定"按钮，则会继续导入；单击"取消"按钮，则会取消导入操作。

（3）单击"确定"按钮，即可导入 Word 文档。如导入"带结构的文本"格式，导入后的效果如图 3-14 所示。

图 3-13 提示信息框

水调歌头 快哉亭作
苏轼

落日绣帘卷，亭下水连空。
知君为我，新作窗户湿青红。
长记平山堂上，欹枕江南烟雨，渺渺没孤鸿。
认得醉翁语，山色有无中。
一千顷，都镜净，倒碧峰。
忽然浪起，掀舞一叶白头翁。
堪笑兰台公子，未解庄生天籁，刚道有雌雄。
一点浩然气，千里快哉风。

图 3-14 导入 Word 文档举例

2. 导入 Excel 文档

导入 Excel 文档的具体操作步骤如下：

（1）在设计视图模式下，单击"文件"|"导入"|"导入 Excel 文档"命令，打开"导入 Excel 文档"对话框，如图 3-15 所示。选择要导入的文件，并在对话框底部设置"格式化"选项。

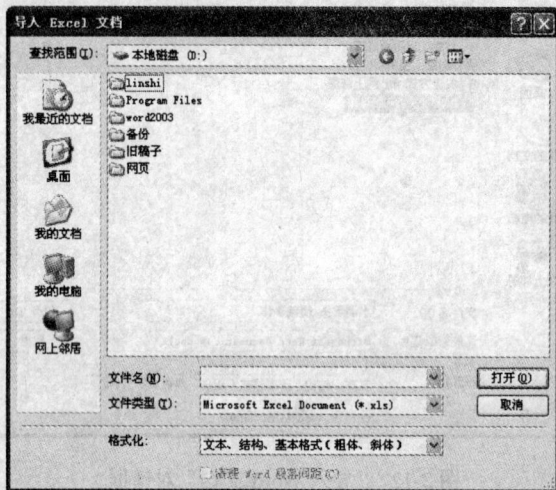

图 3-15 "导入 Excel 文档"对话框

（2）单击"打开"按钮，在弹出的提示信息框（参见图 3-13）中单击"确定"按钮即可导入 Excel 文档。"导入 Excel 文档"对话框中的"格式化"下拉列表框中的各选项的含义与"导入 Word 文档"对话框中的类似，在此不再赘述。

3.2.4 插入日期和注释

下面将向读者介绍插入日期和注释的操作方法。

1. 插入日期

Dreamweaver 提供了一个日期对象，其中包含多种格式，用户可以方便地插入日期，且自动更新日期。

如果要在当前文档中插入日期，可以按照以下步骤进行操作：

（1）将光标定位到当前文档中要插入日期的位置。

（2）单击"插入"|"日期"命令，或在插入栏中的"常用"类别中，单击"日期"按钮<img>，打开"插入日期"对话框，如图 3-16 所示。

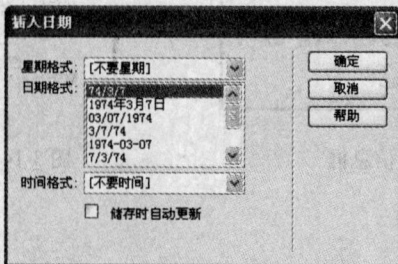

图 3-16 "插入日期"对话框

（3）在打开的对话框中，可以分别设置星期、日期和时间的格式。如在"星期格式"下拉列表框中选择"不要星期"选项，则日期和时间均选择格式列表框中的第一项。

（4）如果用户希望在每次保存文档时都更新日期，则需要选中"储存时自动更新"复选框。

（5）单击"确定"按钮，即可插入日期，如图 3-17 所示。

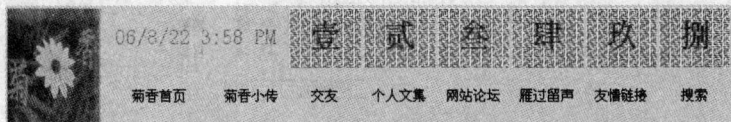

图 3-17　插入日期举例

2．插入注释

注释是用户在 HTML 代码中插入的文字说明，用于解释代码或提供其他信息。注释文本仅在代码视图中显示，不会显示在浏览器中。

在代码视图中，插入注释的具体操作步骤如下：

（1）在代码视图中将光标定位到要插入注释的位置，在插入栏的"常用"分类中单击"注释"按钮，插入一个注释标签。

（2）在注释标签中输入相应的内容即可。

在设计视图中插入注释标签的操作步骤如下：

（1）单击常用工具栏上的"注释"按钮，弹出"注释"对话框，在该对话框中的"注释"列表框中输入所要添加的信息，例如，输入"网站的论坛是一个具有交互性的页面"，如图 3-18 所示。

（2）单击"确定"按钮。如果在设计视图中没有显示注释标签，可打开"首选参数"对话框，选中"不可见元素"中的"注释"复选框，然后单击"查看"|"可视化助理"|"不可见元素"命令，即可显示"注释"标签。在代码视图中所看到的注释内容如图 3-19 所示。

图 3-18　"注释"对话框

图 3-19　注释内容举例

3.3　格式化文本

前面已经介绍了在插入文本以前，如何设置页面和文本的整体格式，本小节将向读者介绍如何对已插入的文本进行格式的设置。

3.3.1　设置文本格式

在文档中加入文本以后，为了使整个页面显得整洁、美观、大方，就需要对其进行格式的设置，下面将介绍如何使用"属性"面板来设置文本的格式，如图 3-20 所示。

图 3-20　设置文本属性

首先在文档中选中要格式化的文本，然后打开"属性"面板，以显示所选文本的属性，如格式、样式、字体、大小、颜色、对齐方式、链接和目标等，其各自的含义如下：

❉　"格式"下拉列表框：该下拉列表框中包含了用户所定义的 1～6 级标题及"预先格式化的"选项。其中"预先格式化的"选项用于预定义一个段落，选择该选项，可以在文本中插入多个空格，从而可以任意调整文本的位置。

❉　"字体"下拉列表框：用于设置所选文本的字体类型。如果其中没有用户所需要的字体，可以在下拉列表中选择"编辑字体列表"选项，以添加所需字体。

❉　"样式"下拉列表框：该下拉列表框中包含了在文档中所用到的各种文本格式，用户可以直接将其应用于所选择的文本。

❉　"大小"下拉列表框：用于设置所选文本的字号大小及度量单位。

❉　CSS 按钮：可以查看所选择的文本样式。选择文本后，单击 CSS 按钮，即可以在文档右侧打开"CSS 样式"面板，该面板中将显示当前所选文本的格式设置信息。

❉　文本颜色：用于设置所选文本的颜色。单击颜色井■，在打开的调色板中选择用户所需要的颜色；或直接在右侧的文本框中输入相应颜色的十六进制数，如 #FF0000 。

❉　B：设置文本是否加粗。

❉　I：设置文本是否应用倾斜格式。

❉　≡：设置文本段落的左对齐格式。

❉　≡：设置文本段落的居中对齐格式。

❉　≡：设置文本段落的右对齐格式。

❉　≡：设置文本段落的两端对齐格式。

❉　≔：设置无序列表。

❉　≔：设置有序列表。

❉　≝：减少文本段落右缩进。

❉　≝：增加文本段落右缩进。

❉　"链接"下拉列表框：用于设置文本的超链接，在其后的下拉列表框中显示超链接的地址。

❉　"目标"下拉列表框：设置超链接要显示的窗口。

❉　"列表项目"按钮：设置列表项的属性，方法是将光标置于任意列表的位置，则该按钮便被激活，单击该按钮，打开"列表属性"对话框，用户可以在其中进行相应的设置。

例如，设置文本的格式的"字体"为"方正舒体"、"大小"为"36 像素"、加粗、倾斜、左对齐、颜色为#666666，设置完成后，字体效果如图 3-21 所示。

图 3-21　字体效果举例

3.3.2　设置段落格式

在一个文档中设置其文本的段落格式，将会使整篇文档看上去显得错落有致。这样不仅可以起到美化网页的作用，还可以更好地传递页面的信息内容。用户可以使用"属性"面板中的"格式"下拉列表框来设置段落格式，其具体操作步骤如下：

（1）将光标定位到文档的段落中，或者选择段落中要设置的文本。

（2）单击"窗口" | "属性"命令，打开"属性"面板。

（3）单击"格式"下拉列表框中的下拉按钮，在弹出的下拉列表中选择所需要的选项。

提示　在设置标题或段落的格式时，用户也可以直接在菜单栏中单击"文本" | "段落格式"命令，然后在弹出的子菜单中进行相应的设置。

例如，在文档中分别使用标题 1 至标题 6，其显示效果如图 3-22 所示。

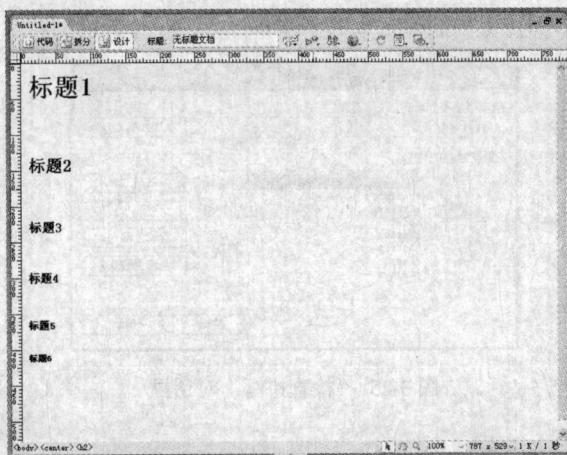

图 3-22　不同标题的显示效果

在应用了标题格式后，若要删除这些格式，可以在"属性"面板中的"格式"下拉列表框中选择"无"选项。对于应用标题格式的段落，默认情况下，下一行文本会自动作为标准

段落，如果要更改此设置，可以通过单击"编辑"|"首选参数"命令，在打开的对话框中的"分类"列表中选择"常规"选项，然后在"常规"选项区中取消选择"标题后切换到普通段落"复选框。

3.3.3　检查拼写

当 Dreamweaver 遇到无法识别的单词时，将弹出"检查拼写"对话框，并给出相应的更改建议。默认情况下，拼写检查器是使用美国英语拼写字典，若要更改字典，可以单击"编辑"|"首选参数"命令，打开"首选参数"对话框，在"分类"列表中选择"常规"选项，然后在"拼写字典"下拉列表框中选择要使用的字典类型。对于其他语言的字典可从 Dreamweaver 支持中心（网址为 http://www.macromedia.com/support/dreamweaver）下载。

如果要检查当前文档中的拼写，可以单击"文本"|"检查拼写"命令，或按【Shift+F7】组合键，此时系统将会从文档中光标所在的位置开始向下进行检查。如果没有发现错误，则会弹出一个提示信息框，如图 3-23 所示。

若要继续从头开始检查，可以单击"是"按钮，如果仍然没有发现错误，则弹出如图 3-24 所示的检查完成提示信息框。

图 3-23　提示信息框　　　　　图 3-24　检查完成提示信息框

如果在检查过程中 Dreamweaver 遇到了无法识别的单词，将弹出"检查拼写"对话框，如图 3-25 所示。其中列出了字典中找不到的单词，同时为用户提供了修改意见，用户可以选择合适的词来替换文档中的词，也可以单击"忽略"按钮，保持词的原形，或者单击"添加到私人"按钮，将这个词作为一个新词汇添加到用户的私人字典中。

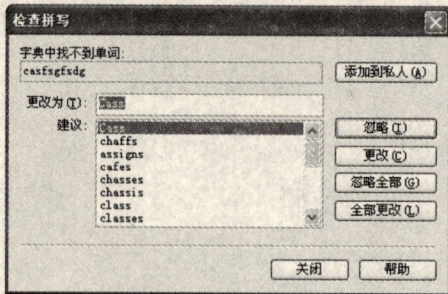

图 3-25　"检查拼写"对话框

3.3.4　查找和替换

同 Word 一样，Dreamweaver 中也有"查找和替换"功能，它可以在文档中搜索文本或标签，并可以用其他的文本来代替当前的文本。

单击"编辑"|"查找和替换"命令,打开"查找和替换"窗口,如图 3-26 所示。

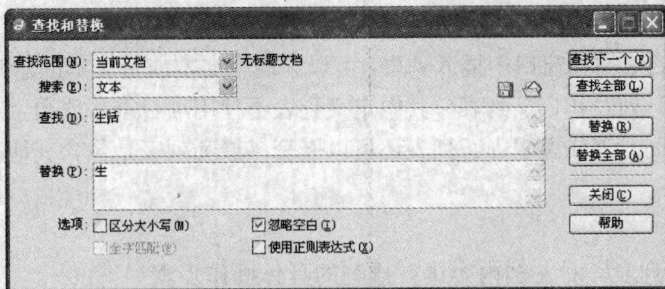

图 3-26 "查找和替换"窗口

查找时可以设置查找的范围,如当前文档、所选文字、打开的文档、整个站点等。在使用查找和替换功能的时候可以设置相应的限定条件:

❋ 区分大小写:将搜索条件限制为与所要查找文本的大小写完全匹配,多用于英文的搜索。例如,选中此复选框后,如果要搜索 abc,就不会搜索出 Abc 等其他形式。

❋ 忽略空白:选中此复选框以后,在搜索中会将所有空白视为一个空格以便进行匹配。例如,ab ct 和 ab ct 会认为相同。此项在选中"使用正则表达式"复选框后将不再可用。在使用时必须编写正则表达式以忽略空白。

❋ 全字匹配:将搜索条件限定在匹配一个或多个完整单词的文本。

❋ 使用正则表达式:使搜索字符串中的特定字符和短字符串(如?、*、\w 和\b)被解释为正则表达式运算符。例如,对 the b\w*\b dog 的搜索与 the black dog 和 the barking dog 都匹配。

当搜索的条件设置完成时,如果只想进行搜索而不替换,则单击"查找下一个"或"查找全部"按钮。单击"查找下一个"按钮后,将跳转到当前文档中所要搜索文本或标签的下一个匹配文本或标签,并将其选中。如果单击"查找全部"按钮,则会在"结果"面板组中打开"搜索"选项卡,并显示搜索文本或标签的所有匹配文本,同时将搜索到的结果用下划线表示出来,如图 3-27 所示。若要替换找到的文本或标签,单击"替换"或"全部替换"按钮即可。

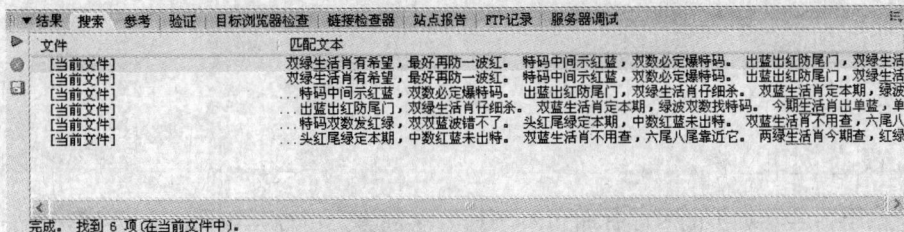

图 3-27 "查找全部"的结果举例

3.4　使用列表

列表在文档中同样有非常重要的作用,不仅有助于整个文档的排版,而且还便于浏览者查找信息,同时也有助于设计者整理文档内容。

3.4.1　创建列表

在 Dreamweaver 8 文档窗口中插入列表，可以为现有文本或新文本创建编号（排序）列表、项目符号（不排序）列表和定义列表。其中定义列表不使用项目符号或数字这样的前导字符，定义列表通常用在词汇表或说明中。列表还可以嵌套，嵌套列表是包含其他列表的列表。

1. 插入列表

在文档中插入列表，对文档内容进行排列的具体操作步骤如下：

（1）在 Dreamweaver 文档中，将光标定位于要添加列表的位置，若是对现有文本插入列表，则可以选中目标文本。

（2）单击"文本"|"列表"命令，然后在其子菜单中选择所需要的列表类型。

（3）如果将光标定位到段落的最后，按一次【Enter】键，则可以继续添加列表符号，按两次【Enter】键，便可以完成列表。

例如，在网页"广告注意事项"中用到的数字编号列表效果如图 3-28 所示。

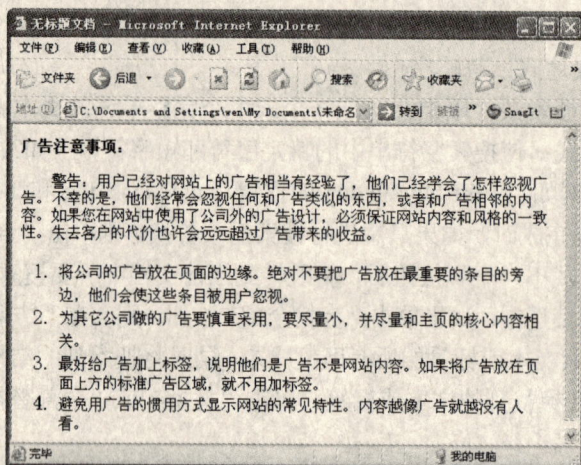

图 3-28　数字编号列表举例

2. 嵌套列表

在文档中，一个列表的下面还可以分类建立子列表，以便于更清楚地显示文章的结构。对列表进行嵌套的具体操作步骤如下：

（1）选择要嵌套的列表项目，建立第一层列表（参照插入列表的操作方法），如先建立一个编号列表。

（2）选择下一级标题的文本项目，然后单击"属性"面板中的"文本缩进"按钮 ≜，或单击"文本"|"缩进"命令，实现下级列表的制作。

（3）当创建列表后，该列表具有原始列表的 HTML 属性，用户还可以对它进行再编辑，以制作更深层次的列表，如图 3-29 所示。若要取消列表的嵌套，则应选择要取消嵌套的列表项目，并单击"文本凸出"按钮 ≜ 即可。

I. 最新散文集
   1. "尚记肉圆"和"红桥头腊味饭"
   2. 仅剩"活着"两字了
II. 最新小说集
   1. 存入记忆信箱的美丽
   2. 校校湘水情
   3. 阿奇打工记
III. 最新杂文集
   1. 鱼头汤
   2. 公路两旁绿油油

图 3-29　嵌套列表举例

3.4.2　编辑列表

使用"列表属性"对话框可以设置整个列表或局部列表的外观，其中包括"样式"、"重设计数"以及"新建样式"等选项。

若要设置整个列表的列表属性，可以按照以下步骤进行操作：

（1）打开需要进行修改列表的文档。

（2）将光标定位于应用了列表项目的文本中，然后单击"文本"|"列表"|"属性"命令，或单击"属性"面板中的"列表项目"按钮，打开"列表属性"对话框，如图 3-30 所示。

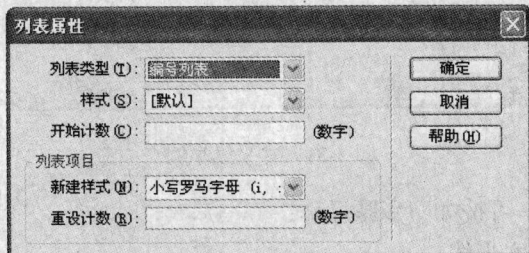

图 3-30　"列表属性"对话框

（3）在打开的对话框中，重新定义列表的各个选项。"列表类型"下拉列表框用于设置所使用列表的类型；"样式"下拉列表框用于确定编号列表或项目列表的编号或项目符号的样式，在默认情况下，所有列表项目都将具有该样式；"开始计数"文本框用于设置第一个编号列表项的值。"列表项目"选项区主要用于定义列表项目的选项。在"新建样式"下拉列表框中可以指定所选列表项的样式。"新建样式"下拉列表框中的选项与"列表类型"下拉列表框中显示的列表类型相关；"重设计数"文本框用于重新设置列表项编号的开始数字。

（4）设置结束后，单击"确定"按钮即可。

3.5　使用分隔线

在网页中应用分隔线，不仅可以达到分隔不同对象的目的，同时也有利于组织文档内容，美化网页。本小节将向读者介绍分隔线的使用。

3.5.1 添加水平分隔线

在网页中有时为了达到分隔文本和对象的目的，同时又避免使用过多的外部编辑软件而使工作量加大，便插入一条或多条水平分隔线（以下简称水平线），这样不但达到了分隔文本和对象的目的，而且还节省了许多时间。插入水平线的具体操作步骤如下：

（1）将光标定位于要插入水平线的位置。

（2）单击"插入"|HTML|"水平线"命令，或在插入栏中选择 HTML 类别，单击"水平线"按钮▬。

例如，在文档中插入一条长为 80%、高为 2 像素、颜色为蓝色、居中对齐的水平线，如图 3-31 所示。

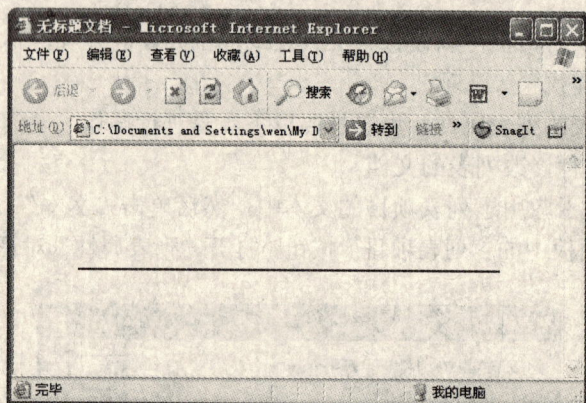

图 3-31　水平线举例

如果要修改水平线，可按如下步骤操作：

（1）选择要修改的水平线。

（2）单击"窗口"|"属性"命令，打开"属性"面板，如图 3-32 所示。根据需要，修改水平线的各个属性。在"水平线"文本框中为水平线命名；在"宽"和"高"文本框中指定水平线的宽度和高度，它是以像素为单位或以页面尺寸的百分比来指定水平线的宽度和高度的（默认状态下，其宽度为 100%，高度为 2 像素）；在"对齐"下拉列表框中选择水平线的对齐方式，其中包括"默认"、"左对齐"、"居中对齐"和"右对齐"等选项；"阴影"复选框用于设置绘制的水平线是否带阴影，如果取消选择此复选框，则将使用纯色绘制水平线。

图 3-32　"属性"面板

（3）单击"窗口"|"标签检查器"命令，打开"标签检查器"面板，选中"属性"选项卡，在"浏览器特定的"选项中单击颜色井，打开调色板，从中选择一种合适的颜色，或

者在颜色井的后面直接输入颜色值（注意水平线的颜色在 Dreamweaver 中不能直接看到，只能在浏览器中才能看到）。在此面板中也可以设置水平线的其他属性，如图 3-33 所示。

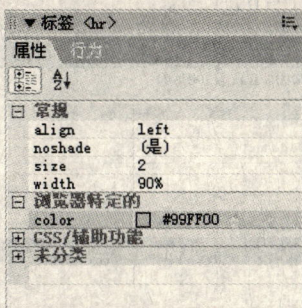

图 3-33 "标签检查器"面板

3.5.2 插入垂直分隔线

插入垂直分隔线（以下简称垂直线）的方法与插入水平分隔线的方法类似，其操作步骤如下：

（1）在文档窗口中，将光标定位于要插入垂直分隔线的位置。

（2）单击"插入"|HTML|"水平线"命令，或在插入栏中选择 HTML 类别，单击"水平线"按钮。

（3）选择所插入的水平线，打开"属性"面板，重新设置水平线的宽度和高度，当宽度小于高度时，即呈现为垂直分隔线。其他属性的设置与水平线的方法完全相同，在此不再赘述。

习　题

一、填空题

1．在网页制作过程中向 Dreamweaver 8 文档中添加文本的方式有_____、_____和_____。

2．网页制作过程中，有时为了使内容更加有条理，用到了列表，其形式可分为_____、_____和_____。

3．分隔线可以分为_____和_____，它们的基本属性是一样的。

二、简答题

1．怎样在 Dreamweaver 8 中输入多个空格？

2．如何定义文本的格式？

三、上机题

1．在文档中输入白居易的《卖炭翁》，排列为古诗的格式。

2. 新建一个文档，练习设置其文档的页面属性，熟悉其中的各个选项的使用。

3. 新建一个文档，制作一个网站注册协议，其格式可以模仿"百度贴吧协议"，如图 3-34 所示。在制作过程中要注意项目符号的使用。

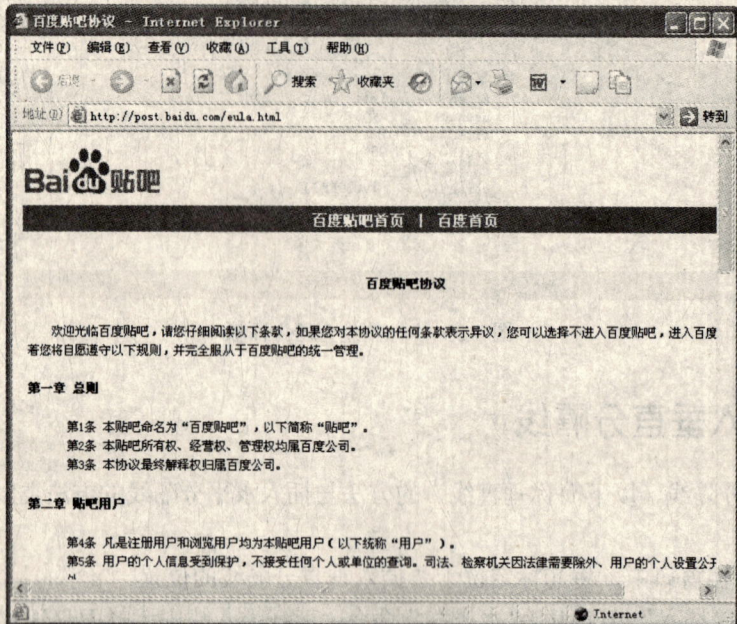

图 3-34　百度贴吧协议

第 *4* 章　应用图像

导语与学习目标

　　一个出色的网页，带给浏览者的不仅仅是所需要的信息，还有美的享受。那么怎样才能实现这种效果呢？本章将对网页中图像的应用进行全面的介绍。通过本章的学习，读者将掌握如何在网页中插入图像以及设置其属性，并学会选用不同格式的图片，了解编辑图像和设置图像格式的方法。

要点和难点

> ➤ 常用图像的格式及优化
> ➤ 图像的插入
> ➤ 图像的编辑

4.1　网页图像的格式及优化

　　图像的格式多种多样，各有优点和缺点，所以不同格式的图像并不一定都适合用于网页制作。该如何正确选择所使用图像的格式呢？下面将向读者进行具体介绍。

1. 图像的格式

　　在网页中常用的图像格式有 GIF、JPG 和 PNG 三种，它们各自的特点如下：

　　（1）GIF 是一种有损压缩的 8 位图像格式，广泛应用于网络中，属索引颜色模式，最多可支持 256 色。GIF 格式的图片可用于逐帧动画的制作、透明背景的设置等，如制作网页中的小图标、设计动画和透明（无背景色）图像等。

　　发展后的 GIF89a 格式，不仅能够存储成背景透明的图像（支持 Alpha 通道），并且可以将数张图片保存为一个图像文件，形成动画效果。此外它还支持灰度、位图和索引颜色模式的图像。

　　其优点是体积较小，便于在网络中传输。缺点是由于它是一种有损压缩，体积的减小是以调色板中色彩数量的减少为代价的，所以支持的颜色数目较少，图像质量较差。

　　（2）JPG 是一种高效的有损压缩格式，支持 16M 色彩，也就是通常所说的 24 位颜色或真彩色。其原理是在存档的时候，对图像中某些相同的色彩进行压缩替代，以达到减小文件体积的目的。因此压缩比越高，图像质量损失越大。JPG 在压缩时只能对具有连续色调，或连续灰阶的 24 位图像进行压缩，对由 8 位转化成 24 位的图像没有优势。JPG 格式支持 CMYK、RGB 和灰度模式，同时还支持百万级像素真彩色，适用于一些色彩比较丰富的照片以及 24 位图像。

　　JPG 的优点是色彩比较逼真，文件也较小。缺点是降低了原文件的质量。

JPG 与 GIF 格式的图像相比，由于它是通过有选择性地删除图像数据来进行压缩的，比 GIF 图像包含更多颜色方面的信息，所以色彩比较逼真，文件也较小。在多媒体及网页中用到的照片和图像均适合存储为 JPG 格式。

（3）PNG 是可移植的网络图像文件格式，是针对 GIF 格式的专利产生的。PNG 有 GIF 和 JPG 格式的所有优点，是网页图片发展的方向，但图片文件比较大。此外 PNG 还是 Fireworks 的默认格式，高版本的 IE 均支持它。

但是无论 PNG 的技术和知识产权具有多大优势，从其应用方面来说，仍然不能与 GIF 格式相提并论。

PNG 格式的优点：由于 PNG 格式兼有 GIF、JPG 两种格式的长处，所以，PNG 格式不仅可以存储多种色彩的图像，甚至可存储高至 48 位超强色彩图像；PNG 能把图像文件压缩到极限以利于网络传输，且图像压缩后能保持与压缩前一样的质量，没有一点失真，从而更有利于照片文件的存储。此外，它还可以跨浏览器传输图像，同时在制作透明背景方面，也改善了 GIF 格式接缝不佳的情况。PNG 的缺点：采用单张图片的存储格式，故不支持动画效果；高保真的压缩方式使其压缩文件不如 JPG 文件体积小；不支持 CMYK 格式的文件，将 CMYK 格式的图像转化为 PNG 格式时，必须先将色彩模式转成 RGB，否则便会发生色彩错乱的情况。

2. 图像的优化

在图像设计中要尽可能地减少所应用颜色的数目，并为图像选择一种具有最佳压缩比的文件格式，同时最大程度地保持图像的质量不受损害，这种对图像要素进行平衡的操作就是图像的优化，即寻找最佳的配色方案和压缩方式，以保证质量。

在网页中加入图像后，可以达到美化网页的效果，但同时也增加了整个网页的体积，延长了网页的下载时间，这时就需要对图像进行必要的优化处理，从而既能达到图形设计的目的，同时又能起到装饰网页的效果。Dreamweaver 中的图像优化是利用外部编辑软件对图像进行编辑处理，以取得图像的最佳效果。

4.2 插入图像

在网页中加入适量的图像，不仅可以美化页面，而且可以辅助文字表达出更多的含义，收到意想不到的效果。Dreamweaver 8 提供了强大的图像控制功能和一定的图像处理能力，从而能更好地帮助用户制作出精美的网页。

4.2.1 插入图像

在 Dreamweaver 中插入图像的方式有多种，下面将介绍一种最常用方法，其具体操作步骤如下：

（1）在插入栏中选择"常用"分类，单击"图像"按钮，或单击"插入"｜"图像"命令，打开"选择图像源文件"对话框，如图 4-1 所示。

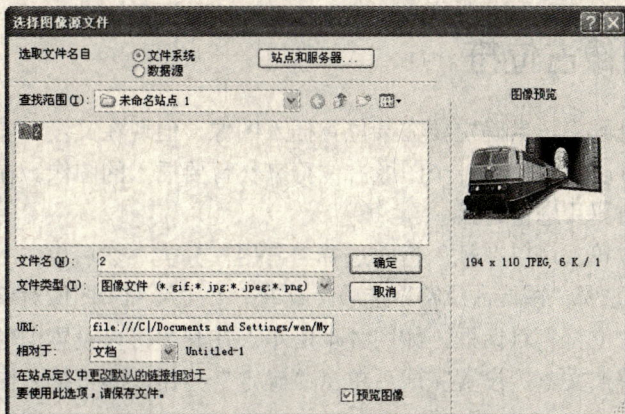

图 4-1 "选择图像源文件"对话框

（2）在文件列表中选择要插入的图像，此时可在对话框右侧的"图像预览"区域中查看所选择的图像（如果不能预览图像，可选中对话框下方的"预览图像"复选框），在"相对于"下拉列表框中选择"文档"选项。

（3）设置完成后，单击"确定"按钮，将弹出"图像标签辅助功能属性"对话框，如图 4-2 所示。在"替换文本"下拉列表框中可以输入文字，以便在图片不能正常显示时，用所输入的文本代替。

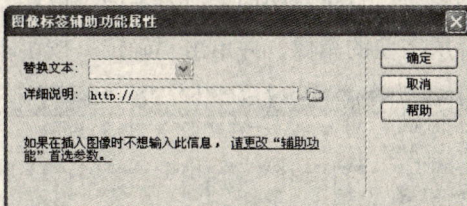

图 4-2 "图像标签辅助功能属性"对话框

（4）单击"确定"按钮，即可插入图像，如图 4-3 所示。

图 4-3 插入图像举例

4.2.2　插入图像占位符

在网页的制作过程中，当确定要在某位置插入图像，但现在又没有实际图像时，为了不影响工作的进行，可以暂时使用一个图像占位符来代替要插入的图像。在找到或制作完成所需要的图片后，再用图片进行替换。

要插入图像占位符，可以在插入栏中选择"常用"分类，然后单击"图像"下拉按钮，在弹出的下拉菜单中选择"图像占位符"选项，或单击"插入"｜"图像对象"｜"图像占位符"命令，打开"图像占位符"对话框，如图 4-4 所示。在其中可以设置图像占位符的名称、宽度、高度、颜色和替换文本，设置完成后单击"确定"按钮，即可插入图像占位符，其插入效果如图4-5所示。

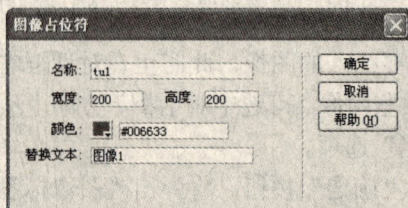

图 4-4　"图像占位符"对话框

当用图像代替图像占位符时，只需在图像占位符上双击鼠标左键，即可打开"选择图像源文件"对话框，从中选择所需要的图像，并单击"确定"按钮即可完成替换。

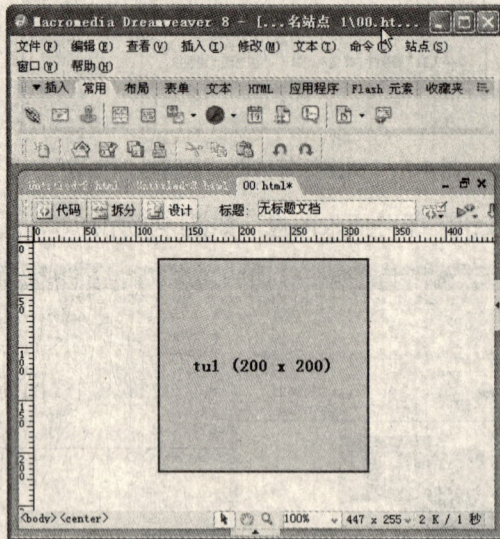

图 4-5　图像占位符举例

4.2.3　插入鼠标经过图像

"鼠标经过图像"是图像应用的一种特殊效果，可以实现图片的翻转。应用"鼠标经过图像"的具体操作步骤如下：

（1）在插入栏中选择"常用"分类，然后单击"图像"下拉按钮，在弹出的下拉菜单中选择"鼠标经过图像"选项，或单击"插入"｜"图像对象"｜"鼠标经过图像"命令，打开"插入鼠标经过图像"对话框，如图 4-6 所示。

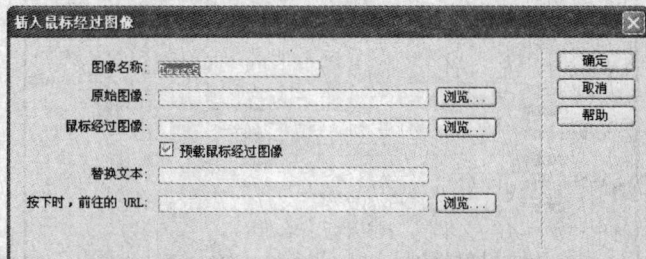

图 4-6　"插入鼠标经过图像"对话框

（2）在该对话框中对各个选项进行设置，在"图像名称"文本框中可以为此效果命名，"原始图像"表示当鼠标指针没有经过此图像时的显示效果，插入此图像时可以在其后的文本框中直接输入地址，或单击"浏览"按钮，在打开的对话框中选择所要插入的图像；"鼠标经过图像"表示当鼠标指针滑过原始图像时，要显示的图像；"按下时，前往的 URL"用于设置当单击鼠标左键时，所要打开的页面。

（3）设置完成后单击"确定"按钮应用设置。最后在浏览器中观察到的效果如图 4-7 所示。

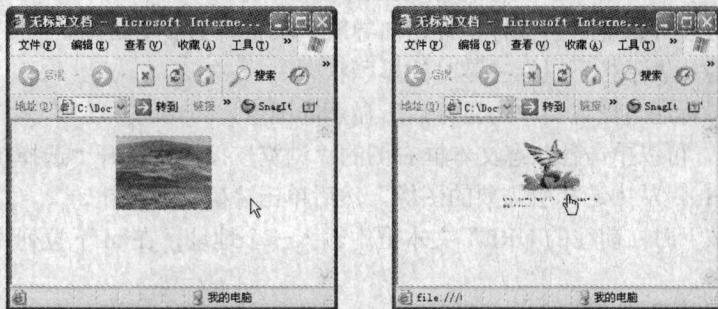

图 4-7　"鼠标经过图像"效果举例

提示：在插入原始图像和鼠标经过图像时，最好将这两张图像的宽度和高度统一。

4.2.4　插入导航条

导航条是由一张或多张图片组成的，这些图像的显示，会根据用户的不同操作而发生变化。单击导航条中相应的链接按钮，可以实现不同页面间的跳转。在网页中插入导航条的具体操作步骤如下：

（1）将光标定位到要插入导航条的位置。

（2）在插入栏中选择"常用"分类，然后单击"图像"下拉按钮，在弹出的下拉菜单

中选择"导航条"选项，或单击"插入"|"图像对象"|"导航条"命令，打开"插入导航条"对话框，如图 4-8 所示。

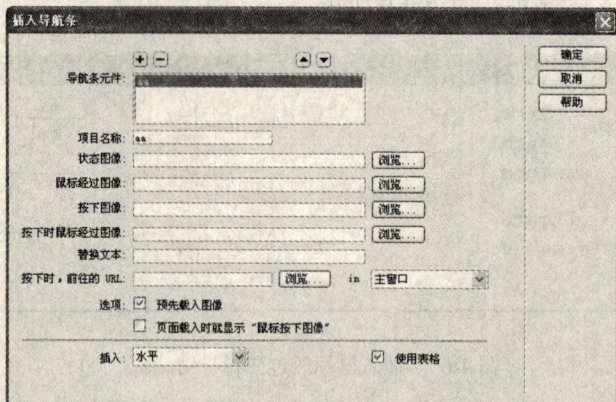

图 4-8 "插入导航条"对话框

（3）在"导航条元件"列表的左上方有 ⊞ 和 ⊟ 两个按钮，右上方有 ▲ 和 ▼ 两个按钮。单击 ⊞ 按钮可以增加导航条项目，单击 ⊟ 按钮可以删除所选的项目。单击 ▲ 和 ▼ 按钮可以调整导航条中项目的前后位置。在"项目名称"文本框中可以为所添加的项目命名。

（4）"状态图像"、"鼠标经过图像"、"按下图像"和"按下时鼠标经过图像"四种图像分别显示了导航条项目随鼠标操作的不同而显示不同的图像。

❋ 状态图像：显示导航条项目的初始状态。

❋ 鼠标经过图像：显示当鼠标指针指向导航条项目时的显示状态。

❋ 按下图像：表示按下鼠标左键时的显示状态。

❋ 按下时鼠标经过图像：单击鼠标后所显示的图像。

插入图片时，可以单击各状态文本框右侧的"浏览"按钮，打开"选择图像源文件"对话框（参见图 4-1），从中选择所需要的图像，然后单击"确定"按钮。

（5）在"按下时，前往的 URL"文本框中输入一个地址，在 in 下拉列表框中选择所要打开网页的位置。

（6）若选中"预先载入图像"复选框，则在加载页面的时候会自动下载各图像；如果选中"页面载入时就显示'鼠标按下图像'"复选框，则会在显示页面时，在导航条上显示鼠标按下时的图像。在"插入"下拉列表框中选择导航条的摆放形式。

（7）如果要加入其他导航条项目，则单击 ⊞ 按钮，然后参照步骤（4）～（6）的操作进行设置。

（8）完成整个导航条的制作后，单击"确定"按钮即可插入导航条。

需要注意的是，在制作过程中，不必把所有状态的图片都插入，因为有些图像的效果不明显，如按下鼠标后显示的图像。一般情况下，只插入"状态图像"和"鼠标经过图像"，其效果如图 4-9 所示。

图 4-9 导航条实例

4.3 编辑图像

在网页中插入一张图像后，由于图片的大小、位置等不一定很适合网页的整体布局，因此需要对图片进行必要的处理，使其达到最好的效果。

4.3.1 设置图像属性

选择一张图像后，图像的属性就会显示在"属性"面板中，如图 4-10 所示。在此面板中可以设置图像的属性，以适应网页制作的需要。

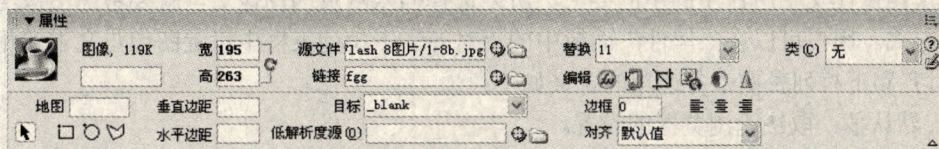

图 4-10 图像"属性"面板

1. 基本设置

在"属性"面板中，各选项的含义如下：

（1）"属性"面板的左上角为所选图像的缩略图。缩略图右侧显示的是图像的大小及名称，其名称的作用是便于在脚本中调用。

（2）在"宽"和"高"文本框中可以精确地设置图像的宽和高；也可以在选中图像后，通过拖曳图像周围的控制点来改变其大小。

（3）"源文件"文本框中显示的是图像源文件的名称。

（4）"链接"文本框用于设置当单击此图像时可以打开的网页或文件。

（5）在"替换"文本框中可以输入代替图像的文字，即图像在浏览器中不能显示时，所显示的文字。

（6）"垂直边距"和"水平边距"文本框用于指定插入的图像距离上边距和左边距的距离。

（7）"目标"下拉列表框用于选择打开目标网页的窗口，只有给此图像加入链接以后才可用，若在其下拉列表框中选择_blank 选项，则表示重新打开一个新窗口；选择_parent 选项后，如果是框架网页，则在父框架中打开目标页面，如果不是框架页面，则会在原窗口中打开，并覆盖整个窗口；选择_top 选项，则在整个浏览器中打开目标窗口，并删除原来的框架；选择_self 选项，表示在原窗口打开或是在原链接框架组中打开，此项为默认项。

（8）"边框"文本框用于设置插入图像的边框宽度，以像素为单位，当值为 0 时表示无边框。

（9）"低解析度源"文本框用于设置低解析度的图像来源，为了让浏览者尽快看到图像，许多设计人员设计了一张低分辨率的图像（原图像的黑、白版本图像），先让浏览器下载，显示给浏览者看，然后再下载高质量的彩色图像。

2. 图像的对齐

下面将向读者介绍与图像对齐有关的知识。

（1）图像与窗口的对齐

图像在窗口中的对齐方式有三种：左对齐▤、居中对齐▤和右对齐▤。选择不同的对齐方式，其效果也不相同。

❋ 左对齐：选择图像后，单击该按钮，图像将位于文档的左侧。

❋ 居中对齐：选择图像后，单击该按钮，图像将位于文档的中间部分。

❋ 右对齐：选择图像后，单击该按钮，图像将位于文档的右侧。

（2）图像与文本的对齐

由于图像比文字所占用的空间要大，所以选择插入网页的图像后，就要考虑图像与文字的对齐方式。用户可以在"属性"面板中的"对齐"下拉列表框中设置图像与文本的相对位置。"对齐"下拉列表框中各选项的含义如下：

❋ 默认值：取决于浏览器的设置。

❋ 基线：将文本或其他元素的基线与所选图像的底边对齐。

❋ 顶端：将文本或其他元素的基线与所选图像所在行的顶端对齐。

❋ 居中：将文本或其他元素的基线排列在所选图像的中间。

❋ 底部：将文本或其他元素的基线排列在所选图像的底线。

❋ 文本上方：将所选图像的顶端与文本的顶端对齐。

❋ 绝对居中：将其他元素排列在当前行的绝对中间。

❋ 绝对底边：将其他元素排列在当前行的绝对底边。

❋ 左对齐：将所选图像靠左边界排列，文本或其他元素在图像的右侧并向右边界依次排列，此图像可以对应多行文本。

❋ 右对齐：将所选图像靠右边界排列，文本或其他元素在图像的左侧依次排列。图像还可以对应多行文本，当文本输入到图像上时图像便作为背景，文字则位于图像的上方。

图文对齐的基本方式如图 4-11、图 4-12 和图 4-13 所示。

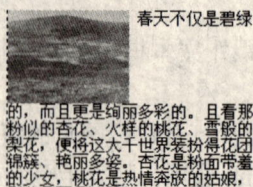

图 4-11 顶端对齐举例

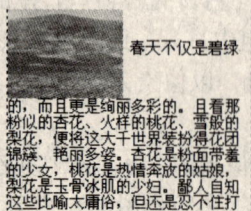

图 4-12 居中对齐举例

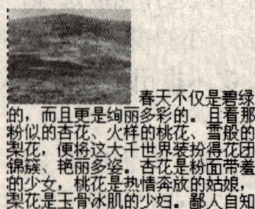

图 4-13 底部对齐举例

（3）图像的编辑

在 Dreamweaver 8 中可以对图像进行简单的处理，使其符合设计的要求。下面将对其进行介绍。

✳ "裁剪"（▢）：减小图像区域，可以通过裁剪图像以强调图像的主题，并删除图像中多余的部分。

✳ "亮度/对比度"（◑）：主要用于调整图像的高亮显示、阴影和中间色调，如可以修正太暗或太亮的图像。

✳ "重新取样"（▣）：主要作用是添加或减少已调整大小的 JPEG 图像和 GIF 图像文件中的像素，以便更清晰地显示图像。对图像进行重新取样会影响图像文件的大小，如一张小的图像放大后会失真，但重新采样后其效果几乎接近原图，但文件的体积会增大。

✳ "锐化"（◣）：通过增加图像边缘的对比度来调整图像的焦点。经过锐化处理的图像，可以提高图像边缘的对比度，使图像更加清晰。

4.3.2 使用外部编辑器编辑图像

由于 Dreamweaver 的图像处理功能非常有限，有时对图像的处理不能满足设计的要求，因此需要通过专门的图像处理软件进行图像处理，其常用的外挂程序为 Fireworks。利用 Fireworks 可以对图像和动画进行快速的导出更改，如调整图像大小或更改文件类型等。Fireworks 允许用户更改导出图像的优化设置、动画设置以及大小和区域。

1. 设置外挂程序

在使用外部编辑软件时，需要先进行设置，其具体操作步骤如下：

（1）单击"编辑"|"首选参数"命令，打开"首选参数"对话框，如图 4-14 所示。

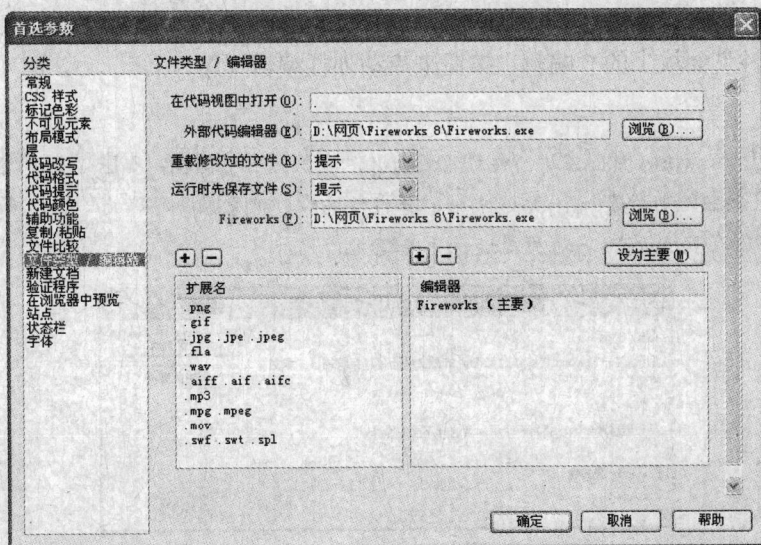

图 4-14 "首选参数"对话框

（2）在"首选参数"对话框左侧的"分类"列表中，选择"文件类型/编辑器"选项，在"扩展名"列表中，选择图像、声音和多媒体等格式文件的扩展名，如.jpg、.fla 和.gif 等。

（3）单击"编辑器"列表左上角的 ⊞ 按钮，打开"选择外部编辑器"对话框，如图4-15所示。

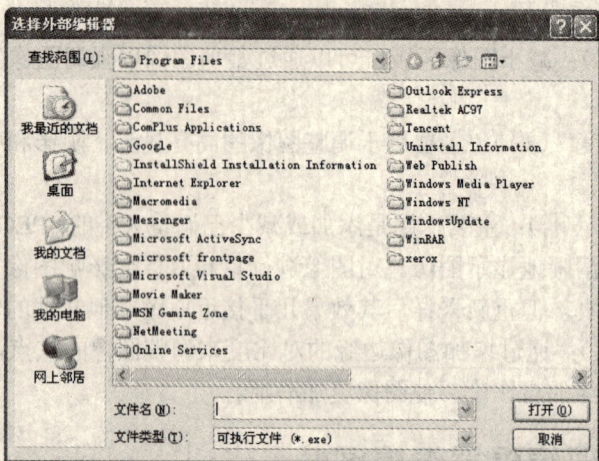

图4-15 "选择外部编辑器"对话框

（4）在打开的对话框中选择所需要的程序文件，然后单击"打开"按钮即可。

> **提示** 当"扩展名"列表中的某一（组）扩展名对应于"编辑器"列表中的两个或两个以上编辑器时，需设置编辑器的主次关系。其主次关系的更改方法是：首先在"编辑器"列表中选择一个程序，然后单击列表上方的"设为主要"按钮即可。

2. 调用外挂程序

当外挂程序设置完成后，便可以调用外挂程序对文档中的图像进行修改，其常用的操作方法是单击"属性"面板上的"编辑"按钮来启动外挂编辑程序。

> **提示** 如果使用Fireworks对图像进行处理，则打开"查找源"对话框，如图4-16所示。如果用户单击"使用PNG"按钮，则新建一个PNG文档，并进行编辑，对原图没有影响；如果单击"使用此文件"按钮，则可以在Fireworks中对原图进行直接编辑。

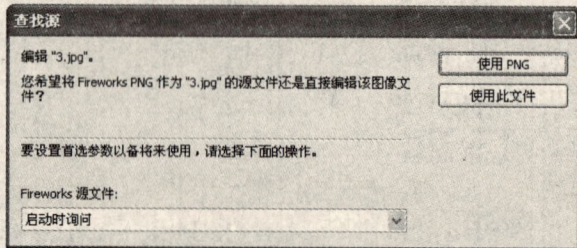

图4-16 "查找源"对话框

下面以修改Dreamweaver中图像的优化设置为例来说明外部编辑器的使用，其具体的操作步骤如下：

（1）在 Dreamweaver 中，选择需要修改的图像，单击"属性"面板中的"编辑"按钮，或单击"命令"|"在 Fireworks 中优化图像"命令，在打开的"查找源"对话框中确定是否对图像的源文件进行编辑。

（2）当图像编辑完成后，关闭 Fireworks 时，系统将弹出一个提示信息框（如图 4-17 所示），单击"是"按钮，便可以将用户所做的修改保存到源文件中。

（3）返回到网页文档后，将弹出"更新文件"对话框，如图 4-18 所示。单击"更新"按钮，便可应用进行了优化设置的图像，同时更新放置在 Dreamweaver 文档中相应的图像，并保存 PNG 源文件（如果已选定源文件的话）。

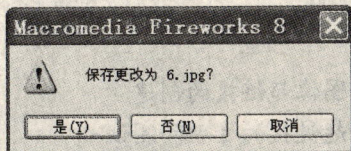

图 4-17　提示信息框　　　　　　　　图 4-18　"更新文件"对话框

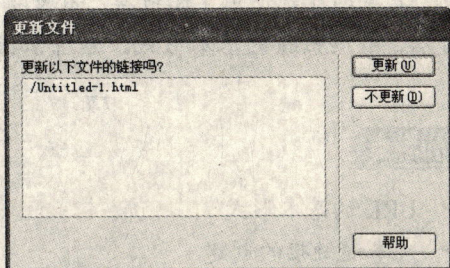

习　　题

一、填空题

1. 在使用 Dreamweaver 8 进行网页设计的过程中，常用的图像格式有＿＿＿＿＿、＿＿＿＿＿和＿＿＿＿＿三种。

2. 图像对齐可分为两种：一种是与＿＿＿＿＿的对齐；另一种是与＿＿＿＿＿的对齐。

3. 在 Dreamweaver 中进行图像优化时，常用的外挂工具是＿＿＿＿＿。

二、简答题

1. 在网页制作时，为什么要进行图像优化？

2. 常用的图像格式有哪些，有何不同？

三、上机题

1. 练习在文档中插入图片。

2. 在文档中，使用"鼠标经过图像"功能设置一个图像翻转特效，最终效果可参照图 4-7。

3. 使用"属性"面板设置图像属性。

第*5*章　使用超链接

导语与学习目标

　　当浏览者上网浏览网页时，可以很轻松地在网页或网站之间进行跳转，以查找所需要的信息，其原因就是使用了超链接。本章将详细讲述超链接的基本应用。通过本章的学习，读者可以了解超链接的基本形式，熟练掌握各种超链接的创建方法，并学会管理和测试超链接。

要点和难点

> URL 的基本形式　　　　　　　　　　> 图像超链接的创建

> 文本超链接的创建　　　　　　　　　> 超链接的管理和测试

5.1　认识超链接

　　在浏览网页时，当单击某些图片、带下划线的文本或其他格式的文字时，就会跳转到其他网页中。那么这种跳转是怎样实现的，它的原理又是怎样的呢？下面将向读者进行详细介绍。

5.1.1　解析 URL

　　URL 即统一资源定位器（Uniform Resource Locator），是 WWW 网页的地址，并且是一个完整的地址。URL 地址格式排列为：协议://主机名[/[路径/]资源文件夹名称]。例如，http://www.readnovel.com/novel/1270.html，其中的 http://表示 WWW 服务器（http 表示处理的是 HTML 链接），用来定义所要查找资源的类型，告诉浏览器应该寻找 Internet 中的某个 WWW 服务器中的页面。

> **提示**　ftp://表示 FTP 服务器，gopher://表示 Gopher 服务器，new:表示 Newgroup 新闻组。

　　www.readnovel.com 是站点所在服务器的地址。其中 www 为 World Wide Web 的缩写，readnovel 是此站点所在服务器的名称，该计算机上存储着用户所要查找的 www 页面。有了这个计算机名字，Internet 通过域名系统（DNS）就能找到与这台计算机相对应的数字地址，即 IP 地址，从而找到这台服务器，并下载相应的资源。此外，计算机的名字是由小数点分隔开的一连串的字符组成的，中间不能有空格，且计算机名字前面的//符号不能省略。com 代表的是网络的类型，如 com 为商业性网站。novel/1270.html 是目录，即表示所要查找的文件在本地磁盘上的路径。

> **提示**　WWW 上的服务器都是区分大小写字母的，所以，一定要正确使用 URL 大小写表达式。

5.1.2　认识绝对路径和相对路径

网站中超链接的链接路径可以分为两种：一种是绝对路径，另一种是相对路径。

1. 绝对路径

绝对路径是指网站主页上的文件或目录存储在硬盘上的真正路径。例如，某一程序存放在 e:\myweb\wenjian1 下，那么 e:\myweb\wenjian1 就是 wenjian1 目录的绝对路径。

假设用户的一个程序放在 e:\myweb\wenjian1 下，如果要表示这个目录的绝对路径，除了用 e:/myweb/wenjian1 以外，还可以用 "." 来表示，因为用户的程序就在当前目录下。下面以 DOS 操作系统为例来进行说明，假如在 c:\windows\system 目录下，现在要转换到 c:\windows 下，那么可以用绝对路径命令：cd c:\windows，也可以用绝对路径的相对表示命令：cd..。

> **提示** 如果用的是 PWS 或 IIS WEB 服务器，那么文件路径必须用绝对路径来表示，而不能用绝对路径的相对表示。

2. 相对路径

相对路径是相对于当前文件的路径，网页中一般使用这个方法来表示路径。例如，一个文件的路径是 http://www.mysit.jiayuan.com/jianjie/mine/xuexi.html，则表示 xuexi.html 文件在 mine 目录下，如果这个页面中有个链接是指向网站首页的 index.html，那么这个链接就可以表示为../../index.html，../表示返回上一级目录，第一个../表示返回到 jianjie 目录，第二个../就可以回到 http://www.mysit.jiayuan.com/，也就是根目录。如果 xuexi.html 文件中有一个图片 abc.gif，存储在 mine 目录中的 images 目录下，由于 xuexi.html 文件与 images 目录处于同一级上，因此，这个图片的链接地址就应该是 images/abc.gif。images 前面没有任何字符，便表示在同一个目录下。

3. 相对路径和绝对路径的区别

下面举例说明相对路径和绝对路径的区别。在页面 index.htm 中链接有一张图片 abc.jpg，它的绝对路径为 c:\myweb\images\abc.jpg。如果使用绝对路径，那么在用户的计算机上将一切正常，因为确实可以在指定的位置上找到 abc.jpg 文件。但是当页面上传到因特网上的时候就很可能会出错，因为网站可能存储在服务器的 c 盘，也可能在 d 盘，也可能在 wenjian1 目录下，更可能在 wenjian2 目录下，所以 abc.jpg 文件将无法定位。而在 index.htm 文件中使用相对路径 images/abc.jpg 来定位 abc.jpg 时，不论将这些文件放到哪里，只要它们的相对关系没有变化，链接就不会出错。

5.2　创建超链接

在认识了超链接之后，本节将进一步讲述如何创建超链接，其中包括文本超链接、锚记超链接、电子邮件超链接、图像超链接及其他超链接。

5.2.1　创建文本超链接

文本超链接是网页中最常见的超链接形式，其创建的具体操作步骤如下：

（1）在网页文档中添加文本，并选择目标文本作为链接源。

（2）单击"窗口"|"属性"命令，打开"属性"面板，如图5-1所示。

图5-1　"属性"面板

（3）在"链接"下拉列表框中直接输入目标地址，创建超链接，或者单击其右侧的"浏览文件"按钮 ，然后在弹出的对话框中选择目标文件，也可以用鼠标按住 按钮，并将其拖动到右侧相应的文件上，如图5-2所示。

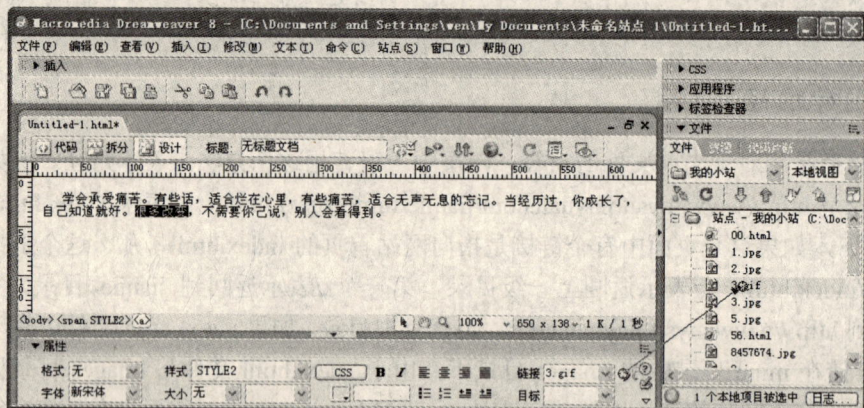

图5-2　拖曳创建链接

（4）单击"目标"下拉列表框中的下拉按钮，在弹出的下拉列表中为链接目标选择一种打开方式。

（5）创建超链接后，链接文本的默认颜色为蓝色，用户可以在"页面属性"对话框中的"分类"列表中选择"链接"选项，在右侧的选项区中设置链接文本的字体、大小、颜色等（具体设置参考第3章内容）。

此外，用户还可以采用其他方式创建超链接，如选择文本，然后单击鼠标右键，在弹出的快捷菜单中选择"创建链接"选项，然后在弹出的对话框中进行设置；或者在插入栏中选择"常用"分类，并单击"超级链接"按钮 ，也可创建超链接。

5.2.2　创建锚记超链接

创建锚记是指在文档中设置位置标记，并给该位置命名，以便引用。创建锚记，可以使链接指向当前文档或不同文档中的指定位置，常被用来跳转到特定的主题或文档的顶部，以使访问者能够快速浏览到特定的内容，从而加快信息检索速度。创建锚记超链接，首先要插入一个命名锚记，然后建立到命名锚记的超链接。

插入锚记的具体操作步骤如下：

（1）将插入点定位到要插入锚记的位置。

（2）选择"常用"分类，并单击"命名锚记"按钮，弹出"命名锚记"对话框，如图 5-3 所示。在"锚记名称"文本框中为该锚记命名（锚记名称区分大小写，且不能含有空格）。

图 5-3 "命名锚记"对话框

（3）单击"确定"按钮，即可在插入点处插入一个锚记标记。如果用户没有看到，则单击"编辑"|"首选参数"命令打开"首选参数"对话框，在"分类"列表中选择"不可见元素"选项，然后在右侧的选项区中选中"命名锚记"复选框，如图 5-4 所示。单击"确定"按钮关闭对话框后，单击"查看"|"可视化助理"|"不可见元素"命令即可显示该锚记标记。

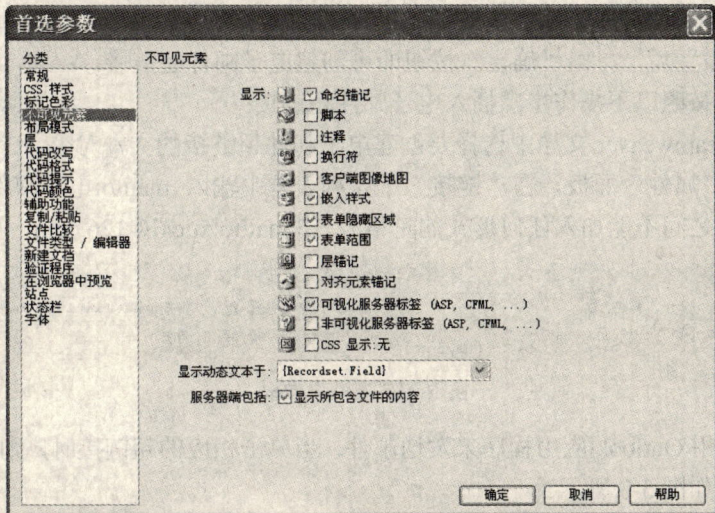

图 5-4 选中"命名锚记"复选框

（4）选择一个要建立超链接的载体，如文本（建立锚记超链接，还需要文本或者其他元素作为载体）。

（5）在"属性"面板的"链接"下拉列表框中输入格式为#a 的超链接地址，即可进行链接。其中 a 为当前文档中锚记的名称。若要链接到当前文档中的一个名为 v 的锚记，则需要输入#v，如图 5-5 所示。若要链接到同一文件夹内其他文档中的名为 top 的锚记，则应输入 filename.html#top。

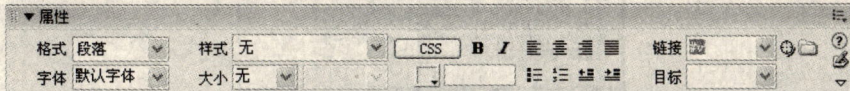

图 5-5 "锚记"链接

5.2.3　创建电子邮件超链接

电子邮件超链接是 Dreamweaver 中的一类特殊的超链接,在网页上加入电子邮件超链接,可以方便浏览者与网站管理者之间的联系。当浏览者单击电子邮件超链接的载体(如文本)时,即可打开浏览器默认的电子邮件处理程序,收件人的邮件地址被电子邮件超链接中指定的地址进行自动更新,而不需要浏览者手动输入。

创建电子邮件超链接的具体操作步骤如下:

(1)在 Dreamweaver 文档中选择要创建电子邮件超链接的对象。

(2)在"常用"插入栏中单击"电子邮件链接"按钮 ,或在菜单栏中单击"插入"|"电子邮件链接"命令,弹出"电子邮件链接"对话框,如图 5-6 所示。

图 5-6　"电子邮件链接"对话框

(3)此时,用户可以看到所选择的文本已出现在"文本"文本框中(如果第一步没有选择文本,而只将光标定位,在此步中也可以直接输入文本),在 E-Mail 文本框中输入要链接的电子邮件地址。

(4)完成设置后,单击"确定"按钮即可创建电子邮件超链接。

用户也可以按照以下操作步骤插入电子邮件超链接:

(1)在 Dreamweaver 文档中选择要创建电子邮件超链接的文本对象。

(2)打开"属性"面板,在"链接"下拉列表框中输入 mailto:电子邮件地址(在电子邮件地址和冒号之间不能加入任何形式的空格),如 mailto:xuexi@126.com,如图 5-7 所示。

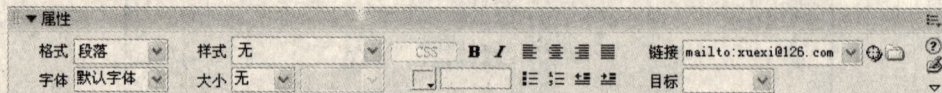

图 5-7　"属性"面板

例如,若使用 Outlook 应用程序来发送邮件,当单击相应的超链接时,则会弹出 Outlook 应用程序窗口,如图 5-8 所示。

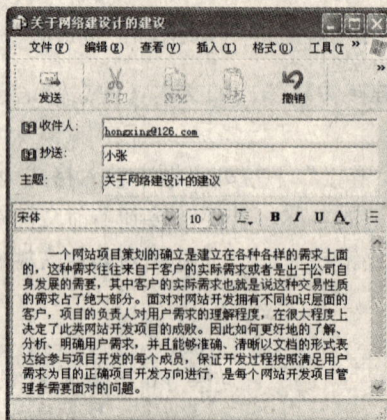

图 5-8　Outlook 应用程序窗口

5.2.4　创建图像超链接

在网页中图像的超链接形式多种多样，一张图像既可以对应单个链接，又可以根据图像区域的不同对应多个链接。但是在浏览器中，它并不能像文本超链接那样，能够明显地看出哪一个图像包含超链接，只有将鼠标指针指向图像后才能看到它是否包含超链接。

1.　图像超链接和鼠标经过图像

图像也可以像文本一样添加超链接。对于一张图像来说，若要建立单个链接关系，可按照以下操作步骤进行：

（1）在网页中选择一张已有的图像。

（2）在"属性"面板中的"链接"文本框中输入要链接的地址。例如，输入 Untitled-2.html（如图 5-9 所示），或单击"链接"文本框右侧的🗁按钮，在弹出的对话框中指定一个所要链接的文件。用户也可以将⊕按钮直接拖曳到相应的文件中。

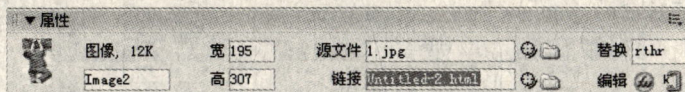

图 5-9　图像链接地址

（3）当超链接建立完成后，鼠标指针指向此图像时，鼠标指针就会变成小手形状（如图 5-10 所示），此时单击该图像，则跳转到相应的链接地址。

提示　在插入图像时创建超链接的方法为：单击"常用"插入栏中的"图像"按钮🖼，在弹出的"选择图像源文件"对话框中选择一张图片，并在 URL 文本框中输入要链接的目标地址即可。

图 5-10　图片超链接

"鼠标经过图像"也是一种图像链接形式，它可以通过多张图像实现一个翻转特效，同时还对应一个链接，其具体操作步骤如下：

（1）将光标定位于要插入"鼠标经过图像"链接的位置。

（2）在"常用"插入栏中单击"鼠标经过图像"按钮🖾，打开"插入鼠标经过图像"对话框，如图 5-11 所示。

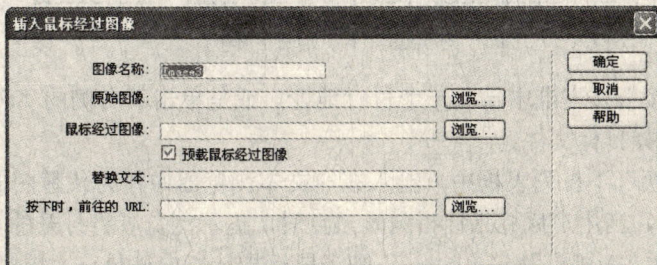

图 5-11　"插入鼠标经过图像"对话框

（3）在该对话框中可以设置"鼠标经过图像"链接。在"图像名称"文本框中为其命名，单击"原始图像"文本框右侧的"浏览"按钮，在弹出的对话框中选择原始图像，在"鼠标经过图像"文本框中可以设置鼠标经过时的图像，在"按下时，前往的 URL"文本框中输入相应的地址。然后单击"确定"按钮即可。

2. 图像热点超链接

图像超链接与文本超链接的最大区别在于：文本超链接不能一段文字对应多个链接，而一张图像则可以对应多个链接。在制作一张图像对应多个链接的过程中，就用到了热点工具，其中包括矩形热点工具□、椭圆形热点工具○和多边形热点工具♡。创建图像热点超链接的具体操作步骤如下：

（1）选择一张图像，并打开"属性"面板。

（2）在"属性"面板中选择一个热点工具，当鼠标指针变为十字形时，在图像上拖曳鼠标，即可创建一个热点区域。例如，制作网上地图的时候，可以在图片上创建一个不规则的热区，如图 5-12 所示。

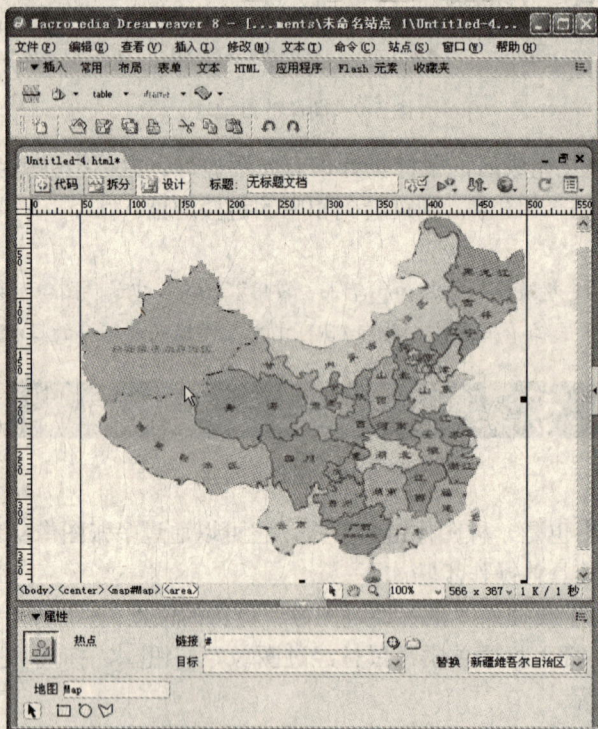

图 5-12　不规则热区举例

（3）在"链接"文本框中输入一个目标地址，或是单击其右侧的"浏览"按钮🖿，在打开的对话框中选择目标文件。

（4）在"替换"下拉列表框中，输入在纯文本浏览器中作为代替图像出现的文本。也可以作为提示文本，当用户鼠标指针指向该热点时，提示浏览者将打开的目标网页及相关信息。例如，输入文本"新疆维吾尔自治区"，则当鼠标指针指向该热点区域时，在图中显示"新疆维吾尔自治区"信息，如图 5-13 所示。

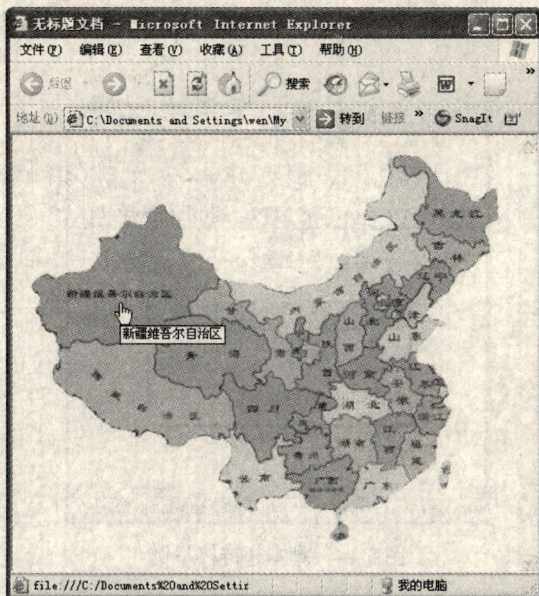

图 5-13　显示信息举例

（5）在"目标"下拉列表框中选择所要打开目标网页的位置。

除上述方法外，用户还可以在"常用"插入栏中单击■▾按钮，在弹出的下拉菜单中选择"绘制多边形热点"选项，即可在图上绘制多边形热点区域。选择不同的热点工具，可以创建与之相对应的热点区域。

5.2.5　创建其他超链接

除了上述几种超链接外，常见的超链接还包括空超链接、脚本超链接和虚拟超链接。

1．空超链接

空超链接是一种无指向的超链接。使用空超链接后的对象可以附加行为，一旦用户创建了空超链接，就可以为之附加所需要的行为。例如，当鼠标指针经过该超链接时，执行交换图像或者显示、隐藏某个层。创建空超链接的具体操作步骤如下：

（1）在文档窗口的设计视图中选择要设置空链接的对象。

（2）在"属性"面板的"链接"文本框（或下拉列表框）中输入一个数字符号#即可。

关于超链接对象附加行为的相关知识，将在后面的章节中进行详细讲述。

2．脚本超链接

脚本超链接用于执行 JavaScript 代码或者调用 JavaScript 函数，这样可以让来访者不用离开当前 Web 页面就可以得到关于一个项目的其他信息。当来访者单击某指定项目时，脚本超链接也可以执行计算、表单确认和其他处理任务。创建脚本超链接的具体操作步骤如下：

（1）在文档窗口中选择要添加超链接的对象。

（2）在"属性"面板中的"链接"文本框（或下拉列表框）中输入 JavaScript:，其后紧接 JavaScript 代码或函数调用。例如，在其中输入格式为"javascript:alert（'请输入内容'）"的脚本超链接，即可创建一个警告框式的链接，其中信息为"请输入内容"，在浏览器中的显示效果如图 5-14 所示。

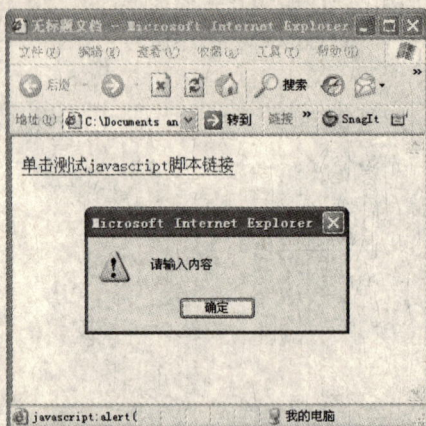

图 5-14　脚本超链接举例

3. 虚拟超链接

虚拟超链接是指没有指定任何链接目标的超链接，但是通过单击虚拟链接，可以激活设置超链接的对象，如果此超链接中添加了行为，则单击时便可以实现相应的效果。

5.3　管理与测试超链接

下面将向读者介绍如何管理和测试超链接。

5.3.1　管理超链接

为保持站点内超链接的正常工作，而不出现死链接、断链接，用户可以使用链接管理，以便用户对网页做出更改后自动更新链接，或使用站点的可视化表示形式来修改链接等。

1. 修改超链接

如果要修改页面中的超链接，可通过以下几种方法进行操作：
* 单击"修改"|"更改链接"命令。
* 单击"文件"面板右上角的下拉按钮，在弹出的下拉菜单中选择"站点"|"改变链接"选项。
* 在超链接上单击鼠标右键，在弹出的快捷菜单中选择"更改链接"选项。
采用以上任意一种方法调用修改链接命令的选项后，系统将弹出"选择文件"对话框，在该对话框中找到链接要指向的文件，或键入 URL，单击"确定"按钮后即可完成超链接的修改。

2. 更新超链接

如果要在 Dreamweaver 中更新超链接，可按如下步骤进行操作：

（1）单击"编辑"|"首选参数"命令，打开"首选参数"对话框，如图 5-15 所示。

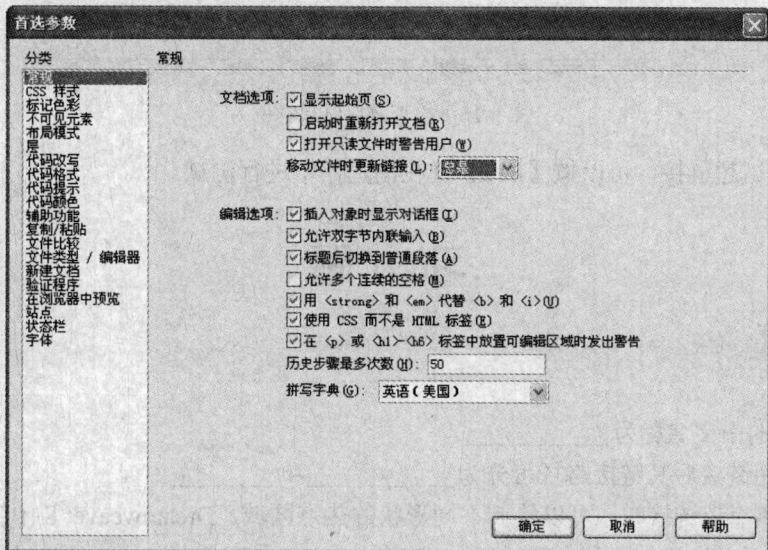

图 5-15 "首选参数"对话框

（2）在"分类"列表中选择"常规"选项，在右侧的"常规"选项区中的"移动文件时更新链接"下拉列表框中选择"总是"或者"提示"选项。

如果选择"总是"选项，则在移动或重命名选定文档时，Dreamweaver 将自动更新所有与该文档相关的链接；如果选择"提示"选项，则在修改文档后，Dreamweaver 将弹出一个对话框，列出此次更改影响到的所有文档，单击"更新"按钮便可更新这些文件中的链接，若单击"不更新"按钮，其他文档将保持原文件不变。

（3）单击"确定"按钮，即可完成 Dreamweaver 中更新超链接的设置。

3．删除超链接

若要删除超链接，可在要删除的链接上单击鼠标右键，在弹出的快捷菜单中选择"删除链接"选项，即可将其删除。

5.3.2　测试超链接

超链接在文档窗口中不是活性的，即在文档窗口中通过单击超链接并不能打开目标网页，用户必须借助浏览器才能实现网页之间的跳转。在 Dreamweaver 文档中可以检查超链接是否正确，而超链接的测试则必须在浏览器中进行。

若要检查超链接，可以按照以下步骤进行操作：

（1）打开要进行测试的文档。

（2）单击"文件"|"检查页"|"检查链接"命令。如果有断开的链接，则会以列表的形式在窗口的底部列出，如图 5-16 所示。

提示　若要在文档中对某个超链接进行检查，在按住【Ctrl】键的同时双击目标链接即可。

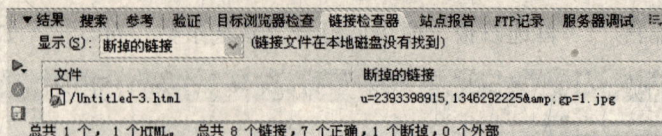

图 5-16　检查链接结果举例

如果要测试超链接，可以按【F12】键在浏览器中进行测试。

习　　题

一、填空题

1. URL 的中文名称为_____。
2. 建立超链接后其链接路径可分为_____和_____。
3. 使用热点超链接时，可以绘制不同形状的热点区域，Dreamweaver 8 中提供的热点工具有_____、_____和_____。

二、简答题

1. 绝对路径和相对路径有何不同？
2. 如何实现网站内超链接的自动更新？
3. 怎样管理和测试超链接，其中修改超链接的方法有哪几种？

三、上机题

1. 打开一个文档从中创建一些文本超链接和图像超链接。
2. 新建一个文档，插入一张图像，练习热区超链接的创建，如图 5-17 所示。

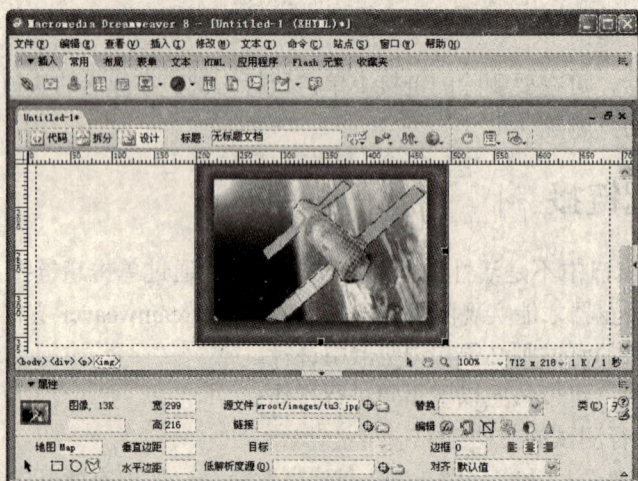

图 5-17　热区链接举例

3. 在文档中练习修改、删除以及更新超链接。

第*6*章　应用表格

导语与学习目标

　　表格是网页制作中进行页面布局的一个重要工具，它可以实现页面布局中的精确排版。本章将向读者介绍表格的具体应用。通过本章的学习，读者应了解表格布局的重要性，掌握表格的创建、编辑并学会格式化表格内容。

要点和难点

> 表格的创建
> 单元格及其内容的编辑

> 表格属性的设置
> 表格布局网页

6.1　认识表格

　　在网页制作中，表格已成为是网页布局中一个必不可少的工具。本节将主要介绍有关表格的构成，以及各部分之间的关系。

1. 表格的构成

　　表格的主要构成要素为单元格、行和列，如图 6-1 所示。

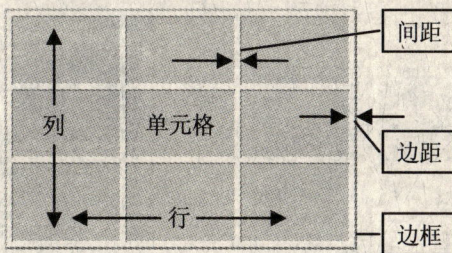

图 6-1　表格的构成

　　构成表格的各要素的含义分别如下：

　　❋　单元格：它是构成表格的基本单位，在表格中的每一个小方格就是一个单元格，它是组成表格的最小单元。

　　❋　行：它是由同一水平线上的所有单元格构成的。

　　❋　列：它是由同一垂直位置上的所有单元格构成的。

　　❋　间距：它是指两个单元格之间的距离，其默认值为 3 像素。

　　❋　边框：它是构成整个表格的边线。

　　❋　边距：它是指单元格中的内容与边框之间的距离，其默认值为 3 像素。

2. 表格视图

表格的视图模式有标准模式、扩展模式和布局模式三种，其中在使用布局模式时，可以显示"布局表格"选项卡。

❋ 标准模式：是经常使用的设计视图模式。

❋ 扩展模式：在此模式下，用户可临时向文档中的所有表格添加单元格边距和间距，并且增加表格的边框以使编辑操作更加容易。使用这种模式，用户可以选择表格中的项目或者精确地放置插入点。

在不同视图模式下，同一单元格的显示形式也不相同，如图 6-2 所示。

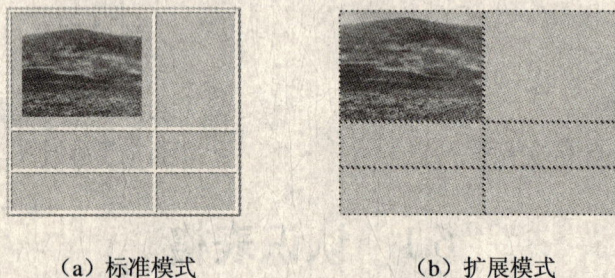

（a）标准模式　　　　　　　　（b）扩展模式

图 6-2　标准模式与扩展模式的对比

❋ 布局模式：最初创建表格只是为了显示表格中的数据，并非用于网页布局。为了简化使用表格进行页面布局的过程，同时避免基于表格设计时经常出现的一些问题，Dreamweaver 8 提供了布局模式。但在布局模式下，不但不能插入新表格，而且表格的编辑还受到很多限制。

在标准模式与布局模式下，同一单元格的不同显示形式如图 6-3 所示。

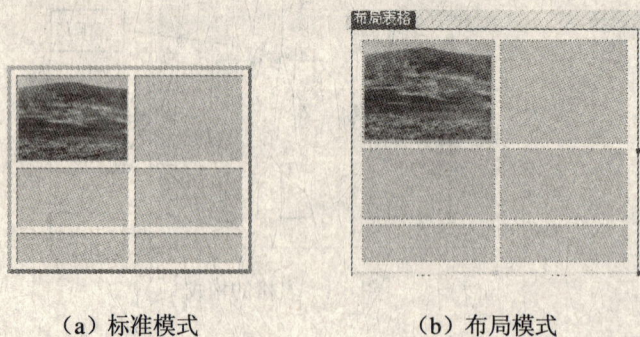

（a）标准模式　　　　　　　　（b）布局模式

图 6-3　标准模式与布局模式的对比

在进行网页布局时，有时为了方便设计，可能要在不同的视图之间进行切换。单击"查看"|"表格模式"子菜单中的相应命令，或在"布局"插入栏中单击相应的按钮即可进行不同视图间的切换，如图 6-4 所示。

图 6-4　切换视图按钮

表格在代码视图中的定义格式为<table>…</table>，在这对标识符中的所有内容都属于该表格的内容。其中<tr>…</tr>定义表格行，<td>…</td>定义表格列。

6.2 创建表格

在认识了表格的基本结构后，本小节将进一步讲述在 Dreamweaver 8 文档中，对表格进行的一些基本操作，如新建表格、添加内容等。

当用表格进行网页布局时，就需要在网页中插入表格，插入表格的具体操作步骤如下：

（1）将光标定位于需要插入表格的位置，单击"插入"｜"表格"命令或在"常用"插入栏中单击"表格"按钮田，打开"表格"对话框，如图 6-5 所示。

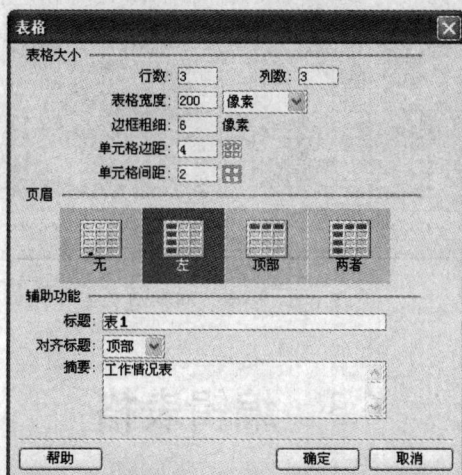

图 6-5 "表格"对话框

（2）在"表格"对话框中，进行各选项的设置。

在"表格"对话框中，主要选项的含义如下：

❋ "行数"文本框：设置将要插入表格的行数。

❋ "列数"文本框：设置将要插入表格的列数。

❋ "表格宽度"文本框：用于设定表格的总体宽度（但在实际的操作中如果输入内容的宽度大于设定值，它会随用户内容的需要而自动增加）。

❋ "边框粗细"文本框：设置表格中各个单元格边框的宽度。

❋ "单元格边距"和"单元格间距"文本框：用于设置单元格内容与其他部分的距离。

❋ "页眉"选项区：类似于标题行。出现在单元格中，文字字体为加粗，也可以不设置页眉。

❋ "标题"文本框：设置表格的名称。在 HTML 代码中，其内容记录在标签<caption>…</caption>之间，且标题文字与表格共为一体。

❋ "摘要"文本区：添加有关表格的说明性文字（制作者的备注），作为<table>的属性，其格式为 summary="摘要文字"。

（3）设置完各选项后，单击"确定"按钮，即可在网页中插入所设置的表格，如图 6-6 所示。

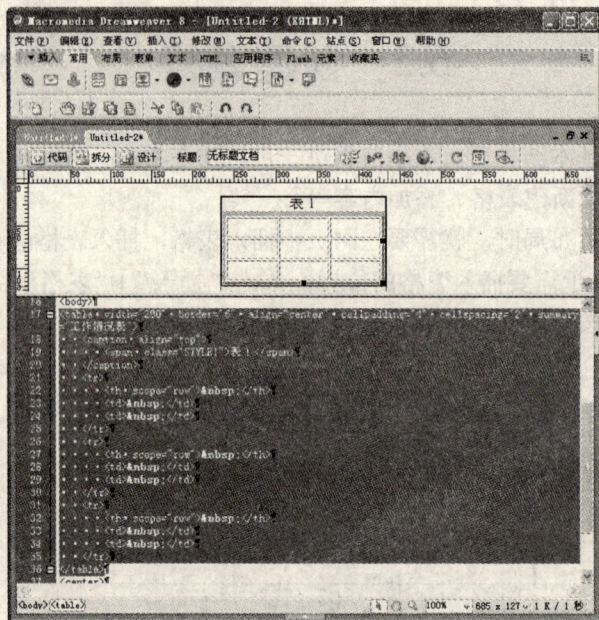

图 6-6　插入表格举例

6.3　编辑表格

在文档中插入一个表格后，经常需要对其中的单元格进行编辑，以达到设计的要求。

6.3.1　选择表格或单元格

在对表格或表格中的单元格进行编辑之前，首先要选择表格或单元格，然后才能对选择的表格或单元格进行各种操作。在选择单元格时，可以选择单个单元格，也可以选择多个相邻或不相邻的单元格，下面将介绍如何选择表格或单元格。

1.　选择单个单元格

首先将光标定位到要选择的单元格中，然后单击文档窗口左下角的标签选择器中的<td>标签；也可以单击"编辑"|"全选"命令或按【Ctrl+A】组合键。

提示　选择一个单元格时，还可以在按住【Ctrl】键的同时单击所要选择的单元格。

2.　选择多个相邻的单元格

若要选择一行、一列或某矩形区域中的单元格，可通过以下两种方法进行操作：
❋　直接用鼠标在要选择的单元格内进行拖曳。

❋ 选择一个单元格，然后按住【Shift】键的同时单击另外一个要选择的单元格，则这两个单元格之间的矩形区域内的单元格将全被选中，如图 6-7 所示。

3. 选择不相邻的单元格

在按住【Ctrl】键的同时单击要选择的不相邻的单元格即可，如图 6-8 所示。

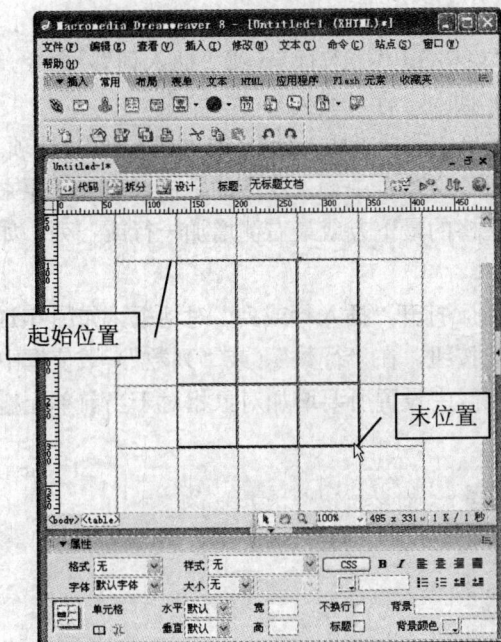

图 6-7　选择相邻的单元格举例

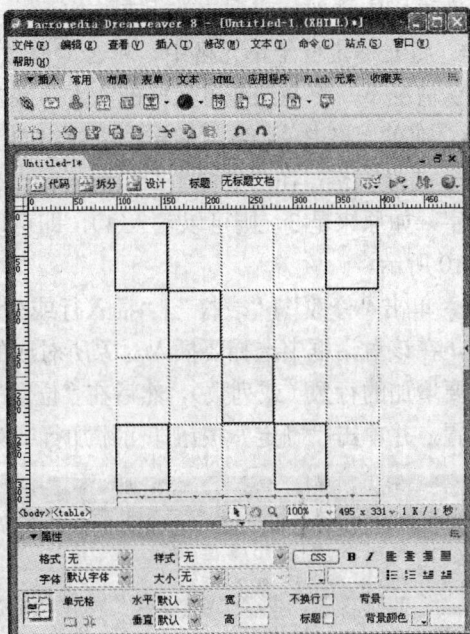

图 6-8　选择不相邻单元格举例

提示： 如果按住【Ctrl】键的同时单击尚未选中的单元格，则会将其选中。如果所单击的单元格已经被选中，若再次单击该单元格时，将会取消选择该单元格。

4. 选择整个表格

选择整个表格的方法有很多种，常用的方法主要有以下几种：

❋ 选择了一个单元格后单击"编辑"|"全选"命令。

❋ 将鼠标指针放置于表格的左上角、右下角或表格底部边框线的任何位置，当鼠标指针下方出现一个表格图标后，单击鼠标左键即可选择整个表格，如图 6-9 所示。

❋ 将光标定位于单元格中，然后在文档窗口左下角的标签选择器中单击<table>标签。

❋ 将光标定位于单元格中，然后单击"修改"|"表格"|"选择表格"命令。

❋ 将光标定位于单元格中，单击鼠标右键，在弹出的快捷菜单中选择"表格"|"选择表格"选项。

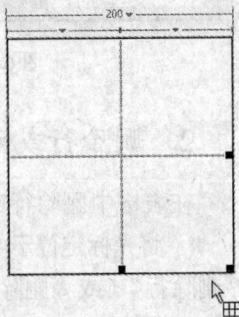

图 6-9　选取表格举例

6.3.2 添加与删除行或列

本小节将介绍在原有表格的基础上如何添加和删除行或列，以达到实用、美观的目的。

1. 添加行或列

在表格中添加行或列的常用方法如下：

❈ 将光标定位于单元格中，单击"修改"|"表格"|"插入行"（或"插入列"）命令，在默认情况下，将在当前单元格的上方（或左侧）插入一行（或列）。

❈ 在单元格中单击鼠标右键，在弹出的快捷菜单中选择"插入行"（或"插入列"）选项。

❈ 选择表格，在"属性"面板的"行"或"列"文本框中输入相应的数值（要大于原来的数字，如原来是 3，则可以输入 4），即可以在表格的最下方或最右侧增加一行或一列，如图 6-10 所示。

❈ 单击"修改"|"表格"|"插入行或列"命令，打开"插入行或列"对话框，如图 6-11 所示。在该对话框中选择要插入对象所对应的单选按钮，在"行数"（或"列数"）数值框中输入要增加的行数（或列数），然后在"位置"选项区中设置所要增加对象相对于当前单元格的位置，并单击"确定"按钮即可添加行或列。

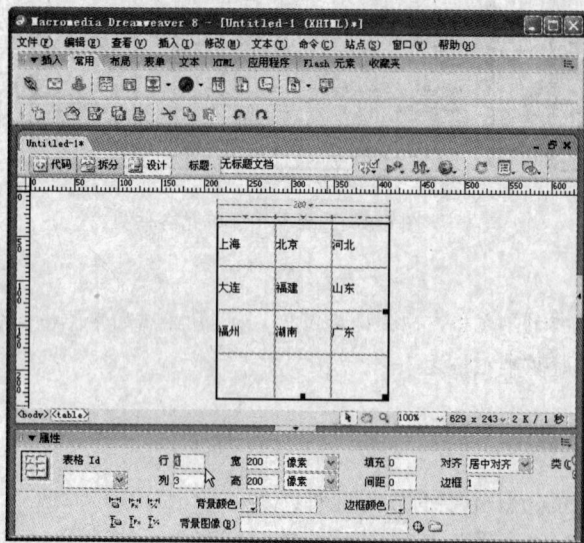

图 6-10　增加行举例

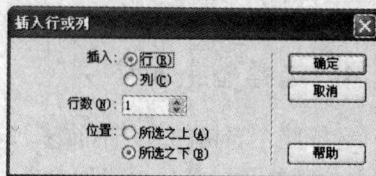

图 6-11　"插入行或列"对话框

2. 删除行或列

在表格中删除行或列的常用方法有以下几种：

❈ 将光标定位于要删除的行（或列）中的任意一个单元格中，然后单击"修改"|"表格"|"删除行"（或"删除列"）命令即可。

❈ 在相应的行（或列）上单击鼠标右键，在弹出的快捷菜单中选择"表格"|"删除行"（或"删除列"）选项，即可删除行（或列），如图 6-12 所示。

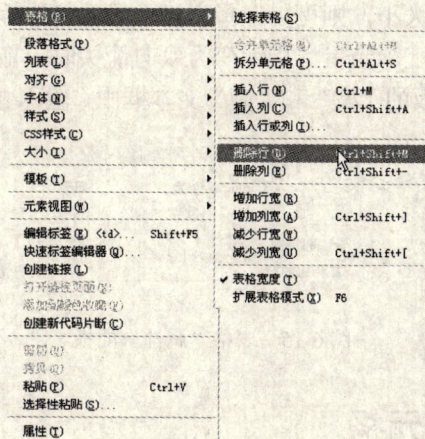

图 6-12　快捷菜单

6.3.3　调整行高和列宽

当表格的行高或列宽不满足工作需要时，可以对其进行相应的调整。首先将鼠标指针放置于所要调整的行或列的边线上，当鼠标指针变为双向箭头形状时，拖曳鼠标到合适的位置即可，如图 6-13 所示。

通过设置"属性"面板，同样可以达到调整行高或列宽的目的。首先将光标定位于要调整的行或列所包含的单元格中，然后在"属性"面板的相应选项中输入数值（注意，应用这种方法时，应先清除列宽，其方法是选择表格后，单击表格下方的下三角按钮▼，在弹出的下拉菜单中选择"清除所有宽度"选项），如图 6-14 所示。

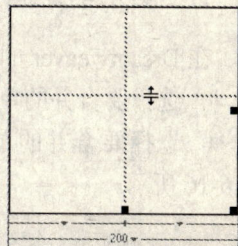

图 6-13　用鼠标调整行高举例

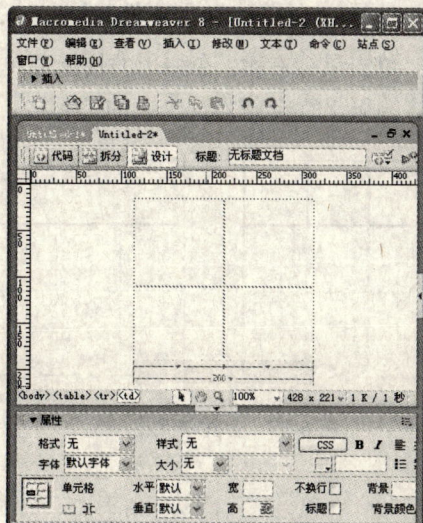

图 6-14　用"属性"面板调整行高

如果要调整整个表格的大小，则可以选择表格，然后将鼠标指针放置在表格的右下边框的控制点或右下角的控制点上，当鼠标指针变为双向箭头时，拖曳鼠标即可。也可以在选择整个表格后，在"属性"面板的"宽"和"高"文本框中，输入相应的数值，如图 6-15 所示。

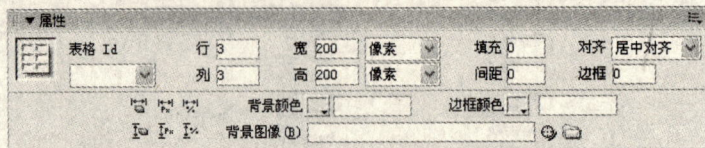

图 6-15　表格"属性"面板

6.3.4　合并/拆分单元格

在表格中只要选择的多个单元格形成一个连续的矩形区域，便可以将其合并成一个跨多列或多行的单元格。同样也可以将一个单元格拆分成任意数目的行或列，不论该单元格是不是通过合并得到的。

1．合并单元格

在 Dreamweaver 的表格中，合并单元格的方法主要有以下几种：

※　选择要合并的单元格，然后单击"修改"|"表格"|"合并单元格"命令。

※　选择要合并的单元格，单击"属性"面板中的"合并所选的单元格"按钮，如图 6-16 所示。

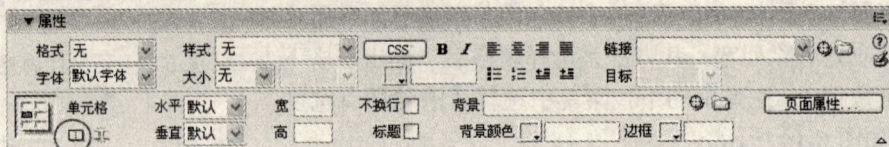

图 6-16　单元格的"属性"面板

※　选中要合并的单元格，单击鼠标右键，在弹出的快捷菜单中选择"合并单元格"选项。

例如，将一个 3 行 3 列的表格的第 1 行合并为一个大的单元格，其效果如图 6-17 所示。

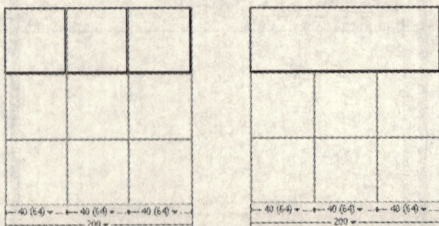

图 6-17　合并单元格举例

2．拆分单元格

对单元格进行拆分，可采用以下几种方法：

❋ 将光标定位于需拆分的单元格中，单击"修改"丨"表格"丨"拆分单元格"命令，打开"拆分单元格"对话框（如图 6-18 所示），在其中选择相应的拆分方式及拆分数目，如选中"列"单选按钮，然后在"列数"数值框中输入一个数值，以确定拆分的列数。

❋ 将光标定位于要拆分的单元格中，单击"属性"面板中的"拆分单元格为行或列"按钮，也可以弹出"拆分单元格"对话框，按需要设置拆分参数，然后单击"确定"按钮。

❋ 选择要拆分的单元格，单击鼠标右键，在弹出的快捷菜单中选择"表格"丨"拆分单元格"选项，在打开的"拆分单元格"对话框中按需要设置拆分参数，然后单击"确定"按钮即可。

例如，将表格中的一个单元格拆分为 3 列，其效果如图 6-19 所示。

图 6-18　"拆分单元格"对话框

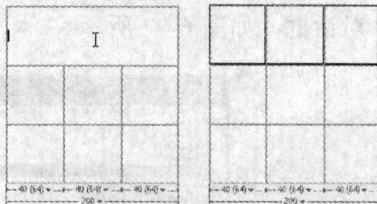

图 6-19　拆分单元格举例

6.3.5　嵌套表格

嵌套表格是指在一个表格的单元格中插入另一个表格。对嵌套表格进行格式设置的操作同一般表格的操作相似，只是其宽度受它所在单元格的宽度限制。在表格布局中，应用嵌套表格可以更灵活地布局页面，如图 6-20 所示。

插入嵌套表格的具体操作步骤如下：

（1）将光标定位于要嵌套表格的单元格中。

（2）单击"插入"丨"表格"命令，或在"常用"插入栏中单击"表格"按钮，打开"表格"对话框，如图 6-21 所示。

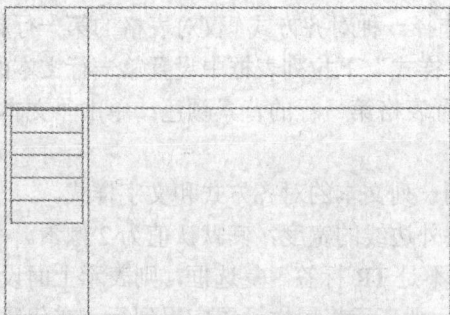

图 6-20　嵌套表格举例

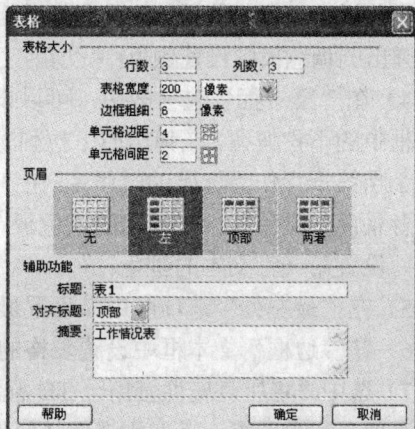

图 6-21　"表格"对话框

（3）设置对话框中的各选项，然后单击"确定"按钮，即可将所设置的表格插入到光标所在的单元格中。

> 提示　在利用表格进行布局时，"边框粗细"一般设置为 0。

6.3.6　格式化表格

Dreamweaver 提供了一个"格式化表格"的命令，其中包含一系列表格格式的模板，用户只需选择并套用即可。格式化表格的具体操作步骤如下：

（1）选择要格式化的表格，然后单击"命令"|"格式化表格"命令，打开"格式化表格"对话框，如图 6-22 所示。

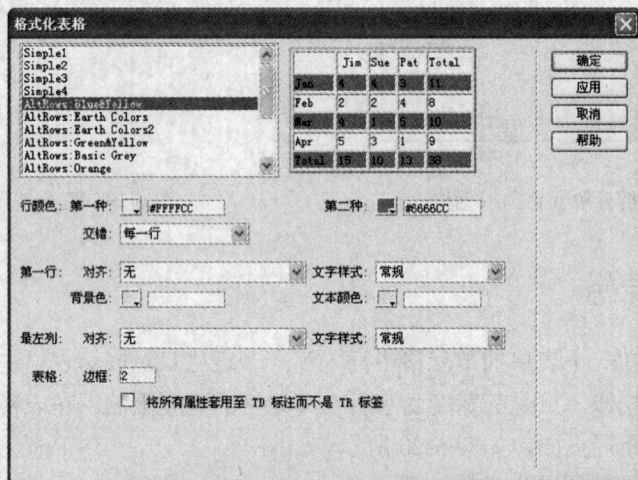

图 6-22　"格式化表格"对话框

（2）在左上角的列表框中选择一种表格样式。

（3）在"行颜色"选项区中可以设置表格的背景色。单击"第一种"右侧的颜色井，在弹出的调色板中选择一种颜色，或在其后的文本框中输入颜色值；单击"第二种"右侧的颜色井，在弹出的调色板中设置颜色；"交错"下拉列表框用于设置前面所选两种颜色的间隔。

（4）在"第一行"选项区中，可以设置表格中第一行单元格的格式。单击"对齐"下拉列表框中的下拉按钮，在弹出的下拉列表中选择一种对齐方式（仅对表格的第一行起作用，主要用于当第一行作为标题的时候）；在"文字样式"下拉列表框中设置第一行文本的格式；单击"背景色"颜色井，在弹出的调色板中设置表格第一行的背景颜色；单击"文本颜色"颜色井，设置第一行文本的颜色。

（5）在"最左列"选项区中，设置最左侧一列文本的对齐方式和文字样式。

（6）在"边框"文本框中设置表格的四条外边线的宽度，其默认值为 2 像素。

（7）选中"将所有属性套用至 TD 标注而不是 TR 标签"复选框，则表示上面设置的所有属性全部针对单元格，若取消选择该复选框，则表示将属性设置应用到行。在代码视图中可以看到它们的区别，如图 6-23 所示。

```
<tr>¶                              <tr bgcolor="#FFFFCC">¶
··<td bgcolor="#FFFFCC"> </td>¶       ··<td> </td>¶
··<td bgcolor="#FFFFCC"> </td>¶       ··<td> </td>¶
··<td bgcolor="#FFFFCC"> </td>¶       ··<td> </td>¶
··<td bgcolor="#FFFFCC"> </td>¶       ··<td> </td>¶
</tr>¶                              ··<td> </td>¶
                                    </tr>¶
```

图 6-23　属性应用于不同位置的区别

（8）单击"应用"按钮，即可将选择的格式及用户的设置应用到所选择的表格中，单击"确定"按钮完成设置，同时关闭对话框。

如图 6-24 所示为表格格式的各项值的设置，最终应用在 Dreamweaver 中的显示效果如图 6-25 所示。

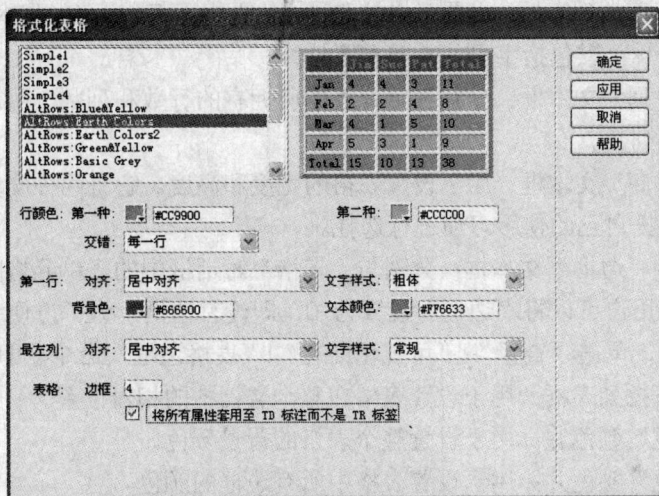

图 6-24　格式设置举例

图 6-25　文档中的显示效果举例

6.4　设置表格的属性

当表格的格式设置完成后，用户还可更改其属性，使表格的外观更加生动、活泼，从而达到美化表格的目的。本小节将向读者介绍表格和单元格属性的设置。

6.4.1　设置表格属性

插入表格时，在弹出的"表格"对话框中可以对表格的属性进行设置；对于文档中的表格，则可以通过"属性"面板对其进行修改。在前面的章节中已经介绍过一些基本设置，下面将详细介绍表格属性的设置。

当选择的对象是整个表格时，"属性"面板中将显示所选表格的属性，如图 6-26 所示。

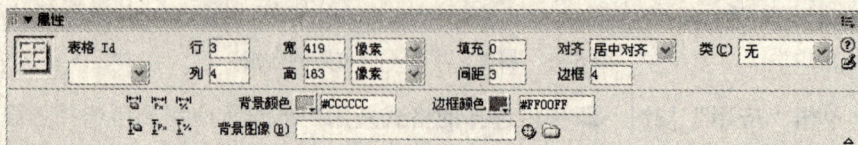

图 6-26 表格的"属性"面板

在"属性"面板中，各选项的含义如下：

❋ "表格 Id"下拉列表框：设置表格的名称，如果想用 JavaScript 脚本语言来控制表格，则必须填写，其名称可以包括字母、数字和下划线。

❋ "行"和"列"文本框：分别表示此表格所拥有的行数和列数。用户可在此处修改文档中表格的行数与列数。

❋ "宽"和"高"文本框：用于设置表格的宽度和高度。它有两种度量单位：像素和百分比。用户可以根据自己的使用习惯进行选择。

❋ "间距"和"边框"文本框：分别与"表格"对话框中的"单元格间距"和"边框粗细"选项相对应，用户可以将"边框"设置为 0，即没有边框。为了方便编辑，用户可以启用可视化助理工具，单击"查看" | "可视化助理" | "表格边框"命令，即可启用该工具。

❋ "对齐"下拉列表框：用于设置表格在整个文档中的相对位置。

❋ "背景颜色"颜色井：用于设置整个表格的背景颜色。

❋ "边框颜色"颜色井：用于设置表格中所有边框的颜色。

❋ "背景图像"文本框：用于设置表格的背景图像，单击"浏览文件"按钮，在打开的"选择图像源文件"对话框中可以选择图像文件，如图 6-27 所示。

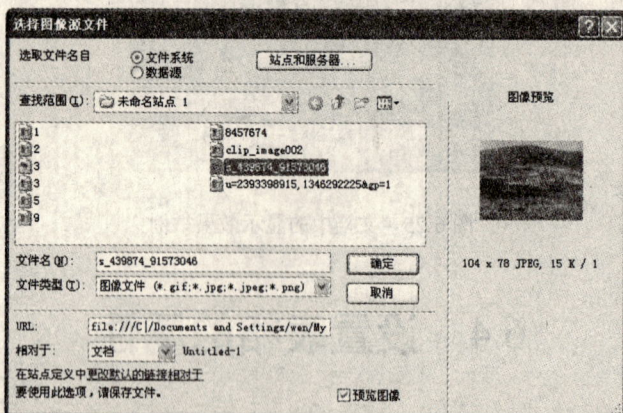

图 6-27 "选择图像源文件"对话框

❋ "清除行高"、"清除列宽"、"将表格高度转换成像素"、"将表格高度转换成百分比"、"将表格宽度转换成像素"和"将表格宽度转换成百分比"按钮：它们位于"属性"面板的左下角，其作用与其名称相符，主要用于设置表格的宽度和高度，以及各度量单位之间的转换。

6.4.2 设置单元格属性

当选择表格中的某一个单元格时，"属性"面板将显示该单元格的属性，如图 6-28 所示。用户应将此面板与表格的"属性"面板正确区分。

图 6-28 单元格的"属性"面板

由图 6-28 可以看出，单元格的属性主要针对于其中的内容进行设置，"属性"面板的上半部分与文档的属性设置相同，主要用于设置单元格中文本的格式。"属性"面板的下半部分，则针对单元格格式特有的属性进行设置。

在单元格的"属性"面板中，用于设置单元格属性的主要选项的含义如下：

❋ "水平"下拉列表框：可以在该下拉列表框中设置单元格中的内容相对于单元格的对齐方式，包含"左对齐"、"居中对齐"和"右对齐"选项。其中默认的对齐方式为"左对齐"，如图 6-29 所示。

❋ "垂直"下拉列表框：该下拉列表框提供了四种基本的对齐方式，即"顶端对齐"、"居中对齐"、"底部对齐"和"基线对齐"。默认的对齐方式为"居中对齐"，如图 6-30 所示。

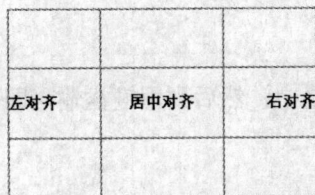

图 6-29 水平对齐方式举例

图 6-30 垂直对齐方式举例

❋ "宽"和"高"文本框：用于设置单元格的大小，该值将影响到所选单元格所在行或列中的所有单元格。

❋ "不换行"复选框：选中此复选框后，可以使输入到单元格中的所有文本均在同一行中。这一操作是通过单元格自动增加其宽度来实现的。

❋ "标题"复选框：可以将所选的单元格设置为表格的标题单元格格式。默认情况下，表格标题单元格中的字体为粗体且位置为居中。

❋ "背景"文本框：用于为单个单元格设置一幅背景图像，可通过单击 按钮来选择相应的图像。

❋ "背景颜色"和"边框"颜色井：分别用于设置单元格的背景颜色和边框粗细（注意：如果将单个单元格的背景颜色设置为蓝色，然后将整个表格的背景颜色设置为黄色，则蓝色单元格不会变为黄色，因为单元格格式设置优先于表格格式设置）。

例如设置单元格的宽和高均为 100，蓝色背景，水平居中，垂直顶端对齐，标题格式，其效果如图 6-31 所示。

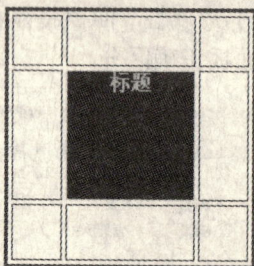

图 6-31　单元格格式设置举例

6.5　编辑表格的内容

在网页中插入表格后，只是完成了页面的排版和布局，而插入表格的最终目的是利用表格来控制页面内容的精确定位。本小节将向读者介绍如何在 Dreamweaver 中添加表格内容。

6.5.1　添加表格内容

向表格中添加内容的方法与添加的内容有关，主要有输入文本、插入图片、导入 Excel 表格数据和导入表格式数据，下面将分别对它们进行介绍。

1. 输入文本

在输入文本时，首先将光标定位于目标单元格中，然后利用键盘输入即可，也可以将已复制的文本粘贴到此单元格中。

2. 插入图片

选择单元格，然后在"常用"插入栏中单击▣按钮，参照在文档中插入图像的方法即可插入图片。

3. 导入 Excel 表格数据

可以将另一个应用程序（如 Excel）创建的表格导入到 Dreamweaver 中，并保留其基本格式。

例如，向 Dreamweaver 文档中导入一个 Excel 文件，如果所导入的内容要套用文档中已有的格式，则应选择与所导入的文件格式相同的表格（如果要导入的表格文件为 5 行 5 列，则文档中选择的表格也应是 5 行 5 列，如果只选取一个单元格，则会出现表格嵌套）。

4. 导入表格式数据

导入表格式数据的具体操作步骤如下：

（1）单击"文件"｜"导入"｜"表格式数据"命令，或单击"插入"｜"表格对象"｜
"导入表格式数据"命令，打开"导入表格式数据"对话框，如图 6-32 所示。

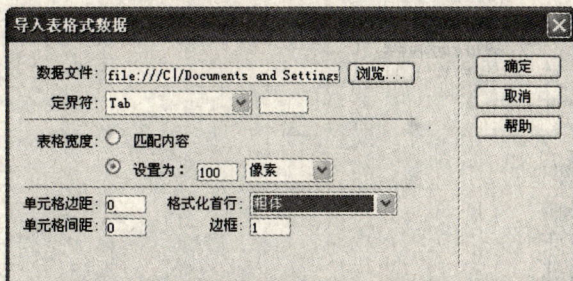

图 6-32 "导入表格式数据"对话框

（2）在"数据文件"文本框中输入要导入的文件的路径，或单击 浏览... 按钮选择要导
入的文件，单击"定界符"下拉列表框中的下拉按钮，在弹出的下拉列表中选择一种分隔符
（如 Tab、逗号、其他等），如果选择"其他"选项，则应在右侧的文本框中输入自定义的定
界符（否则无法正确地导入文件）。

（3）在"表格宽度"选项区中设置将要创建的表格宽度。若选中"匹配内容"单选按
钮，则系统将自动调整表格的列宽，以适应该列中最长字符串的宽度；若选中"设置为"单
选按钮，则需要在其后的文本框中指定以像素为单位的表格宽度，或按占浏览器窗口宽度的
百分比指定表格宽度。

（4）设置"单元格边距"和"单元格间距"选项，以确定表格的格式。在"格式化首
行"下拉列表框中设置表格首行的格式，其中包括"无格式"、"粗体"、"斜体"和"加粗斜
体"等选项，在"边框"文本框中可以设置表格边框的宽度。

（5）单击"确定"按钮即可应用所设置的内容。

6.5.2　导出数据

可以将 Dreamweaver 中的表格数据导出到文本文件中，相邻单元格的内容由分隔符隔开，
可以使用逗号、冒号、分号或空格作为分隔符。如果要导出表格，则只能将整个表格导出，
而不能只导出部分表格。

导出表格数据的具体操作步骤如下：

（1）将光标定位于所要导出的表格中。

（2）单击"文件"｜"导出"｜"表格"命令，弹出"导
出表格"对话框，如图 6-33 所示。

（3）在"定界符"下拉列表框中选择一种分隔符，
以分隔导出的文本。在"换行符"下拉列表框中，设置打
开导出文件时所使用的操作系统，如 Windows 操作系统、
Macintosh 操作系统及 UNIX 操作系统。

（4）单击"导出"按钮，打开"表格导出为"对话
框（如图 6-34 所示），在"文件名"下拉列表框中输入文
件的名称。

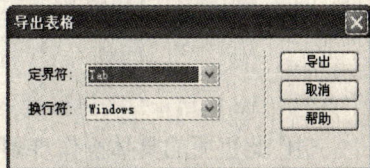

图 6-33 "导出表格"对话框

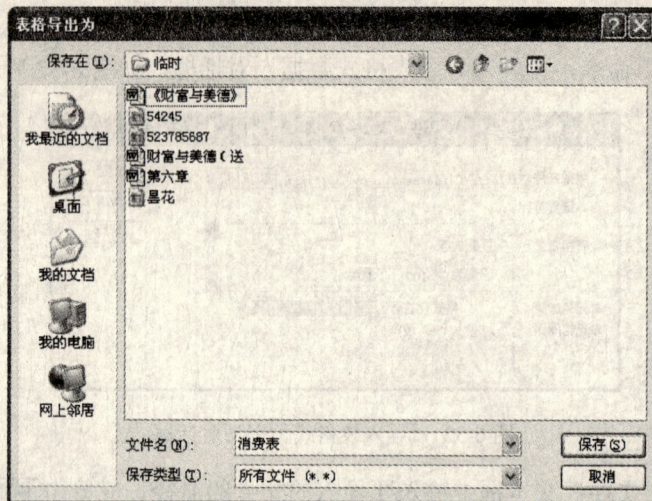

图 6-34 "表格导出为"对话框

（5）单击"保存"按钮，即可导出文件。

6.6 网页版式设计实例

通过本章的学习，相信读者已经掌握了表格的基本应用。下面以个人网站"文学怡园"中一个页面的制作过程为例，来具体介绍应如何使用表格来布局网页。个人网页布局效果如图 6-35 所示。

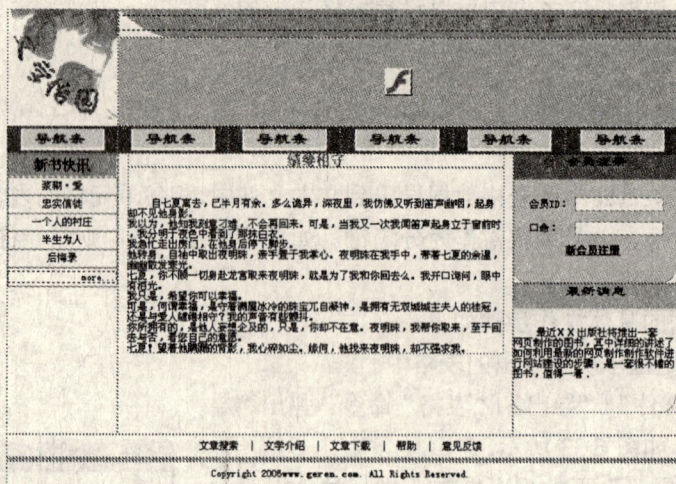

图 6-35 个人网页布局举例

制作此页面的具体操作步骤如下：

（1）启动 Dreamweaver 8，新建一个名为"文学怡园"的站点。

（2）在站点中新建一个文档，在"标题"文本框中输入"心灵的驿站"，将该页保存到所建站点中，并将其命名为 meiwenxinshang.html。

（3）在"属性"面板中单击"页面属性"按钮，打开"页面属性"对话框，在其中设置"页面字体"为"宋体"，"大小"为14，页面的上、下、左、右边距均为0，确保正文内容与四个边界没有空隙，以求美观。其他选项保持默认设置，如图6-36所示。

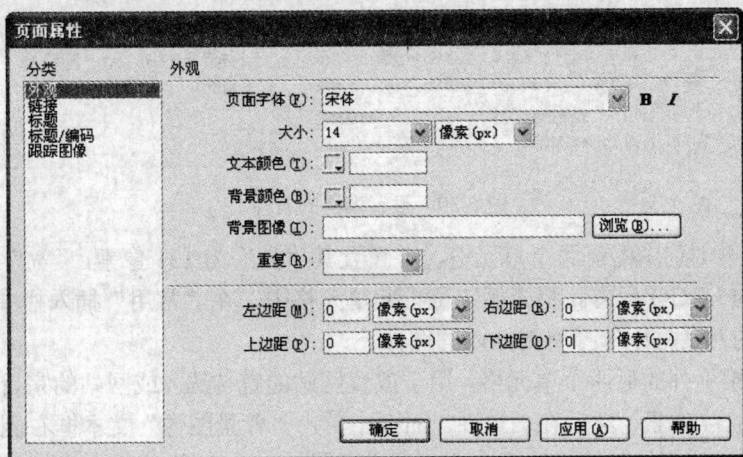

图6-36 设置"页面属性"对话框

（4）在标准视图下，在"布局"插入栏中单击"表格"按钮，在打开的"表格"对话框中设置表格的"行数"为6、"列数"为3（如图6-37所示），然后单击"确定"按钮将表格插入到文档中，如图6-38所示。

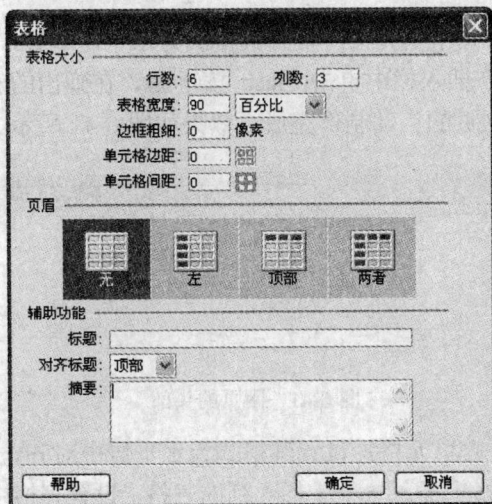

图6-37 "表格"对话框

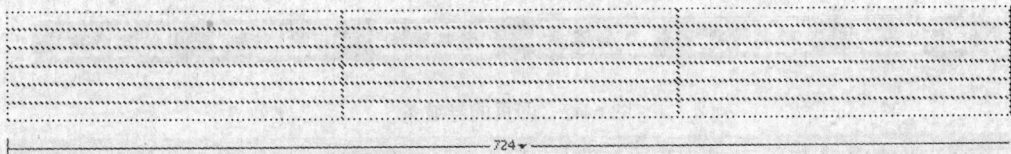

图6-38 插入表格

（5）选择表格，在"属性"面板的"表格 Id"下拉列表框中将表格命名为 biao1，设置整个表格在文档中的对齐方式为居中对齐；设置"宽"为 800 像素，在"填充"、"间距"、"边框"文本框中均输入 0，其他参数为默认设置，如图 6-39 所示。

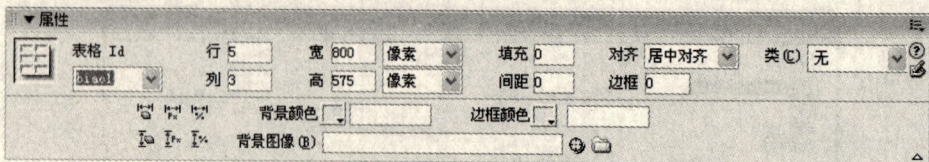

图 6-39　设置表格的属性

（6）合并第 1 列中的前两个单元格，并设置其"高"为 131 像素，"宽"为 137 像素，用于放置网站的 LOGO 标志。将光标定位于此单元格中，在"常用"插入栏中单击"图像"按钮，在打开的对话框中选择所要插入的图像。

（7）合并第 1 列的后两个单元格，用于放置网站的宣传语（或网站的宗旨、欢迎词等）。设置其"高"为 34 像素，然后在"属性"面板中单击"背景图像"文本框右侧的"单元格背景 URL"按钮，在打开的对话框中选择图像素材 tu1.jpg，将其作为此单元格的背景，然后输入文字"文学：知识的世界，艺术的天堂，人类灵魂的净土。"如图 6-40 所示。

图 6-40　网站的宣传语

（8）合并第 2 行的后两个单元格，设置其格式为水平左对齐，垂直顶端对齐，"高"为 103 像素。然后在"常用"插入栏中单击 Flash 按钮，在弹出的对话框中选择目标文件插入一个 Flash 动画，至此网页的头部制作完成，效果如图 6-41 所示。

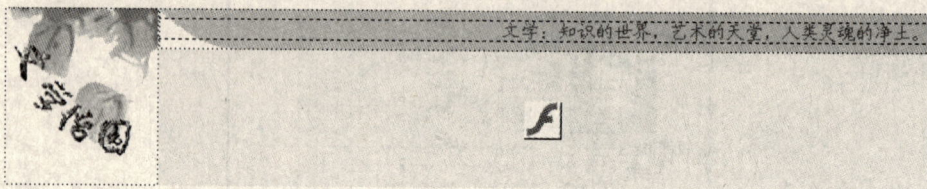

图 6-41　网页的头部

（9）合并第 3 行的所有单元格，设置其格式为水平居中对齐，垂直居中对齐，"高"为 35 像素。在合并后的单元格中插入一个 1 行 6 列的表格，设置表格中单元格的格式水平居中对齐，垂直居中对齐，并插入已制作好的导航条按钮，如图 6-42 所示。

图 6-42　网页的导航条

（10）调整第 4 行，用于制作页面的主体部分。将左部单元格的"宽"设为 131 像素，高度不作设定，其格式为水平居中对齐，垂直顶端对齐。在此单元格中插入一个 7 行 1 列的表格，设置表格的"宽"为 96%，单元格的格式为居中对齐，用于制作"新书快讯"栏目，将标题的背景颜色设置为#9FAFAE，并输入所需要的内容，如图 6-43 所示。

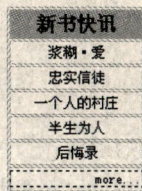
图 6-43 "新书快讯"栏目

（11）将中部单元格的"宽"设置为 476 像素，高度不作设定，其格式为水平居中对齐，垂直顶端对齐。从中插入一个 2 行 1 列的表格，设置表格的"宽"为 96%，单元格的格式为水平居中对齐，垂直顶端对齐，第 1 行单元格的"高"设置为 30 像素，用于放置表格的标题，第 2 行单元格的格式为水平居中对齐，垂直顶端对齐，高度不作设定。设置完成后，插入相应的内容，如图 6-44 所示。

（12）设置右侧单元格的格式为水平居中对齐，垂直顶端对齐，高度不作设定。插入一个 2 行 1 列的表格，"宽"设置为 100%，单元格格式为水平居中对齐，垂直顶端对齐，"宽"为 188 像素，用准备好的素材 aaaa.jpg 和 bbbbb.png 作为单元格背景，分别用于制作"会员登陆"和"最新消息"栏目，并输入相应的内容，如图 6-45 所示。

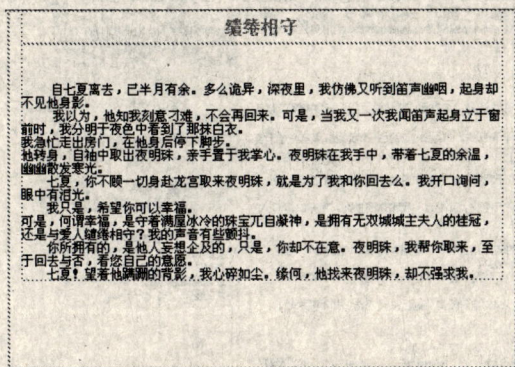
图 6-44 主体部分

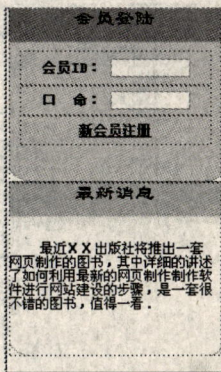
图 6-45 右侧信息栏

（13）合并第 5 行的单元格，以制作一个底部导航条，设置此行的格式为水平居中对齐，垂直居中对齐，"高"为 29 像素。插入一个 1 行 9 列的单元格，并将单元格的格式设置为水平居中对齐，然后插入相应的菜单和分隔符，如图 6-46 所示。

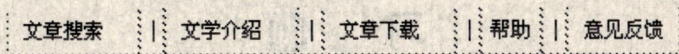
图 6-46 导航条

（14）合并第 6 行，将该行作为网页的底部，用于填入版权信息等，设置其格式为水平居中对齐，垂直居中对齐，设置完成后输入相应的内容，如图 6-47 所示。如果要加入一条水平线作为一个简单的分隔线，可以将光标放置在第 6 行中，然后单击鼠标右键，在弹出的快捷菜单中选择"表格"|"插入行"选项，增加一行，设置其属性为水平居中对齐，垂直居中对齐，用于放置水平线，最终完成整个底部的布局，如图 6-48 所示。

Copyright 2006www.geren.com. All Rights Reserved.

图 6-47 版权信息

| 文章搜索 | 文学介绍 | 文章下载 | 帮助 | 意见反馈 |

Copyright 2006www.geren.com. All Rights Reserved.

图 6-48　网页的底部布局

（15）至此，一个网页的整体布局已经完成，但并非整个网页的制作已完成，下面需要在浏览器中进行调试，以检查文档中的设置是否与浏览器中所看到的结果相同，对不满意的地方可以再做调整，最终效果如图 6-49 所示。

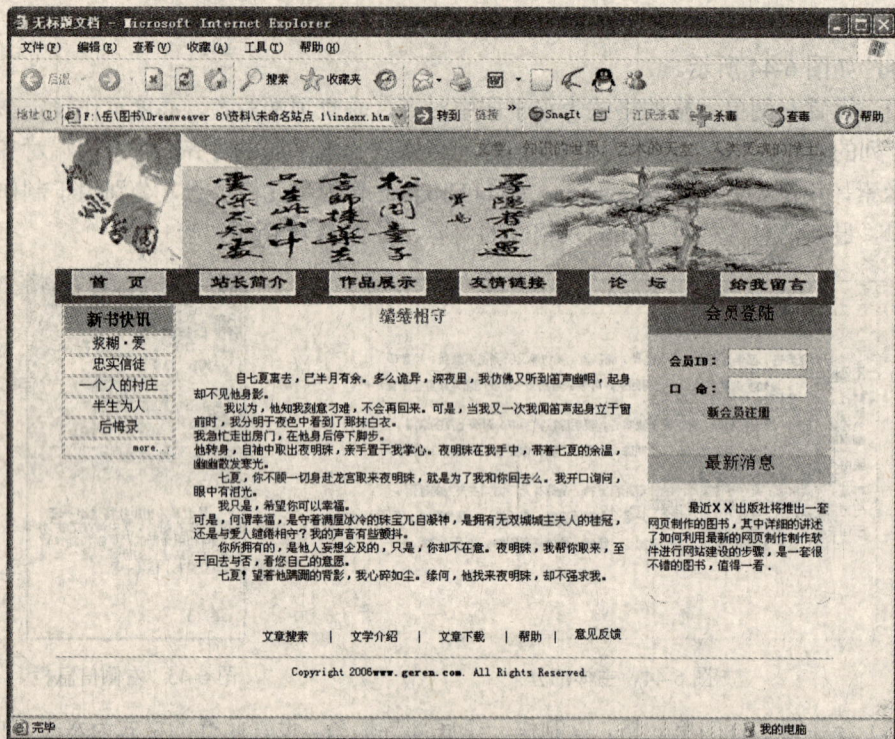

图 6-49　浏览页面

习　　题

一、填空题

1．在网页制作中，表格常常被用来_____，它的主要构成要素有_____、_____和_____。

2．在 Dreamweaver 中，表格有三种视图模式，分别是_____、_____和_____。

3．在一个表格中插入另一个表格，则称为_____。

二、简答题

1．简述表格的三种视图模式有何不同。

2．利用表格进行布局时，可以对插入文档中的表格进行哪些编辑？

3．在网页布局中应如何灵活地使用表格进行页面布局？

三、上机题

1．新建一个网页，从中插入一个表格，并利用表格对其进行布局。

2．修改插入的表格，并设置表格的属性。

第 *7* 章 应用层

导语与学习目标

　　通过前面章节的学习，读者已经知道表格是网页中的重要布局工具，但它并不是网页中唯一的布局工具。层在网页排版中同样也有一定的优势，本章将具体讲述它在网页布局中的应用。通过本章的学习，读者应该了解层的作用，熟练掌握如何利用层布局网页与层的编辑，掌握层与表格的相互转化，并利用层制作特殊效果。

要点和难点

➢　层的创建　　　　　　　　　　➢　层与表格的相互转换
➢　层特效的制作　　　　　　　　➢　时间轴的使用

7.1　层的概述

　　在利用层布局页面之前，先来了解一下层的基本概念以及层的作用。

1. 认识层

　　层（Layer）是一种 HTML 页面元素，在 Dreamweaver 中是指带有定位 css 样式的 div 或 span 代码，可以将它定位到页面上的任意位置，并且可以包含文本、图像或其他 HTML 文档。层的使用使网页制作发展到了三维，应用层可以在页面上进行元素重叠和实现复杂的网页布局。

2. 层的作用

　　在 Dreamweaver 文档中，用户可以使用层来设计页面的布局。其中包括将层重叠放置，隐藏或显示某些层，也可以在屏幕上移动层。在对层进行设置时，可以在层中放置一张图像作为背景，然后在该层的上面放置第二个层，在其中输入文本，并且将该层的背景设置为透明。

　　利用层可以灵活地设置网页的布局，并添加内容，但是当用户使用低版本的 Web 浏览器来浏览层布局的网页时，可能不能正常显示网页。如果要确保所有人都能够浏览层所布局的页面，可以先使用层设计页面布局，然后将层转换为表格。如果面对的浏览者使用的是最新的浏览器，则完全可以利用层来设计布局，而不需要将层转换为表格。

　　在 Dreamweaver 文档中创建层时，将在代码中插入层的 HTML 标签，默认状态下使用 div 标签创建层。此外还可以使用另外两种标签来创建层，即 layer 和 ilayer，但是只有 Netscape Navigator 4 支持这些标签，Internet Explorer 不支持这些标签，而 Netscape 在较新的浏览器中也不再支持这些标签。虽然 Dreamweaver 可以识别 layer 和 ilayer 标签，但建议用户尽量不要使用这两种标签来创建层。

在使用绘制层工具绘制层时，Dreamweaver 会自动在文档中插入 div 标签，并为层分配 id（默认情况下 Layer1 表示绘制的第一层，Layer2 表示绘制的第二层……），用户还可以使用"层"面板或"属性"面板对层进行重新命名。

下面是一个层的 HTML 代码示例：

```html
<html xmlns="http://www.w3.org/1999/xhtml">
<head>
<meta http-equiv="Content-Type" content="text/html; charset=gb2312" />
<title>无标题文档</title>
<style type="text/css">
<!--
#Layer1 {
    position:absolute;
    left:108px;
    top:62px;
    width:228px;
    height:202px;
    z-index:1;
}
-->
</style>
</head>
<body>
<div id="Layer1"></div>
</body>
</html>
```

层创建完成后，在 Dreamweaver 文档中将会显示一个层锚记，如果该锚记没有被显示出来，则可以单击"编辑"|"首选参数"命令，在打开的"首选参数"对话框中进行相应的设置，如图 7-1 所示。

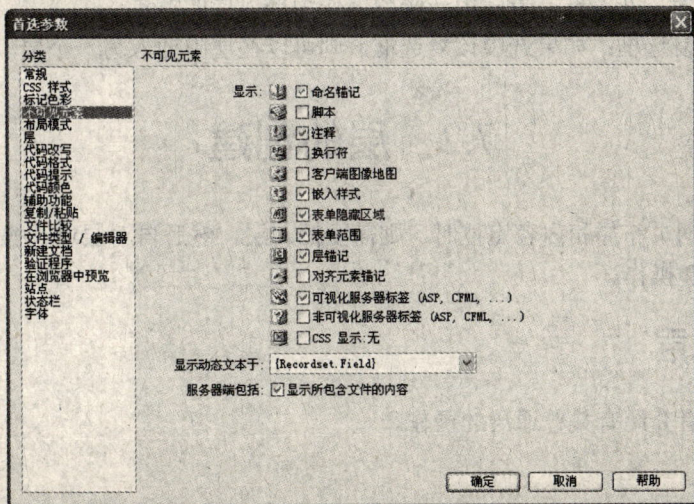

图 7-1 "首选参数"对话框

在"分类"列表中选择"不可见元素"选项，然后在其右侧的选项区中选中"层锚记"复选框。单击"确定"按钮即可将该标记显示在文档的左上角。

如果在"首选参数"对话框的"分类"列表中选择"层"选项，则可以在右侧的选项区中查看层的基本属性，如图 7-2 所示。通过更改其中的选项，即可改变插入层的默认状态。

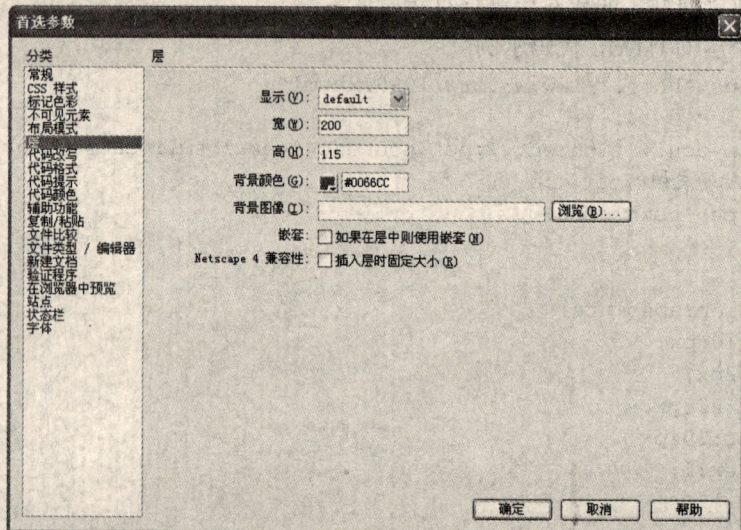

图 7-2 "层"选项区

"层"选项区中主要选项的含义如下：

❋ "显示"下拉列表框：表示插入层后的显示情况，共有四种情况，即"默认"、"继承"、"可见"和"隐藏"。

❋ "宽"文本框：表示插入层的默认宽度。

❋ "高"文本框：表示插入层的默认高度。

❋ "背景颜色"颜色井：表示当前层的背景色。

❋ "背景图像"文本框：表示用一张图像作为插入层的背景。

❋ "嵌套"复选框：如果选中该复选框，则可以在层中插入另一个层，即层的嵌套。

7.2　层的创建

利用层进行网页布局和内容定位时，则需要插入层，然后再对层进行操作，本小节将向读者介绍层的创建操作。

7.2.1　普通层

下面将向读者介绍有关普通层的操作。

1.　插入层

通过"插入"菜单可以像插入其他元素一样将层插入到文档中，单击"插入"|"布局对象"|"层"命令，即可在文档中插入一个默认格式的层，其宽为 200 像素，高为 115 像素，背景颜色为白色。

需要注意的是，在此过程中，层标签将被放置到文档中鼠标单击过的任何位置，层的可视化显示可能会影响层周围的其他页面元素（如文本）。例如，可能会将文本的部分内容挡在层的后面，从而看不到完整的文本字段，如图7-3所示。

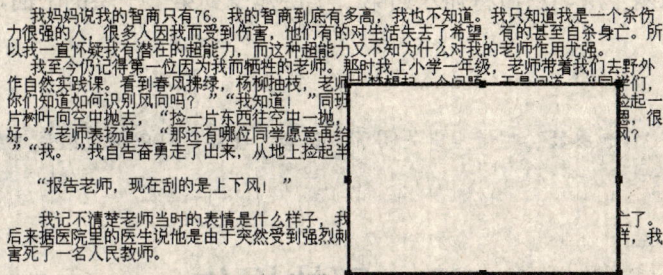

图 7-3　插入层举例

2. 手绘层

手绘层具有很大的灵活性，利用这种方式可以插入任意大小的层，还可以将层放在文档中的任意位置，其具体操作步骤如下：

（1）在"布局"插入栏中单击"绘制层"按钮。

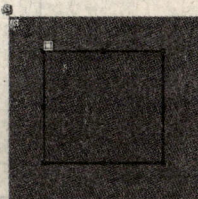

（2）当鼠标指针变成十字形，按住鼠标左键并拖动鼠标绘制出大小合适的层时，释放鼠标即可实现层的绘制，如图7-4所示。

图 7-4　绘制层举例

（3）如果要同时绘制多个层，可以在选择绘制层工具后，按住【Ctrl】键进行绘制，直到绘制完成为止。

7.2.2　嵌套层

在进行层的嵌套之前，一定要选中"首选参数"对话框中的"嵌套"复选框。在文档中表现为嵌套层的层被包含于父层中（其状态如图7-5所示），在代码中则表现为嵌套层代码包含在父层代码中。嵌套层主要用于将多个层组织在一起，以实现随其父层一起移动，同时还可以设置为继承其父层的可见性。

嵌套层的具体操作步骤如下：

（1）在"布局"插入栏中单击"绘制层"按钮。

图 7-5　嵌套层

（2）按下【Ctrl】键的同时在文档中拖曳鼠标绘制一个层，完成第一个层的绘制后，在第一个层上继续拖曳鼠标，以绘制出第二个层，这样便可实现层的嵌套。此时可以看到第二个层的层锚记在第一个层中。

在文档中插入两个层，然后将插入的第二个层拖曳到第一个层的上面，也可以实现层的嵌套。

提示 如果在层的"首选参数"对话框中关闭了"嵌套"功能，可以通过按住【Alt】键，来实现层的嵌套。

7.3　层的操作

在文档中插入层后，可以像操作其他的文档元素一样，对层进行基本的修改操作，如选择层、调整大小、改变位置、添加内容等。

7.3.1　层的基本操作

本小节主要针对层的基本操作进行介绍，读者应熟练掌握这些操作，以便于在后面的章节中更好地学习层的高级应用。

1．选择层

在 Dreamweaver 文档中，只有选择层以后，才可以对其进行相应的操作。选择层常用的方法主要有以下几种：

＊　单击"窗口"|"层"命令，打开如图 7-6 所示的"层"面板，从中选择相应层的名称，即可选择该层。需要注意的是，如果在嵌套层中，选择父层的同时将会选择其中的嵌套层。

＊　在文档窗口中单击相应的层锚记，即可选中该层，如图 7-7 所示。

＊　将鼠标指针移动到层的边框上，当鼠标指针变为 ✛ 形状时，单击鼠标左键也可以选择相应的层，如图 7-8 所示。

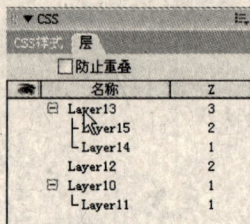

图 7-6　"层"面板

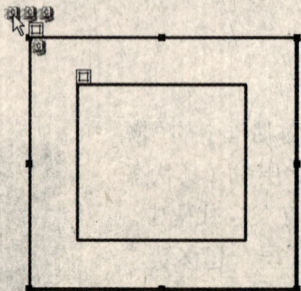

图 7-7　选择层锚记　　　图 7-8　选择层

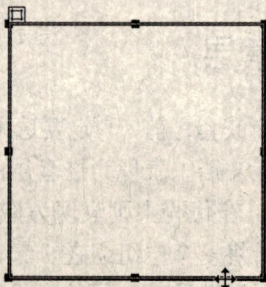

2. 移动层

选择一个层，使其处于选中状态，将鼠标指针指向层上方 ⊟ 标记时，鼠标指针将变为 ✛ 形状，此时拖曳鼠标，便可以移动层到文档中的任何位置。也可以使用方向键进行调整，在默认情况下，按一次方向键移动 1 像素，如果在按方向键的同时按住 Shift 键，则每按一次方向键可以相应地移动 10 像素。

3. 缩放层

在文档中插入一个层以后，其大小可能不满足工作需要，此时需要对其进行调整。调整时可以进行精确的调整，也可进行粗略的缩放。

最简单、直观的方法是直接选择层，当层的周围显示控制点时，用鼠标拖曳控制点，即可对层进行粗略的缩放操作。

如果要进行精确的缩放，则需要用到"属性"面板。当选择一个层后，"属性"面板便会显示该层的属性，通过更改"宽"和"高"的属性值（此值的设置将在后面的小节中进行介绍）即可实现精确的调整，该方法可以同时设定多个层。

利用键盘也可以达到调整层大小的目的。首先选择层，然后在按住【Ctrl】键的同时按相应的方向键，每按一次方向键，层就会在相应的方向上增加或减少 1 像素；如果同时按下【Shift+Ctrl】组合键，则每按一次方向键，层就会在相应的方向上增加或减少 10 像素。

4. 对齐层

当一个页面中放置了多个层以后，为了方便层的管理，可以将所有的层按一定的顺序排列在一起，其具体操作步骤如下：

（1）选择需要进行对齐操作的层。

（2）单击"修改"|"排列顺序"命令，在展开的子菜单中选择相应的对齐方式即可将选择的层以该方式对齐，如图 7-9 所示。

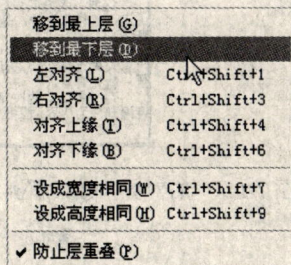

图 7-9　展开的子菜单

该子菜单中各选项的含义如下：

＊　"移到最上层"和"移到最下层"选项：主要用于单个层的调整。在前面的章节中已经介绍过层的嵌套，当多个层排列在一起时，就会有一个先后顺序。选择一个层后，选择"移到最上层"选项，即可把所选层移动到所有层的上方；而选择"移到最下层"选项，则会把所选层移动到所有层的下方。

❋ "左对齐"选项：是将所有选择的层，以最左边的层为基准进行左对齐，该操作针对多个层而言。例如，将文档中的两个层（如图 7-10 所示）进行左对齐，其效果如图 7-11 所示。

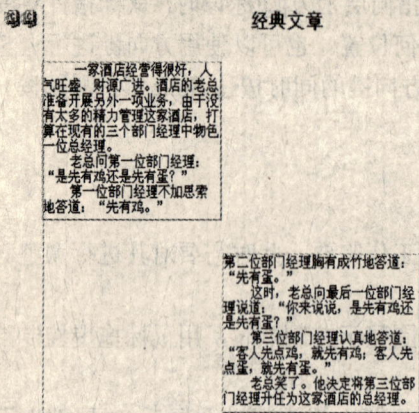

图 7-10 文档中的层举例

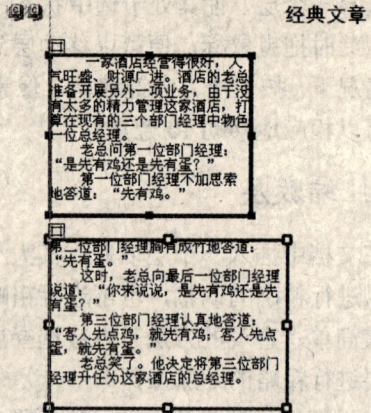

图 7-11 "左对齐"效果举例

❋ "右对齐"选项：与"左对齐"选项相似，是将所有选择的层，以最右边的层为基准进行右对齐，也是一个针对多个层的操作，效果如图 7-12 所示。

❋ "对齐上缘"和"对齐下缘"选项：是指分别将选择的多个层进行上边缘对齐和下边缘对齐操作，其效果如图 7-13 所示。

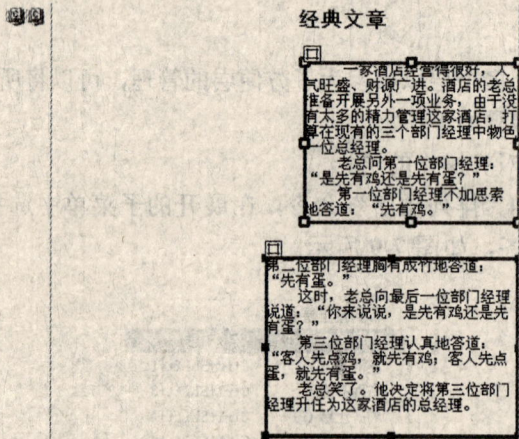

图 7-12 "右对齐"效果举例

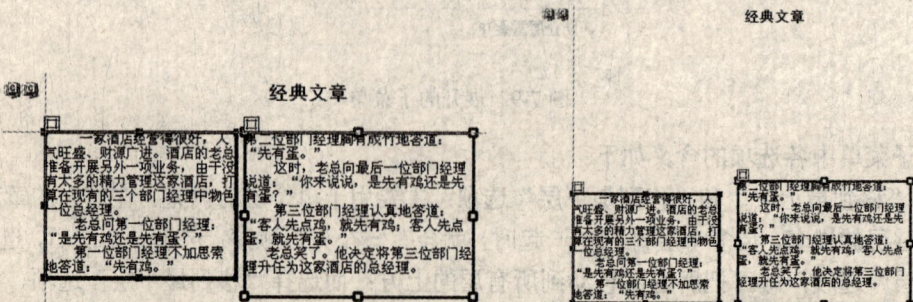

图 7-13 "上对齐"和"下对齐"效果举例

✳ "设成宽度相同"选项：是指将所选择的多个层设置为相同的宽度。

✳ "设成高度相同"选项：是指将所选择的多个层，设置为相同的高度。

✳ "防止层重叠"选项：决定是否允许层的重叠，若选择该选项（此时，该选项前有一个√符号），则此文档中的所有层将不能重叠（注意：如果在选择此选项前已有重叠层，只要不移动重叠层，则将保持重叠状态，Dreamweaver 不会自动调整重叠层），如果取消选择此项（此时，该选项前的√符号消失）则层可以任意重叠，如图 7-14 所示。

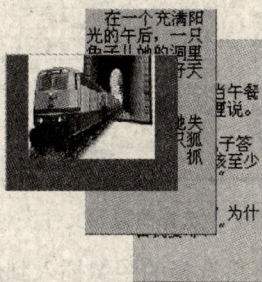

图 7-14　层的重叠举例

提示 如果要删除多余的层，可以先选择该层，然后按【Delete】键即可。

7.3.2　在层中插入对象

在文档中插入层后，可以像编辑文档一样编辑层。将光标定位到层内，然后便可以插入各种对象元素，如图像、层、表单、文本和表格等。

1. 插入文本

在层中插入文本有多种方法，用户可以选择一种适当的方法来插入文本。

将光标定位于层中，使用键盘直接输入文本，如图 7-15 所示。如果是已做好的文字素材，可以复制、粘贴到相应的层中，然后再根据设计的需要来设置文本的段落格式。

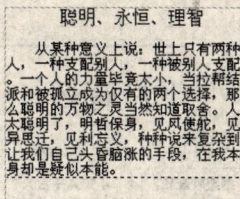

图 7-15　输入文本举例

2. 插入图像

在层中除了可以插入文本对象以外，还可以插入图像。在层中添加图像对象的具体操作步骤如下：

（1）将光标定位于层中，在"常用"插入栏中单击"图像"按钮，打开"选择图像源文件"对话框，从中选择目标图像，如图 7-16 所示。

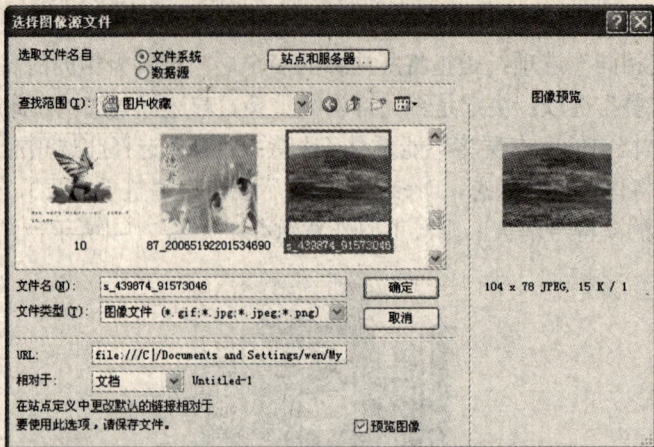

图 7-16 "选择图像源文件"对话框

（2）单击"确定"按钮，即可将选择的图像插入到层中，如图 7-17 所示。

图 7-17 插入图像举例

3. 插入表格

在层中还可以插入表格，以实现对层中的内容进行布局和组织，其具体操作步骤如下：

（1）选择要插入表格的层。

（2）在"常用"插入栏中单击"表格"按钮，弹出"表格"对话框，从中设置要插入表格的参数，然后单击"确定"按钮，即可插入表格，并对其进行排版，如图 7-18 所示。

图 7-18 在层中插入表格举例

在层中插入的表格，依然具有表格的各种属性。用户可以对表格进行嵌套，还可以对其内容进行格式化。

7.4　层属性的设置

当选择了一个层后，其属性将在"属性"面板中显示出来，通过更改"属性"面板中的参数，可以相应地更改层的外观。

7.4.1　认识层属性

层作为 Dreamweaver 中的一个基本元素，也有自身的各种属性，通过更改其"属性"面板中的各选项，便可以更改层。

1. 层的"属性"面板

选择一个层，在"属性"面板中，将显示该层的所有属性参数，如图 7-19 所示。

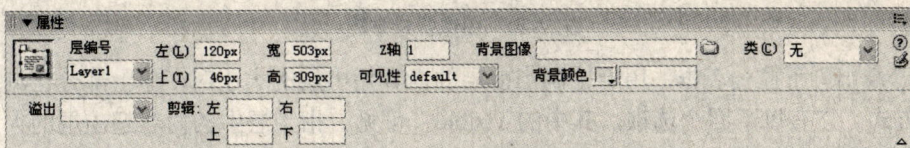

图 7-19　层的"属性"面板

在该"属性"面板中，各选项的含义如下：

❋　"层编号"下拉列表框：用于为所选择的层指定一个名称，以便在"层"面板中选择该层或在 JavaScript 代码中标识和调用该层。默认情况下，当新建一个层后，系统会自动以 Layer 加一个数字为该层命名，如层编号为 Layer1 的层，表示在当前文档中建立的第一个层。

对层进行命名时，只能使用英文字母或数字字符，而不能使用空格、连字符、斜杠或句号等特殊字符，且每个层必须有一个唯一的层编号。

❋　"左"和"上"文本框：用于确定层在文档（如果是嵌套层，则为父层）中的位置，即坐标值，单位为像素。对层进行定位时，以层的左上角为基点，当层位于文档的左上角时，其"左"和"上"的值均为 0。

❋　"宽"和"高"文本框：用于设置层的宽度和高度。

❋　"Z 轴"文本框：用于设置层在 Z 轴上的值（即堆叠次序）。层具有三维的特征，它在 Z 轴上的顺序便是由 Z 轴数值的大小决定的。在浏览器中，Z 轴的值越大，对应的层就越接近顶端；反之，Z 轴的数值越小，其次序便越接近底端，越容易被上方的层遮挡。Z 轴的值可以为正，也可以为负，通过更改该数值便可以改变层的位置关系。

❋　"可见性"下拉列表框：指定该层最初是否可见，有以下四个选项：

default：默认选项，不指定可见性属性。使用默认选项时，大多数浏览器的默认选项均为"继承"。

inhetit：表示继承，是指所选的层使用其上一级层的"可见性"属性。

visible：表示可见，不论其上一级的可见性如何设置，均显示该层的内容。

hidden：表示隐藏，不论其上一级的可见性如何设置，均不显示该层的内容。

❋ "背景图像"文本框：指用一张图像作为该层的背景。可单击该文本框后面的"浏览文本"按钮📂，打开"选择图像源文件"对话框，在该对话框中选择一张图像，然后单击"确定"按钮即可插入图像背景，如图 7-20 所示。

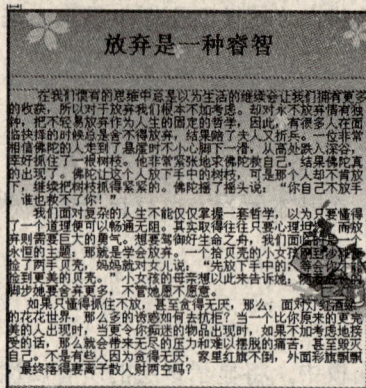

图 7-20　图像背景举例

❋ "溢出"下拉列表框：用于控制当前层的内容超出层的大小时，超出部分在浏览器中的显示方式。它有以下四个选项，其中的 visible（可见）指当层中的内容超出层的大小时，会自动扩展该层以适应内容，如图 7-21 所示。hidden（隐藏）指如果层中的内容超过了层的大小，在浏览器中层的大小不会改变，超出部分将被隐藏，如图 7-22 所示。scroll（添加滚动条）指浏览器无论是否需要滚动条，均为层添加滚动条，如图 7-23 所示。如果层中内容没有超出指定层的大小，滚动条为灰色显示，表示不可用；只有当层中的内容大小超出了层的大小时，滚动条才会被激活；auto（自动添加滚动条）指浏览器仅在需要滚动条时（当层的内容超过其大小时），自动为层增加滚动条，以便显示层的内容，如图 7-24 所示。

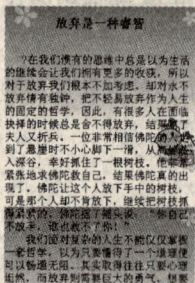

图 7-21　溢出可见举例

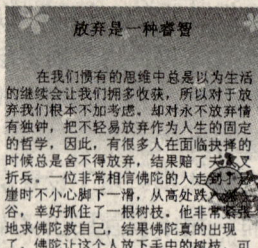

图 7-22　溢出隐藏举例

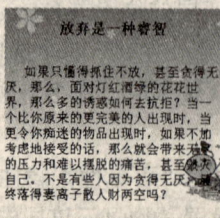

图 7-23　添加滚动条举例

图 7-24　自动添加滚动条举例

❋ "背景颜色"颜色井：用于设定层的背景色（如图 7-25 所示），保持默认则为透明的背景。

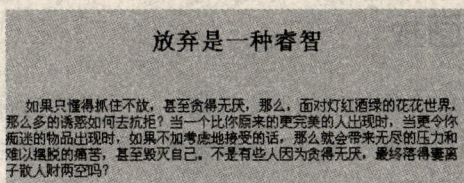

图 7-25　背景颜色举例

❋ "剪辑"选项区：用于定义所选层的可见区域。指定"左"、"右"、"上"和"下"四个坐标，可在层的坐标空间中定义一个矩形（以层的左上角为基点开始计算）。层经过"剪辑"后，只有指定的矩形区域才是可见的。

例如，设置一个层的"属性"面板如图 7-26 所示。可在层的左上角显示一个高为 150 像素、宽为 300 像素的矩形区域，而其他内容均不可见，该层在文档中的显示效果如图 7-27 所示。

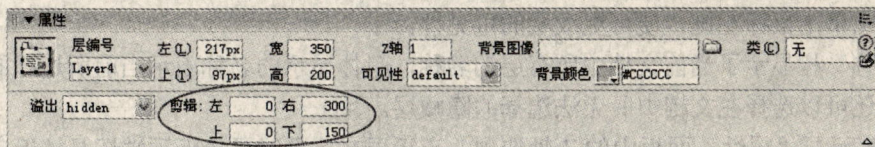

图 7-26　设置层的可见区域举例

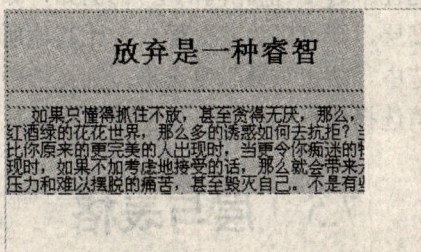

图 7-27　层的可见区域举例

❋ 类：用于设置层内部元素（如文本）的 CSS 样式。

2. 设置层的顺序

如果在文档中应用了多个层，为了能够有主次地显示各个层，需要对文档中的层进行有目的的排序管理。关于排序问题，前面已经简单介绍过，下面将进行详细介绍。

如果使用菜单排序，首先选择要排序的层（一个层），单击"修改"|"排列顺序"命令，然后从其子菜单中选择相应的选项。如果要将所选择的层移动到最上边，可以在子菜单中选择"移到最上层"选项；如果要将所选择的层移动到最下边，可以在子菜单中选择"移到最下层"选项。使用这种方法进行层的调整比较复杂，只能将层移到顶层或底层，如果只上移一层则非常麻烦。

利用"属性"面板进行排序，则相对比较容易。具体方法为：首先选择要进行调整的层对象，打开其"属性"面板，显示所选层的属性，然后在"属性"面板中更改 Z 轴的数值即可。

7.4.2　设置"层"面板

在"属性"面板中，已经介绍过层的可见性属性，并了解到通过选择不同选项，可以更改层的可见性。下面将介绍如何通过"层"面板来更改层的可见性，单击"窗口"|"层"命令，打开"层"面板，如图 7-28 所示。

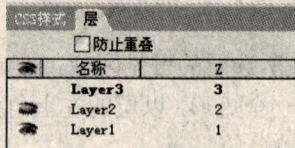

	名称	Z
	Layer3	**3**
	Layer2	2
	Layer1	1

图 7-28　"层"面板

层的可见性用一只眼睛来表示，默认情况下，眼睛一栏是没有显示的，如 Layer3；当眼睛睁开时，表示为显示状态，如 Layer1；眼睛闭上时，表示为隐藏状态，如 Layer2。在对应的层眼睛上单击鼠标左键，便可更改层的可见性。

"名称"栏显示了当前文档中所有层的名称，粗体显示的名称表示当前所选择的层。在此面板中还可以选择在文档中所无法选择的隐藏层。

Z 栏表示层"属性"面板中的 Z 轴选项，表示层在重叠时是接近顶端还是接近底部，单击 Z 栏下各层对应的数值，可以更改层重叠时的次序（注意：Z 值可以相同，此时在"层"面板中，位置在上方的层会遮住下边 Z 值相同的层）。例如，如果创建了五个层，并且想将第 3 层设为堆叠顺序中的最高层，则可以为其分配一个比其他所有层都高的 Z 值。

在"层"面板中，如果选中"防止重叠"复选框，则文档中的层将处于同一平面上，而不再允许叠放在一起，当取消选择该复选框时，层便可以重叠放置。

7.5　层与表格

在网页制作中，层与表格都可以用作页面布局的工具，且有各自的优点，那么能否将它们的优点结合起来并加以综合利用，从而提高页面布局的效率呢？本小节将重点讲述层与表格之间的关系，以及在网页布局中的相互转换。

7.5.1　使用标尺与网格

标尺与网格是网页布局的辅助工具，在网页的精确布局中发挥着重要的作用。下面将详细地讲述这两种辅助工具的应用。

1．标尺

标尺显示在文档的左、上边框中，以"像素"、"英寸"或"厘米"为基本单位，使用于设计视图模式，用于对元素进行定位和测量。

如果要打开标尺，可单击"查看"|"标尺"|"显示"命令；若要隐藏标尺，则再次单击该命令即可，此时，该命令前的√图标消失。单击文档工具栏中的"视图选项"下拉按钮，在弹出的下拉菜单中选择"标尺"选项，也可以打开标尺；若要隐藏标尺，再次选择该选项即可。

对于标尺的原点，可以根据需要随意地更改。更改时可用鼠标将标尺原点图标（在文档窗口设计视图的左上角）拖曳到文档中所需要的位置，若要将原点重设到它默认的位置，单击"查看"|"标尺"|"重设原点"命令，或双击文档中的图标即可。

如果要测量如图 7-29 所示的文档中一个图像的大小，可按如下步骤进行操作：

图 7-29　测量图像的大小

（1）调整图像位置，并把标尺的原点移动到图像的左上角。

（2）将鼠标指针移至水平标尺，并向下拖曳，将水平辅助线拖曳到图像的下边缘；同样，从垂直标尺中拖曳出竖直辅助线到图像的右侧。

（3）从水平辅助线所对应的垂直标尺中读出图像的高度，从竖直辅助线所对应的水平标尺中读出图像的大小，即可得到图像的长度和宽度。

（4）测量完成后，双击标尺原点图标，将原点重新设回原位置。

当用标尺对文档中的元素进行精确定位时，也可以通过标尺。

例如，在文档中距左侧 100 像素，距上方 50 像素的位置，绘制一个宽为 200 像素、高为 200 像素的层，并输入文本，其具体操作步骤如下：

（1）确定标尺的原点在默认位置，如果没有在默认位置，将其重设回默认位置。

（2）从标尺中拖曳出水平辅助线和垂直辅助线，并在文档中定位，如图 7-30 所示。

（3）在"布局"插入栏中单击"绘制层"按钮，在定位区域中绘制层，如图 7-31 所示。

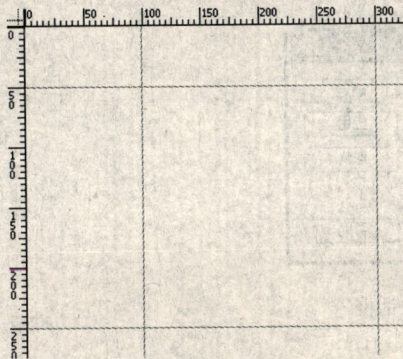

图 7-30　用辅助线定位

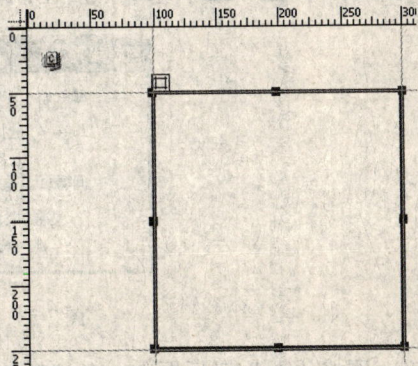

图 7-31　绘制层

（4）在绘制的层中插入所需要的文本即可。

2. 网格

网格也是 Dreamweaver 中用于精确排版的辅助工具。网格在文档窗口中显示为一系列的水平线和垂直线，主要用于精确放置对象。用户可以使经过绝对定位的网页元素在移动时自动靠齐网格，还可以通过修改网格设置，更改网格或控制靠齐行为。无论网格是否可见，都可以使用靠齐功能。

在文档中应用了网格以后，可以对网格的各种属性进行设置，以适合用户的应用要求。显示或隐藏网格的方法有以下几种：

❋ 单击"查看"∣"网格"∣"显示网格"命令。

❋ 单击文档工具栏中的"视图选项"下拉按钮，在弹出的下拉菜单中选择"网格"选项。显示网格后的效果如图 7-32 所示。

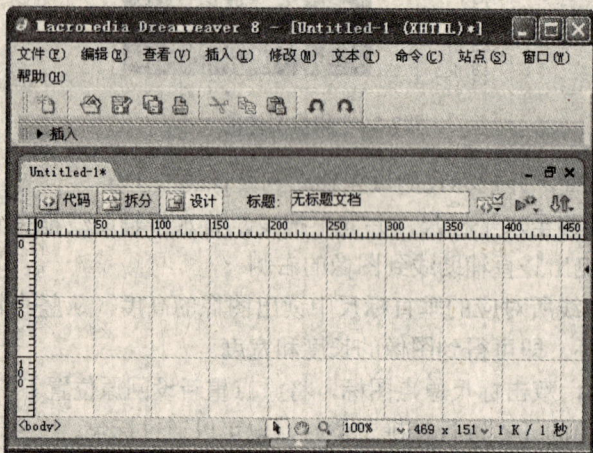

图 7-32　显示网格

如果要启用或禁用网格的靠齐功能，可单击"查看"∣"网格"∣"靠齐到网格"命令，若要取消靠齐功能，再次单击该命令即可。

更改网格设置的具体方法为：单击"查看"∣"网格"∣"网格设置"命令，打开"网格设置"对话框，如图 7-33 所示。然后在该对话框中进行设置即可。

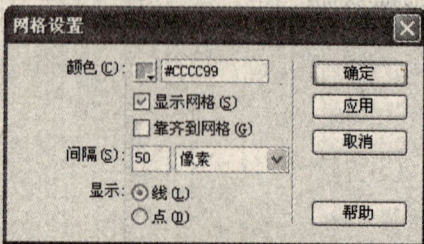

图 7-33　"网格设置"对话框

在"网格设置"对话框中，各选项的含义如下：

❋ 颜色：指定网格线的颜色，单击颜色井，在打开的调色板中为网格线选取一种颜色，或者在文本框中输入相应颜色的十六进制数。

❋ 显示网格：选中此复选框，可以使网格显示在设计视图中；取消选择该复选框则隐藏网格。

❋ 靠齐到网格：如果选中此复选框，在移动文档中的元素时，元素会自动靠齐到网格；如果取消选择该复选框，则在文档中自由移动元素时，将不会受到网格的限制。

❋ 间隔：用于控制网格线的间距，默认值为 50 像素，可以在右侧的下拉列表框中选择一个计量单位，如"像素"、"英寸"或"厘米"。

❋ 显示：用于指定网格线是显示为实线还是显示为点线，两种显示方式的对比如图 7-34 所示。

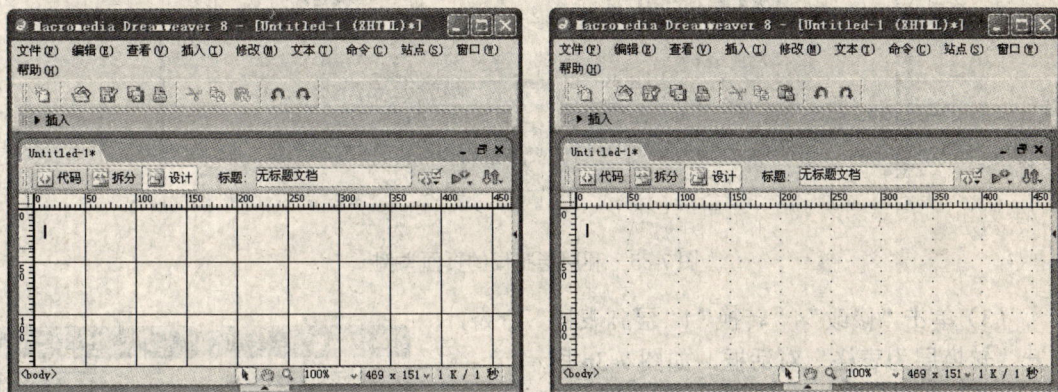

(a) 线条网格　　　　　　　　　　　　(b) 点线网格

图 7-34　网格的不同显示方式

提示　如果取消选择"显示网格"复选框，将不会显示网格，并且看不到用户所做的修改。

一般在文档中可以同时使用标尺和网格。在整体布局或要求相对粗略的定位时，可以利用网格进行定位，在要求特别精确的定位时，可以使用标尺及其辅助线。

7.5.2　层与表格的相互转换

层和表格作为布局的重要工具，它们本身都有自己的优点，如果能把表格布局与层布局灵活地结合起来，将会在很大程度上提高布局的效率。下面将介绍层与表格在布局网页中的相互转换。

1. 层转换为表格

由于层布局有很大的灵活性，因此许多网页设计者都喜欢先用层布局网页，然后再将层转换为表格，以支持低版本的浏览器并能够较快地显示网页的布局格式（注意：在将层转换为表格的时候，不能包含有重叠的层）。在 Dreamweaver 文档中，将层转换为表格的具体操作步骤如下：

（1）打开 Dreamweaver 8，新建一个文档。

（2）在"布局"插入栏中单击"绘制层"按钮，按住【Ctrl】键的同时，在文档中绘制层，利用层布局页面，如图 7-35 所示。

图 7-35 利用层布局的页面举例

（3）单击"修改"|"转换"|"层到表格"命令，打开"转换层为表格"对话框，如图 7-36 所示。

（4）在"转换层为表格"对话框中设置各选项。

在该对话框中，各选项的含义如下：

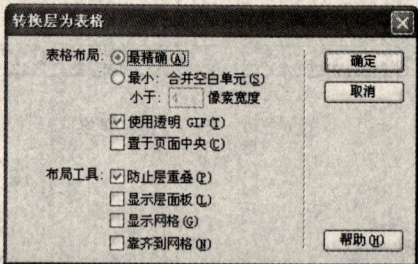

图 7-36 "转换层为表格"对话框

❋ 最精确：若选中此单选按钮，可为每一个层创建一个表格单元格。如果层与层之间有间距，则插入表格单元格来填充间距所造成的多余空间。

❋ 最小：如果选中此单选按钮，当层与层之间的距离过近时，会将这些层转换成相邻的表格单元格。选中该单选按钮后生成的表格中的空行、空列最少，且用户可在其下方的文本框中自定义层与层之间的最小距离，但此操作可能会影响用户所设计布局的精确匹配。

❋ 使用透明 GIF：如果选中该复选框，将不能通过拖动表格的边框来编辑表格，但可以确保在所有的浏览器中，表格显示的结果都将保持一致；若取消选择该复选框，最终的表格将不包含透明 GIF，且不能保证表格在不同的浏览器中以相同的列宽进行显示。

❋ 置于页面中央：用于设置最终的表格在网页中的显示位置。如果选中该复选框，则将生成的表格放置在页面的中央；若取消选择该复选框，则将生成的表格左对齐。

❋ 布局工具：该选项区包括四个复选框，可以根据实际需要，进行相应的选择。若选中"防止层重叠"复选框，表示文档中的层不能够重叠显示，一般情况下应选中该复选框；若选中"显示层面板"复选框，则在转换为表格以后，将自动打开"层"面板；若选中"显示网格"复选框，则在表格转换为层后的网页编辑区中显示网格线；若选中"靠齐到网格"复选框，则转换后的层将自动靠齐到网格线上。

（5）设置完成后，单击"确定"按钮，即可以将用层布局的页面转换为以表格布局的页面。

在将步骤（2）中的网页转换为用表格进行网页布局时，若在"转换层为表格"对话框中进行如图 7-37 所示的设置，则转换后的效果如图 7-38 所示。

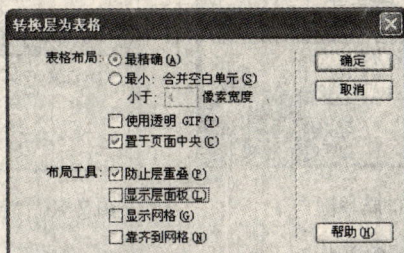

图 7-37　设置"转换层为表格"对话框举例

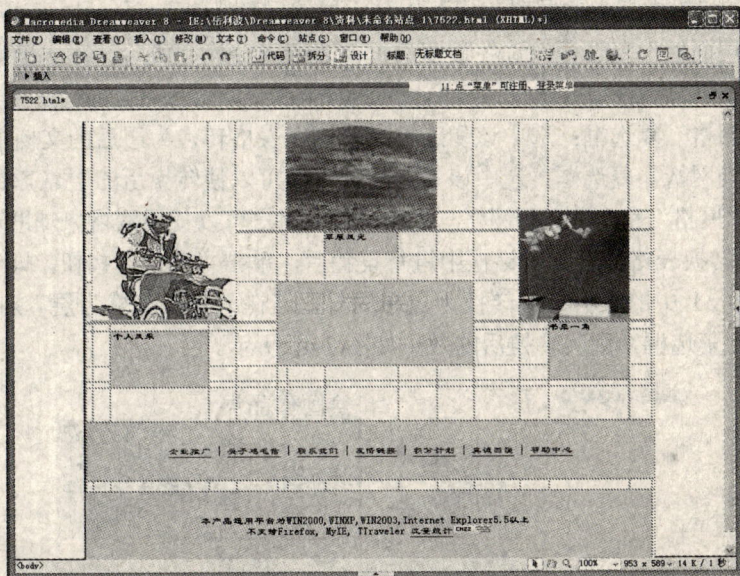

图 7-38　层转换为表格后的显示效果举例

提示　在模板文档或已应用模板的文档中，不能将层转换为表格或将表格转换为层。所以首先应在非模板文档中创建布局，然后在将该文档另存为模板之前进行转换。且将层转换为表格后，可能会生成包含大量空单元格的表格。

2. 表格转换为层

将表格转换为层可以更灵活地对那些不合适的内容进行重新排列或调整，其具体操作步骤如下：

（1）打开 Dreamweaver 8，新建一个文档。

（2）用表格对页面进行布局。在"常用"插入栏中单击"表格"按钮，插入一个表格，并进行页面布局，如图 7-39 所示。

（3）单击"修改"|"转换"|"表格到层"命令，打开"转换表格为层"对话框，如图 7-40 所示。

图 7-39 表格布局举例

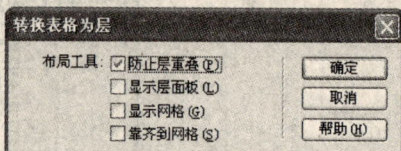

图 7-40 "转换表格为层"对话框

在该对话框中，各选项的含义如下：

❋ "防止层重叠"复选框：选中该复选框，表示当表格转换为层的时候，防止所转换的层重叠，并且在编辑文档中的层时，也可以防止层的重叠。

❋ "显示层面板"复选框：选中该复选框，表示当转换完成后，在文档中将打开"层"面板。

❋ "显示网格"复选框：选中该复选框，表示在表格转换为层后的文档中显示网格线。

❋ "靠齐到网格"复选框：选中该复选框，表示可以使转换后的层靠齐到网格线上。

选中"显示网格"和"靠齐到网格"复选框后，用户可以使用网格来辅助对层进行定位。

（4）在"转换表格为层"对话框中进行设置后，单击"确定"按钮，即可完成转换。

在将步骤（2）中的表格布局转换为层布局时，若在"转换表格为层"对话框中只选中"防止层重叠"复选框，则其转换后的效果如图 7-41 所示。

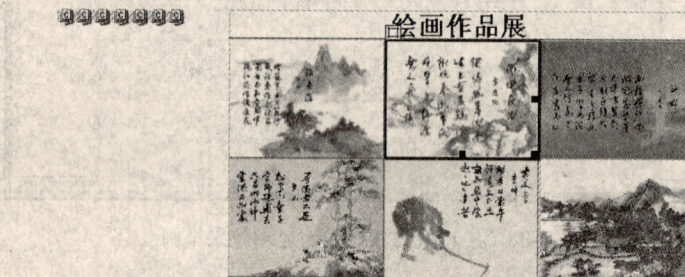

图 7-41 表格转换为层后的显示效果举例

提示 在表格转换为层时，空单元格不会转换为层（有背景颜色的除外）。此外，对位于表格外的页面元素，也会为之新建相应的层。

7.5.3 层与表格的嵌套使用

在进行网页布局时，为了布局的需要，可能会同时用到表格和层或它们的相互嵌套。

1. 层中插入表格

当用层进行页面布局时，在层中还可以插入表格，利用表格为层进行布局。在层中插入表格后，可以对表格执行进一步的操作，如编辑表格格式，插入内容等。

层中的表格的代码包含在层的代码中，如图 7-42 所示。

前面已介绍过表格在 HTML 代码中的标签为<table>…</table>，在这对标签中的内容均为表格的内容。而<div>与</div>为层的标签，在这对标签中的内容均为层中的内容，参照图 7-42 中的代码可看出，表格的代码被包含在层的标签中，即在设计视图下表格被包含在层中，如图 7-43 所示。

```
<div· id="Layer1">¶
· · <table· width="243"· height="197"· border="0"· · bgcolor="#CC6600"· class="无·CSS·样式"·
bordercolor="#6633CC"align="center"· cellpadding="0"· cellspacing="0">¶
· · · · <tr>¶
· · · · · · <td> </td>¶
· · · · · · <td> </td>¶
· · · · </tr>¶
· · · · <tr>¶
· · · · · · <td> </td>¶
· · · · · · <td> </td>¶
· · · · </tr>¶
· · </table>¶
</div>¶
```

图 7-42　层代码包含表格代码举例

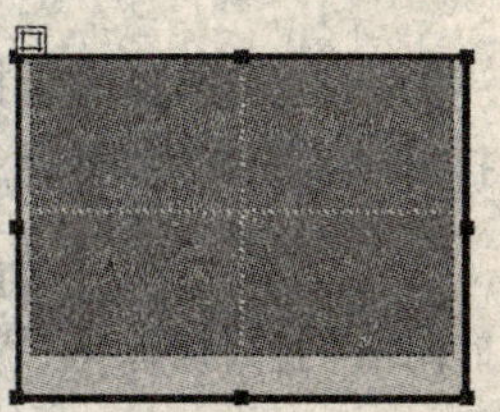

图 7-43　层中的表格举例

提示　当移动层时，层中的表格会随着层的移动而移动。

2. 表格中插入层

层可以包含表格，表格中也可以包含层，在表格中插入层的具体操作步骤如下：

（1）在文档中新建一个表格，然后将光标定位在单元格中。

（2）单击“插入”|“布局对象”|“层”命令，在表格的单元格中插入所需要的层，如图 7-44 所示。

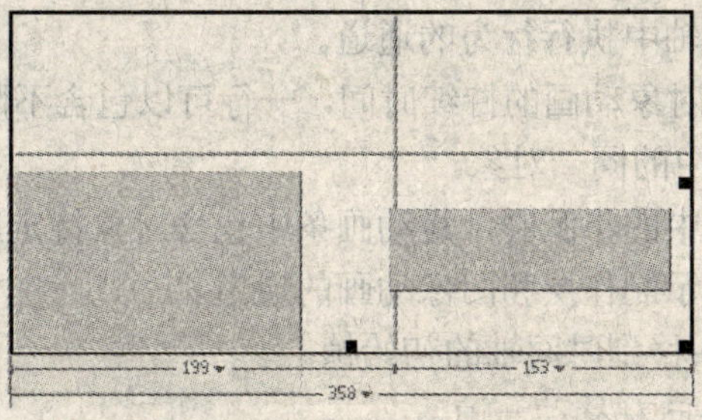

图 7-44　在表格中插入层举例

提示　在表格中插入的层，其位置不受表格单元格的限制，可以把插入的层移动到文档中的任何地方，并且当移动表格时，层不会随表格的移动而移动，但层代码始终包含于表格单元格中。

7.6　层与时间轴的应用

在 Dreamweaver 中，将层与时间轴结合，可以实现一些简单的动画效果，如改变层的位置、大小、可见性和叠放顺序等，这是一种动态 HTML 的表达形式。

7.6.1 时间轴及动画

在创建时间轴动画之前，先来了解一下"时间轴"面板及其基本操作，然后再利用层创建时间轴动画。

1. 时间轴

时间轴主要用于描述层和图像的属性随时间变化的情况，单击"窗口"|"时间轴"命令，打开"时间轴"面板，如图 7-45 所示。

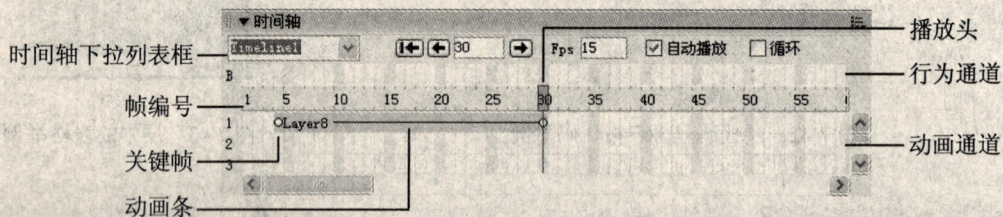

图 7-45 "时间轴"面板

在"时间轴"面板中，各选项的含义如下：

❋ 时间轴下拉列表框：指定当前在"时间轴"面板中所显示文档的时间轴。

❋ 播放头：表示当前动画所播放的位置，以及文档窗口中所显示的是哪一帧的内容。

❋ 帧编号：代表帧的序号。◀和▶按钮之间的文本框，显示的是当前帧的编号。

❋ Fps：每秒钟所播放动画的帧数，默认情况下每秒 15 帧，此播放速度适用于大多数浏览器。

❋ 行为通道：在时间轴中执行行为的通道。

❋ 动画条：显示每个对象动画的持续时间，一行可以包含不同对象的多个动画条，不同的动画条无法控制同一帧中的同一对象。

❋ 关键帧：即动画条中的小圆圈，是动画条中包含对象特定属性的帧。

❋ 动画通道：用于显示制作层和图像动画的通道。

❋ 回放◀：将播放头移到时间轴的初始帧。

❋ 后退◀：将播放头向左移动一帧。

❋ 播放▶：将播放头向右移动一帧，若按住该按钮不放，则时间轴向前连续播放。

❋ 自动播放：如果选中该复选框，当网页载入到浏览器时，当前的时间轴动画将自动播放。

❋ 循环：如果选中该复选框，当网页载入到浏览器时，当前的时间轴动画将无限循环播放。

2. 利用"时间轴"创建动画

由于时间轴只能移动层，所以在创建动画前，必须先将要创建动画的对象（如图像）置于层内，然后借助层来实现各种对象的动画创建。

创建时间轴动画的具体操作步骤如下：

（1）在"布局"插入栏中单击"绘制层"按钮，在文档中新建一个层。

（2）在层中插入所需的内容，然后将层移动到动画的起始位置。

（3）单击"窗口"｜"时间轴"命令，打开"时间轴"面板。

（4）在文档中选择要创建动画的层。

（5）单击"修改"｜"时间轴"｜"添加对象到时间轴"命令，或者直接将选择的层拖曳到"时间轴"面板的动画通道中，如图 7-46 所示。

（6）设置 Fps 的值，用鼠标拖曳最后一个关键帧，设置整个动画时间的长度。

（7）单击最后一个关键帧，在文档中选择层，然后将其拖曳到合适的位置，此时在起始位置和结束位置之间便出现一条直线，以显示动画的轨迹，如图 7-47 所示。

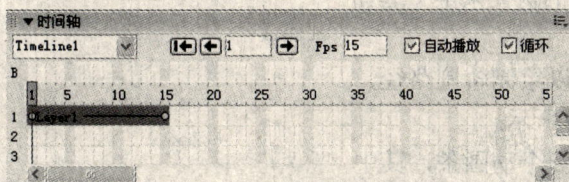

图 7-46　在时间轴中添加对象　　　　图 7-47　动画轨迹举例

（8）按【F12】键预览效果，然后关闭该窗口。

（9）如果要实现层的曲线移动，可以在直线移动的基础上，按住【Ctrl】键单击动画条上的任意一个帧，便可以在该位置添加一个关键帧，如图 7-48 所示。或者单击"修改"｜"时间轴"｜"增加关键帧"命令，也可以先选择动画条，然后单击鼠标右键，在弹出的快捷菜单中选择"添加关键帧"选项。参照此操作，定义其他关键帧，以完成曲线动画，如图 7-49 所示。

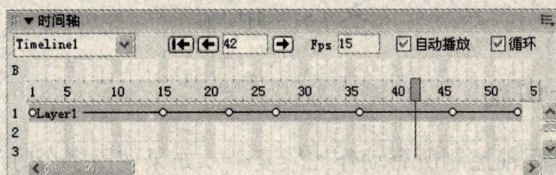

图 7-48　添加关键帧

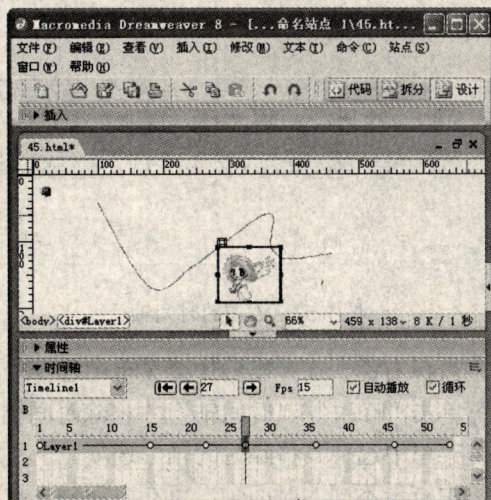

图 7-49　曲线动画举例

111

（10）按住播放按钮▣，预览页面上的动画。

3. 通过拖曳创建动画

当要在文档中创建较复杂的曲线动画时，通过手动添加关键帧的方法已无法完成该操作，此时可以通过拖曳鼠标来创建动画，其具体操作步骤如下：

（1）在文档中选择要创建动画的层，并将其置于起始位置。

（2）单击"修改"丨"时间轴"丨"录制层路径"命令，或用鼠标右键单击该层，在弹出的快捷菜单中选择"记录路径"选项。

（3）用鼠标在文档中拖曳层，以绘制轨迹路径，直到动画应该停止的位置，如图 7-50 所示。

（4）此时在时间轴上已添加了一个动画条，其中包含一定数量的关键帧，如图 7-51 所示。单击后退按钮▣，回到第一帧，按住播放按钮▣，检测动画。

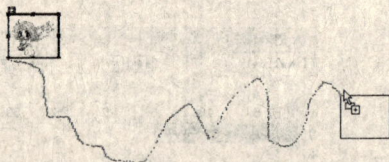

图 7-50　拖曳创建动画举例

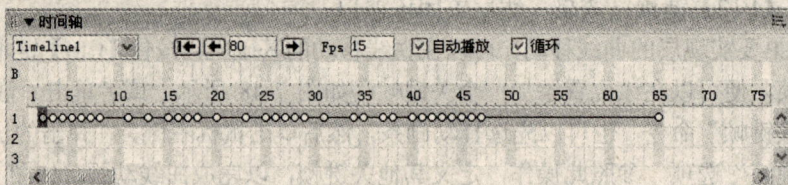

图 7-51　时间轴

4. 使用多个时间轴

在网页中用一个时间轴控制所有动作比较复杂，如果使用多个时间轴来分段控制复杂动画中的不同动作，则操作会变得简单、容易。

如果要创建新的时间轴，可以单击"修改"丨"时间轴"丨"添加时间轴"命令，即可在时间轴面板中新建一个时间轴，如图 7-52 所示。

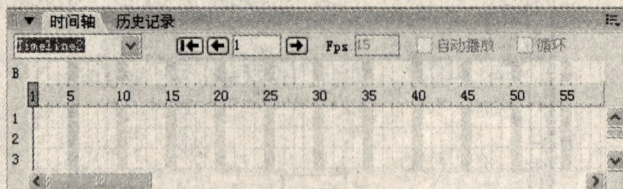

图 7-52　添加的时间轴

也可以在时间轴中单击鼠标右键，在弹出的快捷菜单中选择"添加时间轴"选项。

如果要删除时间轴，可单击"修改"丨"时间轴"丨"移除时间轴"命令，或在时间轴中单击鼠标右键，在弹出的快捷菜单中选择"移除时间轴"选项。

若要在"时间轴"面板中查看不同的时间轴，可在时间轴下拉列表框中选择。

7.6.2 修改时间轴

创建时间轴动画后，用户可以对动画做一些完善处理，如添加和移动帧、改变动画开始时间等。

1. 修改时间轴

对时间轴的操作可分为以下几个方面：

❉ 更改动画开始的时间：可选择与该动画相关联的所有动画条（选择时按住【Shift】键可同时选择多个动画条），然后将选择的动画条往左或往右拖动。

❉ 更改动画播放时间：可拖曳最后一个关键帧，此时该动画的所有关键帧都会相应调整，以保持各关键帧之间的相对位置不变。

❉ 更改播放速度：如果要更改时间轴动画播放的速度，可以更改 Fps 值；若要更改两个关键帧之间的动画时间，可在动画条中向左或向右移动相应的关键帧。

❉ 改变动画路径：如果想改变整个动画路径的位置，可选择整个动画条，然后在网页中拖曳和该动画条对应的对象。

❉ 增加或删除帧：单击"修改"|"时间轴"|"添加帧"（或"删除帧"）命令。

❉ 更改播放形式：如果想在打开网页时，便让时间轴动画开始自动播放，可以选中"自动播放"复选框；如果要让时间轴无限循环播放，可以选中"循环"复选框。

2. 重命名时间轴

若要重命名时间轴，可以按照以下操作方法进行：

在时间轴下拉列表中选择要重命名的时间轴，然后单击"修改"|"时间轴"|"重命名时间轴"命令，打开"重命名时间轴"对话框，如图 7-53 所示。在"时间轴名称"文本框中输入新名称，然后单击"确定"按钮即可完成时间轴的重命名。

图 7-53 "重命名时间轴"对话框

也可以在"时间轴"属性面板中选择相应的时间轴名称，然后直接输入新的名称。

3. 修改时间轴内容

除了可以更改时间轴各选项的设置以外，用户还可以对时间轴中的动画进行修改，例如，用户可以对其中的一段动画进行拷贝、剪切、粘贴等，如图 7-54 所示。

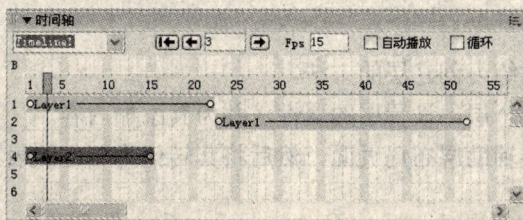

图 7-54 对时间轴中的动画进行拷贝举例

如果要对"时间轴"面板中的动画条进行拷贝（或移动），可选择要拷贝（或移动）的动画条，单击鼠标右键，在弹出的快捷菜单中选择"拷贝"（或"剪切"）选项，然后在动画通道中的帧上单击鼠标右键，在弹出的快捷菜单中选择"粘贴"选项，进行粘贴即可。

提示　在粘贴时一般都会紧随此动画所在通道的最后一帧，如图 7-55 所示的 Layer1，也可以用鼠标指针拖曳播放头进行定位，参见图 7-55 中的 Layer2。

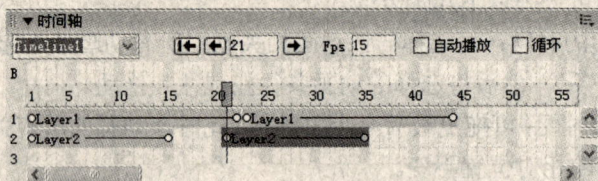

图 7-55　粘贴动画条举例

习　　题

一、填空题

1．层主要用于进行_____，它与表格相比最大的优势是_____。

2．由于层可以实现网页的三维布局形式，在进行排序的时候可以通过_____和_____两种方法进行。

3．在应用层进行页面布局时，可以借助于_____和_____，从而实现网页元素的精确定位。

4．在网页制作中，时间轴主要用于描述_____和_____的属性随时间变化的情况，如果要对一张图像进行动画制作，则必须将其放入_____中。

二、简答题

1．谈谈你对层的认识。

2．层在页面布局中的优势与不足各有哪些？

3．时间轴的作用是什么？

4．应如何应用层与表格进行网页布局？

三、上机题

1．新建一个文档，练习创建层的方法。

2．在文档中插入一个层，设置层的属性，并为其添加内容。

3．利用标尺或网格辅助层布局页面，然后将其转化为相应的表格布局。

第 *8* 章　应用框架

导语与学习目标

　　在 Dreamweaver 中，框架（Frames）是浏览器窗口中的一个区域，它的作用主要是"分割"窗口，从而使每个"小窗口"显示不同的页面内容，并且不同"小窗口"之间还可以交换信息与资料。通过本章的学习，读者将了解到框架的主要功能，学会框架网页的创建及应用，掌握使用框架排版网页及建立框架连接的操作方法。

要点和难点

- ➢ 框架的创建、保存及修改
- ➢ 框架的应用
- ➢ 框架属性的设置

8.1　认识框架

　　框架网页是一类特殊的网页，在网页中可以以同样的布局格式显示其他网页，从而保持网站风格的一致性，减少工作量。本小节将着重介绍框架的基础知识，以及基本的框架页。

8.1.1　框架概述

　　框架（Frames）由框架集（Frameset）和单个框架（Frame）两部分组成。通过框架制作的网页是一种特殊的 HTML 网页，它可以把浏览器窗口分成几个独立的部分，每部分又可以分别显示单独的页面。页面的内容是相互联系的，可以在其中的一个框架中单击超链接，而在另一个框架中打开指定的网页。但需要注意的是，框架网页本身并不包含实际的属性，它只是一个显示其他网页的容器，它最普通的用法就是将页面划分为一个导航区和一个内容区。

　　框架集是一个定义框架结构的网页，它包括网页内框架的数目、框架的大小、框架内网页的来源和框架的其他属性等。框架集本身不包含要在浏览器中显示的 HTML 内容，它只是向浏览器提供了一组显示网页的框架，以及在这些框架中应显示的所有文档的有关信息。

　　单个框架包含在框架集中，是框架集的一部分，每个框架所显示的 HTML 文档，可以与浏览器窗口的其他部分所显示的内容无关，但所有的框架组合起来就是浏览者所看到的框架式网页。

8.1.2　框架式网页

　　框架式网页是指应用了框架的网页，一个框架式网页由 N+1 个网页组成，其中 N 是框架数。例如，一个框架数为 3 的框架式网页共有 4 个网页。在所有的框架式网页中只有一个网页是真正的框架网页——框架集网页。如要打开一个框架式网页，可以双击框架集网页文件，而其他几个网页是各个框架中的内容网页，双击内容网页只能打开一个单独的框架页面。

如果所设计的框架在页面中看不到，可以通过单击"查看"|"可视化助理"|"框架边框"命令，使框架边框在文档窗口的设计视图中可见。

例如，在一个具有 3 个框架的页面中，设置布局时可以在顶端框架中显示网页标题，在左下部框架中显示导航栏，在右下部框架中显示所链接的目标网页，如图 8-1 所示。

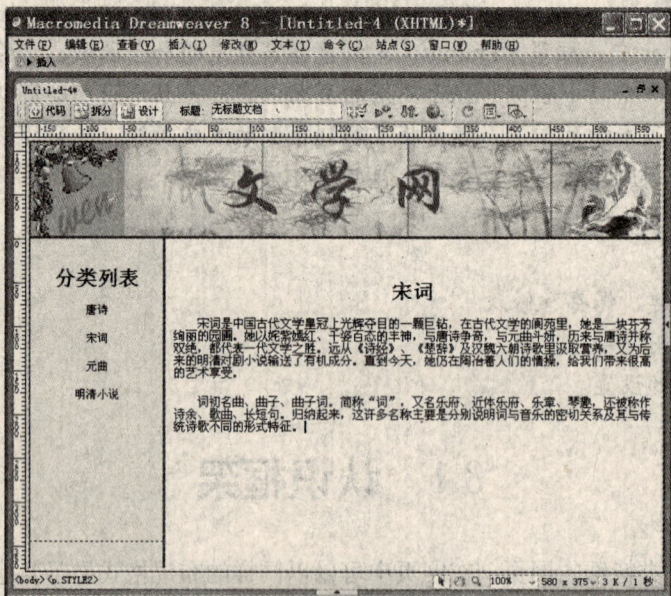

图 8-1　3 个框架构成的网页举例

当重新打开框架集网页时，如果选择框架集文件，则可以打开完整的框架网页，而如果选择其中任意一个单独的网页，则只能打开该框架页面，如图 8-2 所示。

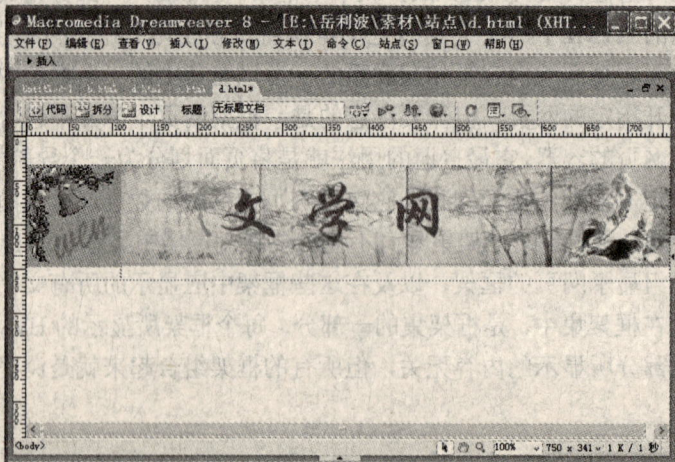

图 8-2　打开单独的框架页面举例

需要注意的是，内容比较多的网页不宜采用框架式结构，因此大多数大型网站中的网页都不是框架式网页。

8.2 创建框架

通过前面的介绍，相信读者对框架已经有了一个整体的认识。本小节将讲述在网页中创建框架页的方式，以及多个框架的应用。

8.2.1 创建框架集

用户可以通过不同的方法在网页中创建框架集。下面将介绍两种常用的方法，读者可以根据需要进行选择。

Dreamweaver 提供了一组已定义的框架集，用户可以在文档中直接使用，其具体操作步骤如下：

（1）打开 Dreamweaver 8 应用程序，新建一个文档。

（2）在"布局"插入栏中单击"框架"下拉按钮 ，在弹出的下拉菜单中选择一种框架类型，如图 8-3 所示。

（3）在"框架标签辅助功能属性"对话框（如图 8-4 所示）中对刚插入的各个框架进行重命名。

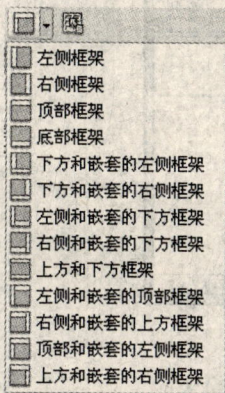

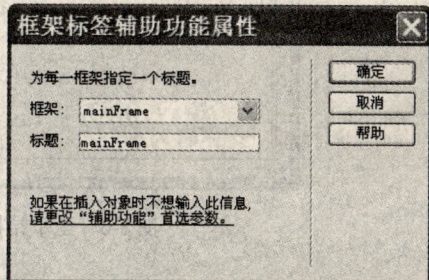

图 8-3　下拉菜单　　　　　　图 8-4　"框架标签辅助功能属性"对话框

在 Dreamweaver 中，插入的框架都有一个默认的名称（如对于 类型的框架集，默认情况下，顶部的框架名称为 topFrame，左下部的框架名称为 leftFrame，右下部的框架名称为 mainFrame），在"框架标签辅助功能属性"对话框中，单击"框架"下拉列表框中的下拉按钮，在弹出的下拉列表中选择所需要的默认名称。用户还可以在"标题"文本框中输入一个新名称。

在 Dreamweaver 8 中，创建框架集的另一种方法是：单击"文件"|"新建"命令，打开"新建文档"对话框，如图 8-5 所示。在"常规"选项卡的"类别"列表中选择"框架集"选项，然后在"框架集"列表中选择一种合适的形式，并单击"创建"按钮即可完成框架集的创建。

例如，在"新建文档"对话框中，如果选择"上方固定"类框架集，则在文档中将插入一个上下结构的框架集，如图 8-6 所示。

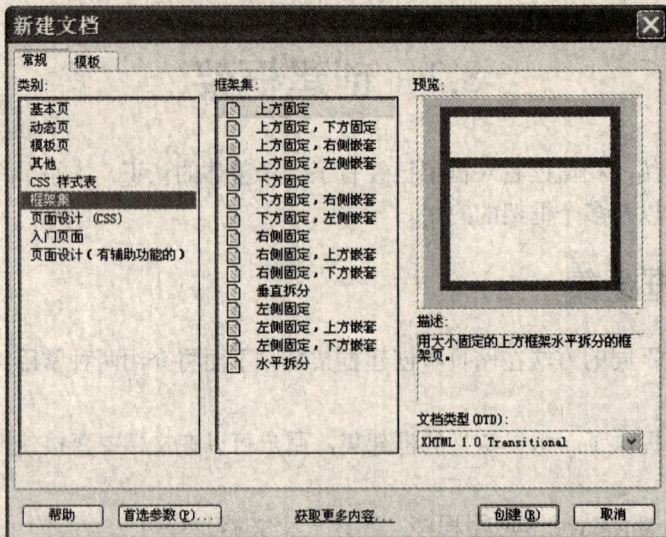

图 8-5 "新建文档"对话框

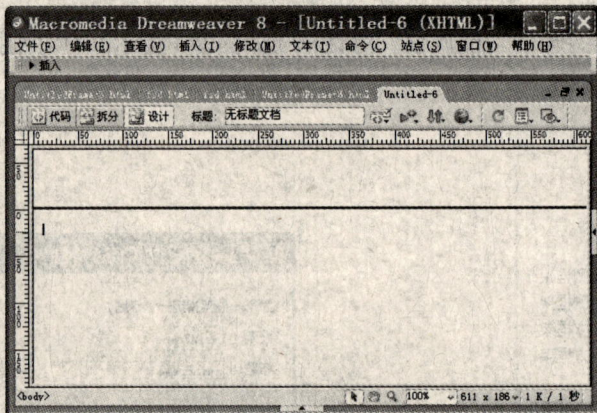

图 8-6 上下结构的框架集举例

8.2.2 创建嵌套框架集

将一个框架集放置于另一个框架集中，则被称作嵌套的框架集。一个框架集文件可以包含多个嵌套的框架集。大多数使用框架的 Web 页实际上都使用嵌套的框架，并且在 Dreamweaver 中，大多数预定义的框架集也使用嵌套。如果在一组框架中，不同的行或列中有不同数目的框架，则要求使用嵌套的框架集。

例如，在框架文档中，顶端有一个框架，底端有两个框架。此布局要求使用嵌套的框架集完成，在一个两行的框架集的第 2 行中嵌套了一个两列的框架集，如图 8-7 所示。

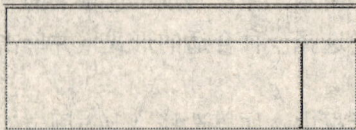

图 8-7 嵌套框架举例

在 Dreamweaver 中嵌套框架集时，如果是使用框架拆分工具，则不需要考虑哪些框架将被嵌套、哪些框架不被嵌套，直接拆分即可。

使用嵌套框架集时，内部框架集可以与外部框架集在同一文件中定义，也可以在不同的文件中单独定义（注意：预定义的框架集均在同一文件中定义）。但是不同的嵌套均产生相同的视觉效果，如果不看代码，很难判断使用的是哪种类型的嵌套。在 Dreamweaver 中使用外部框架集文件的常见情况如下：在框架内打开框架集文件时，可能导致所设置的链接目标出现问题。解决此问题最简单的方法是在单个文件中定义所有的框架集。

8.3　修改框架

在文档中应用了框架集后，用户如果对其不满意，则可以对框架集进行修改，以完善框架网页。本小节将向读者介绍如何对框架集进行修改。

8.3.1　选择框架集与框架

无论对框架做什么操作，都必须先选择框架，然后才能对其进行各种修改。

用户可以使用"框架"面板选择框架和框架集。"框架"面板提供框架集内各框架的可视化表示形式，并能够显示框架集的层次结构。而这种层次结构在文档窗口中的显示则不够直观，在"框架"面板中，环绕框架集的边框非常粗，而环绕框架的则是较细的灰色线条，并且每个框架都由框架名称来标识，如图 8-8 所示。

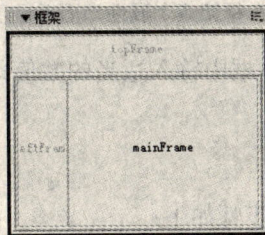

图 8-8　"框架"面板

在"框架"面板中显示了相应文档中的所有框架，用户可以通过"框架"面板来选择框架，其具体操作步骤如下：

（1）单击"窗口"|"框架"命令，打开"框架"面板。

（2）单击面板中的框架，即可选择文档中相应的框架，在文档中可以看到被选择的框架周围会显示一个选择轮廓。若要选择框架集，可直接单击面板中框架的外边框。

在文档中选择框架和框架集常用的操作方法有以下两种：

✳　按住【Alt】键的同时，在框架集中单击要选择的框架。

✳　若要在文档窗口中选择一个框架集，可在设计视图中单击框架集内的任意一个框架边框（要执行这一操作，框架边框必须是可见的，如果看不到框架边框，则应将其显示），此时在框架集周围会显示一个选择轮廓。

要在当前选择内容的基础上选择另一个框架（或框架集），可以在按住【Alt】键的同时按向左或向右的方向键。通过这些组合键，用户可以依次选取要选择的框架（或框架集）。

要在当前选择框架的基础上选择其父框架集,可以在按住【Alt】键的同时按向上方向键。若要在当前框架集的基础上选择其第一个子框架(或框架集)时,可按住【Alt】键的同时按向下方向键。

8.3.2 改变框架尺寸

当插入框架的大小不能满足网页制作要求时,可以更改其尺寸,以达到用户的需求。改变框架尺寸的方法有以下两种:

第一种:通过拖曳框架的边框改变框架的大小。

具体操作步骤如下:

(1)将鼠标指针放置于要调整的框架边框上。

(2)当鼠标指针变为双向箭头形状时拖曳鼠标,即可更改框架的大小。

第二种:通过"属性"面板调整框架的大小。

具体操作步骤如下:

(1)在文档中选择要调整的框架所在的框架集,在"属性"面板中将会显示相应的框架集属性,如图 8-9 所示。

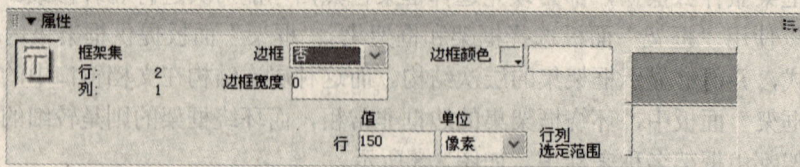

图 8-9 框架集"属性"面板显示举例

(2)在"行"(或"列")文本框中输入适当的数值即可。

8.3.3 拆分框架

通过鼠标拆分框架的具体操作步骤如下:

(1)在"框架"面板上选择需要拆分的窗口,并用鼠标选择边框。

(2)按住【Alt】键的同时,拖曳鼠标到相应的位置即可,如图 8-10 所示。

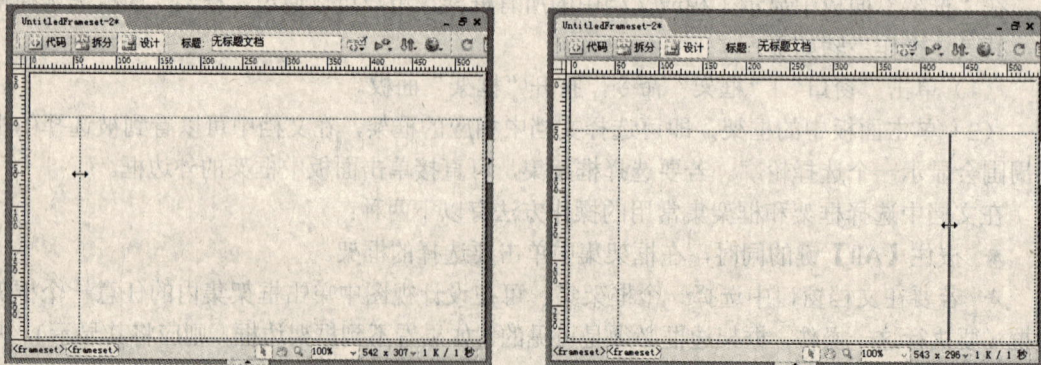

图 8-10 拆分框架举例

通过菜单也可以实现框架的拆分,其具体操作步骤如下:

（1）将光标定位于将要拆分的框架内。

（2）单击"修改" | "框架页"命令，在其子菜单中选择相应的拆分选项，即可拆分框架，如图8-11所示。

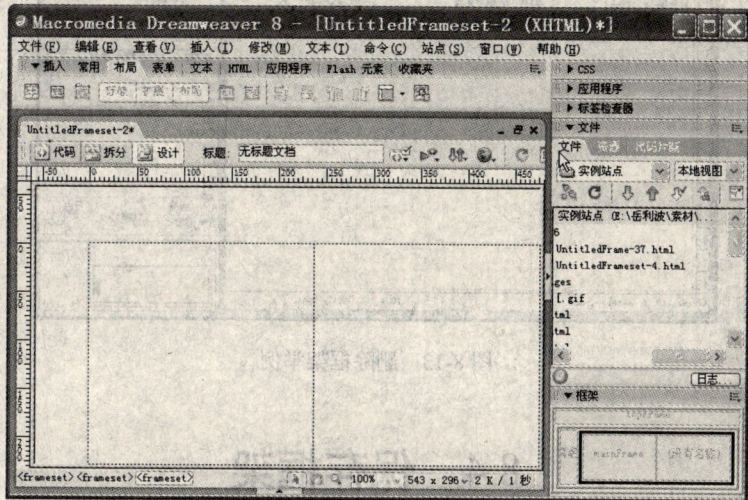

图8-11 拆分框架举例

（3）通过拖曳鼠标，将拆分的框架调整到合适的大小。

8.3.4 删除框架

当文档中出现多余的框架时，就需要将其删除，以免增加垃圾文件或带来管理上的不便。删除框架的具体操作步骤如下：

（1）选择要删除的框架的边框（若要删除左下角的框架，可以将其选中，将光标置于右边框上），如图8-12所示。

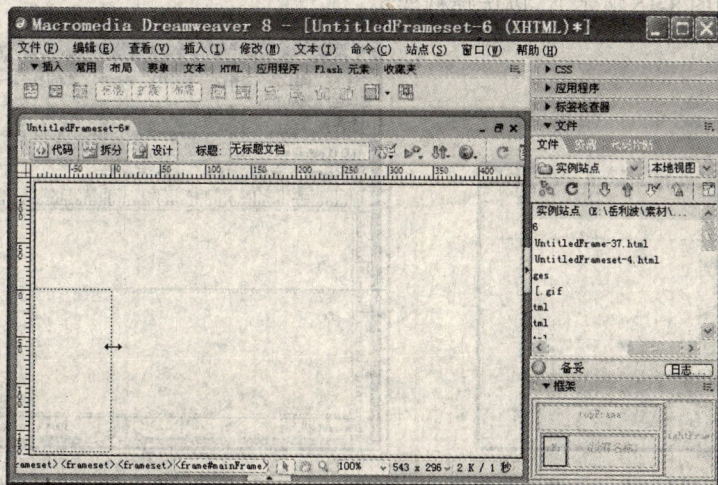

图8-12 选择要删除的框架的边框举例

（2）将该边框拖曳到其所在框架集的边框上，即可删除此框架，如图8-13所示。

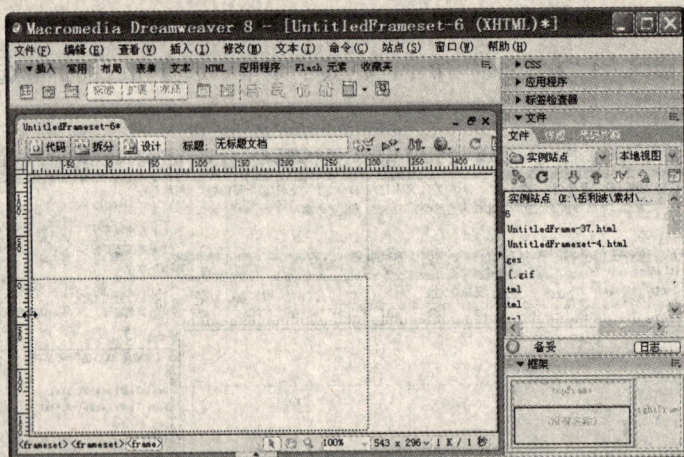

图 8-13　删除框架举例

8.4　保存框架

在前面的学习中，我们已经了解到框架的实际网页数为框架集中框架的个数加 1，所以在保存框架页面时，需要保存框架集以及在框架中显示的所有文档。用户可以单独保存每个框架集和框架文档，也可以同时保存框架集和所有的框架文档。需要注意的是，在保存一组框架时，框架中显示的每个框架文档都有一个默认的文件名，如第一个框架集被命名为UntitledFrameset-1，其中的第一个文档被命名为 UntitledFrame-1。用户可以根据自己的习惯为每一个框架集命名。

单独保存框架集的具体操作如下：

（1）在"框架"面板中单击其外框架，如图 8-14 所示，或在文档窗口中，单击框架集中的框架线（如图 8-15 所示），以选择框架集。

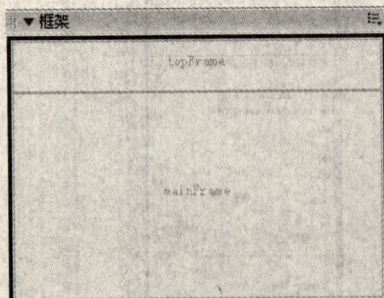

图 8-14　在"框架"面板中选择框架集

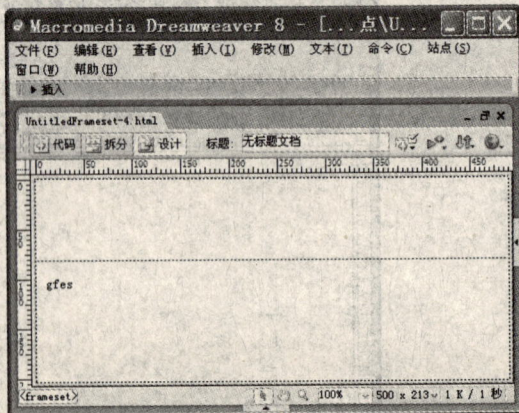

图 8-15　在文档中选择框架集

（2）单击"文件"|"保存框架集"命令，打开"另存为"对话框（如图 8-16 所示），在该对话框中进行设置，以保存框架集。

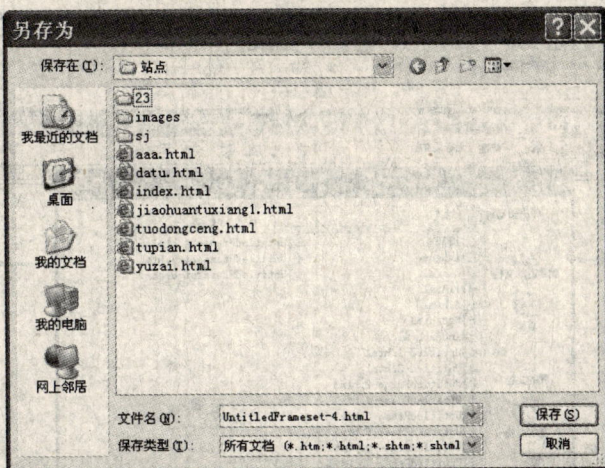

图 8-16 "另存为"对话框

如果前面没有保存过此框架文档，则可以同时保存其他的框架集。

同时保存所有框架及框架集的具体操作步骤如下：

（1）在框架文档中，单击"保存"|"保存全部"命令，打开"另存为"对话框，如图 8-17 所示。此时可以看到在文档中选择的框架集。

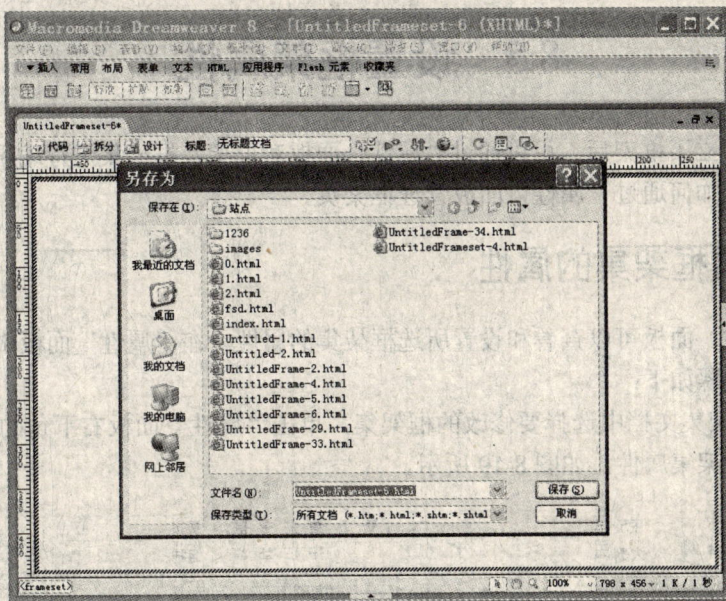

图 8-17 "另存为"对话框

（2）在"保存在"下拉列表中选择相应的存储位置，在"文件名"下拉列表框中输入框架集的名称，然后单击"保存"按钮即可保存所有的框架及框架集。此时，还可在"另存为"对话框中继续保存单个的框架，如图 8-18 所示。

（3）在"文件名"下拉列表框中显示了将要保存的框架名称，此框架在文档中也处于选择状态，为该文档命名后，单击"保存"按钮即可保存。

（4）参照步骤（3）的操作，可保存所有框架。

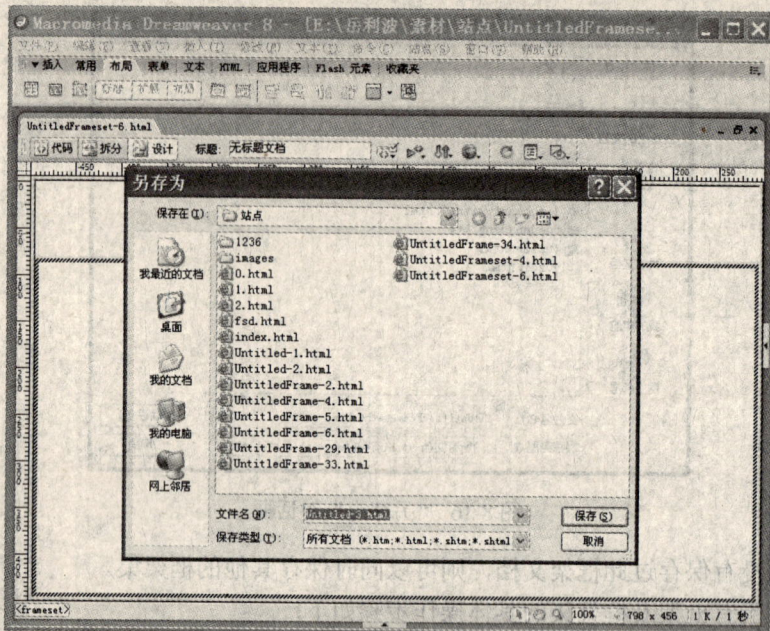

图 8-18 保存框架

8.5 设置框架属性

在文档中建立了框架后，可以通过"属性"面板对框架及框架集进行编辑和管理，本小节将向读者介绍如何通过"属性"面板管理框架页。

8.5.1 设置框架集的属性

使用"属性"面板可以查看和设置所选框架集的属性。在"属性"面板中设置框架集属性的具体操作步骤如下：

（1）在框架集文档中选择要修改的框架集，单击"属性"面板右下角的展开按钮 ▽，可以查看所有框架集属性，如图 8-19 所示。

图 8-19 "属性"面板

（2）在"属性"面板中，用户可根据需要来设置各选项。

在"属性"面板中，各选项的含义如下：

✳ 边框：用于设置在浏览器中浏览文档时，框架周围是否显示框架的边框。若在该下拉列表框中选择"是"选项，则在浏览器中显示边框；若选择"否"选项，则在浏览器中不显示边框；若允许浏览器确定如何显示边框，则选择"默认"选项。

❋ 边框宽度：用于设置框架集中所有边框的宽度。在文本框中输入相应的值，即可确定边框的宽度。

❋ 边框颜色：用于设置边框的颜色。单击颜色井，在弹出的调色板中选择一种颜色，或在其文本框中输入所选颜色的十六进制数。

❋ 行列选择范围：用于选择相应的框架。在其右侧的缩略图中单击相应边框即可选择。

❋ 列：用于设置选择的框架集的各列（或行）框架的大小。如果所选择的框架集由行组成，则显示为"行"；如果所选择的框架集由列组成，则显示为"列"。当要进行设置时，首先选择相应列或行，然后在其文本框中输入高度或宽度即可。

❋ 单位：通过设置可以为行或列指定一种计量单位。若要指定浏览器分配给每个框架的空间大小，则可以在"单位"下拉列表框中进行选择，该下拉列表框包含三个选项，即"像素"、"百分比"和"相对"。"像素"可以将所选择列或行的大小设置为一个绝对值，对于始终保持相同大小的框架而言（例如导航条），可以选择此项。"百分比"用于指定所选列（或行）相当于其框架集的总宽度（或总高度）的百分比。以"百分比"为单位的框架，在分配空间时应在以"像素"为单位的框架之后。"相对"用于为所选择列（或行）分配剩余空间（分配完以"像素"和"百分比"为单位的框架后所剩余的空间）。

提示 当用户从"单位"下拉列表框中选择"相对"时，用户在"值"文本框中输入的所有数字均消失。如果想要指定一个数值，则必须重新输入。但是，如果只有一行或一列设置为"相对"，则不需要输入数值，因为该行或列在其他行或列分配空间后，将接受所有的剩余空间。为了确保完全的跨浏览器兼容性，可以在"值"字段中输入 1，这等效于不输入任何值。

8.5.2 设置框架的属性

框架的属性与框架集属性不同，它有本身的特点，但同样可以通过"属性"面板显示和设置其属性，其具体操作步骤如下：

（1）在框架文档中，选择要修改的框架。

（2）打开"属性"面板，可显示所选框架的属性，如图 8-20 所示。

图 8-20 框架"属性"面板

（3）在框架"属性"面板中，可根据需要设置其各选项。

在"属性"面板中，各选项的含义如下：

❋ 框架名称：指该框架文档的名称，当在脚本中调用该文档时，可以通过该名称来实现。框架名称必须为单个单词，允许使用下划线，但不允许使用连字符、标点和空格，且框架名称必须以字母开头。框架名称区分大小写，不要使用 JavaScript 中的保留字（如 top 或 navigator 等）作为框架名称（为了以后创建跨框架链接更方便，建议用户在创建框架时命名每个框架）。

❋ 源文件：指定在框架中显示的源文档。单击文件夹图标可以在打开的对话框中选择一个文件。

❋ 滚动：用于设置在框架中是否显示滚动条。一般将此选项设置为"默认"，从而使各个浏览器使用其默认值，只有在浏览器窗口中没有足够的空间来显示当前框架的完整内容时，才显示滚动条；如果选择"是"选项，则无论内容是否超过了文档的显示范围，都将显示滚动条，当内容没有超出文档时，滚动条以灰色显示，如图 8-21 所示。

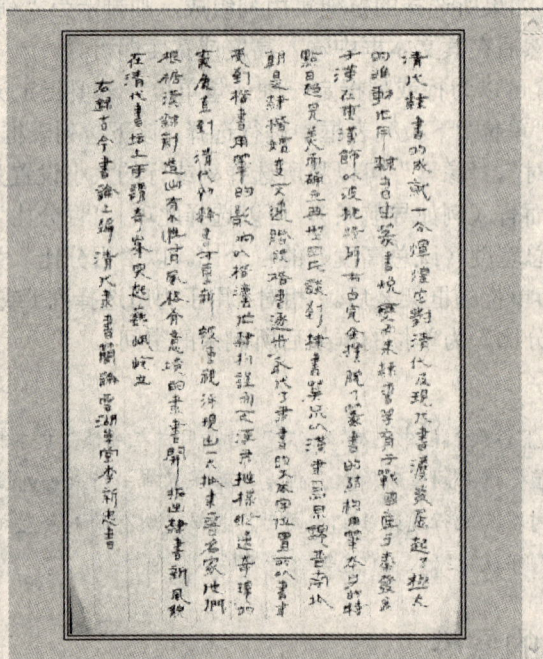

图 8-21　灰色滚动条举例

❋ 不能调整大小：如果选中该复选框，浏览者将不能通过拖曳框架的边框在浏览器中调整框架的大小。

❋ 边框：用于设置在浏览器中浏览框架网页时是否显示当前框架的边框。该下拉列表框共包含三个选项："是"、"否"和"默认"，其中默认选项为"否"。

❋ 边框颜色：为所有框架的边框设置颜色。此颜色应用于和框架接触的所有边框，并且重写框架集的指定边框颜色。只有当框架集"属性"面板中的"边框"选项设置为"是"，且"边框宽度"的值不为 0 时，设置此项才能在浏览器中看到所设置的边框及其颜色。

❋ 边界宽度：以像素为单位设置左边距和右边距的宽度（框架边框和内容之间的空隙称为边距）。

❋ 边界高度：以像素为单位设置上边距和下边距的高度。

> **提示**　设置框架边距的宽度和高度并不等同于在"页面属性"对话框中所设置的边距选项。由于单个框架的页面同样具有普通文档的属性，因此，若要更改框架的背景颜色，可在"页面属性"对话框中设置该框架中文档的背景颜色。

8.6 框架与页面

框架集中包含多个框架，每个框架都可以看作一个单独的文档，且都被包含于框架集中，通过调用可在框架集中显示不同的文档或内容。

8.6.1 在框架中插入页面

用户可以将内容插入到框架的空文档中，或通过在框架中打开现有文档，来指定框架的初始内容。

在框架中打开现有文档的具体操作步骤如下：

（1）将光标定位于要打开文档的框架中。

（2）单击"文件"｜"在框架中打开"命令，弹出"选择 HTML 文件"对话框，如图 8-22 所示。

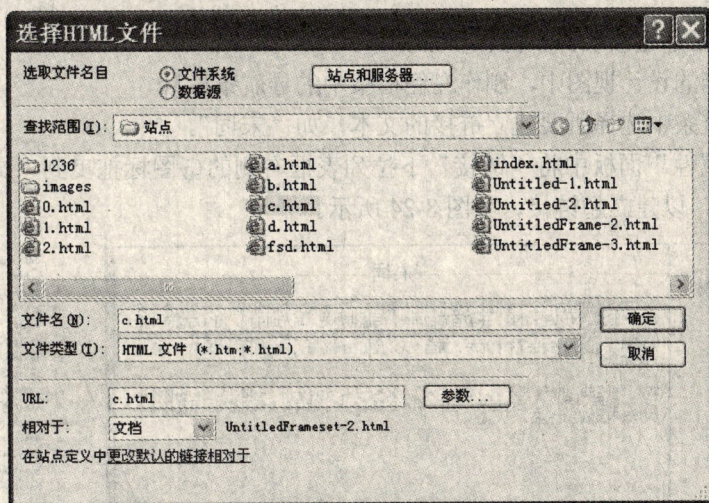

图 8-22 "选择 HTML 文件"对话框

（3）在该对话框的"查找范围"下拉列表框中选择相应的本地站点文件夹，并在其下方的列表框中选择相应的文件，或在"文件名"文本框中直接输入目标文件的名称。

（4）单击"确定"按钮，即可在框架中打开所选择的文件。

8.6.2 在不同的框架中打开链接页面

框架的主要作用是导航，在一组框架中，通常包括一个含有导航条的框架和一个要显示主要内容页面的框架。如果要在一个框架中通过链接打开另一个框架中的文档，用户必须设置链接目标，以及打开链接目标的框架或窗口。

例如，如果用户的导航条位于左框架内，但希望链接的内容显示在右侧的主框架中，则必须将主框架指定为导航条链接目标的显示窗口，如图 8-23 所示。当访问者单击导航条中的超链接时，就会在主框架中打开指定的内容。

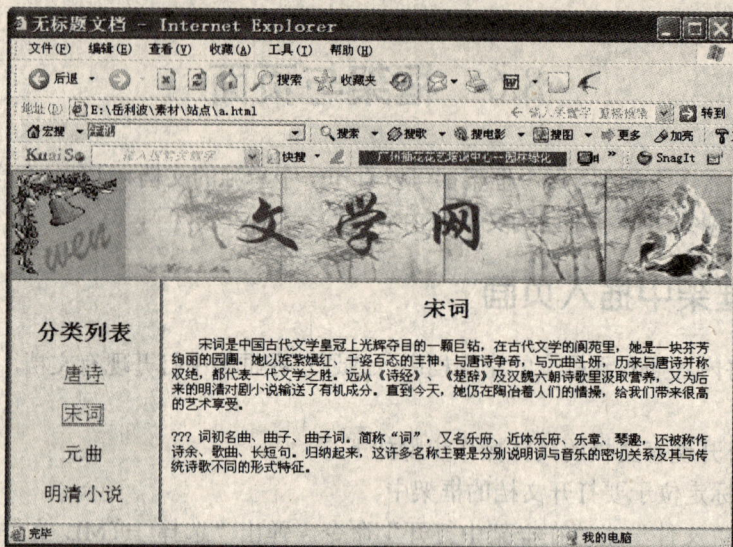

图 8-23　主框架显示内容举例

在框架中建立超链接的具体操作步骤如下：

（1）在文档的设计视图中，制作左侧框架中的导航条栏目。

（2）在导航条中选择所要建立链接的文本，如"宋词"。

（3）在"属性"面板中将"链接"下拉列表框右侧的⊕图标拖曳到"文件"面板中相应的文档名称上，以建立超链接，如图 8-24 所示。

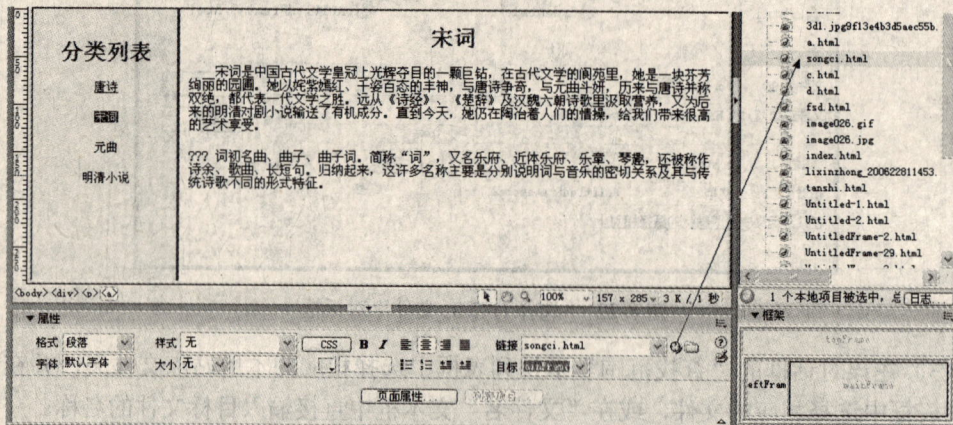

图 8-24　建立超链接举例

（4）在"属性"面板中单击"目标"下拉列表框中的下拉按钮，在弹出的下拉列表中选择主框架 mainFrame，如图 8-25 所示。

在该下拉列表中，其他各选项的含义如下：

_blank：在新的浏览器窗口中打开所链接的文档，并保持当前窗口不变。

_parent：在显示链接框架的父框架集中打开所链接的文档，并替换整个框架集。

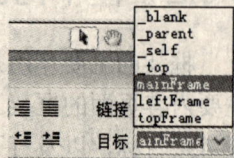

图 8-25　选择目标框架

_self：在当前框架中打开链接，同时替换该框架中的内容。

_top：在当前浏览器窗口中打开链接的文档，同时替换所有框架。

leftFrame：在左框架中打开目标文档，同时左侧框架的内容将被目标文档中的内容替代。

topFrame：在顶部的窗口中打开链接的目标文档，同时顶部内容改变。

提示 如果用户所要链接的页面为站点外的某一个页面，则在"目标"下拉列表框中始终使用_top 或 _blank 选项来确保该页面不会显示为当前站点的一部分。

（5）参照步骤（2）～（4）的操作，依次为其他的对象建立超链接，按【F12】键在浏览器中浏览检测其设置效果，如图 8-26 所示。

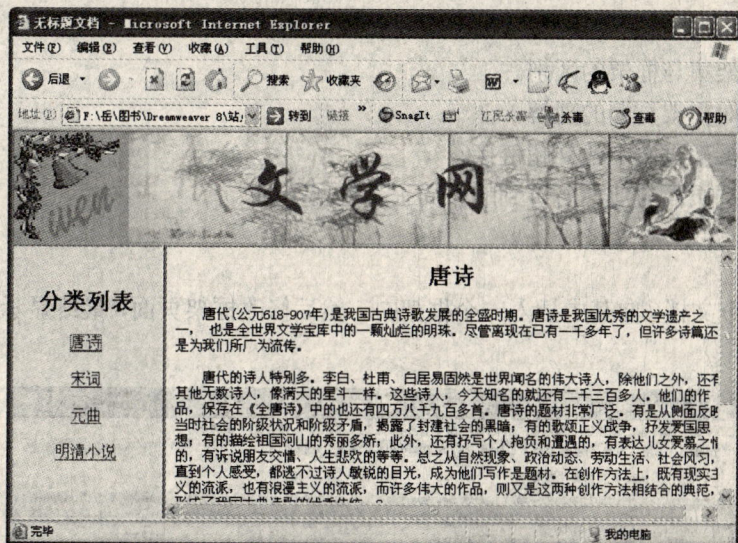

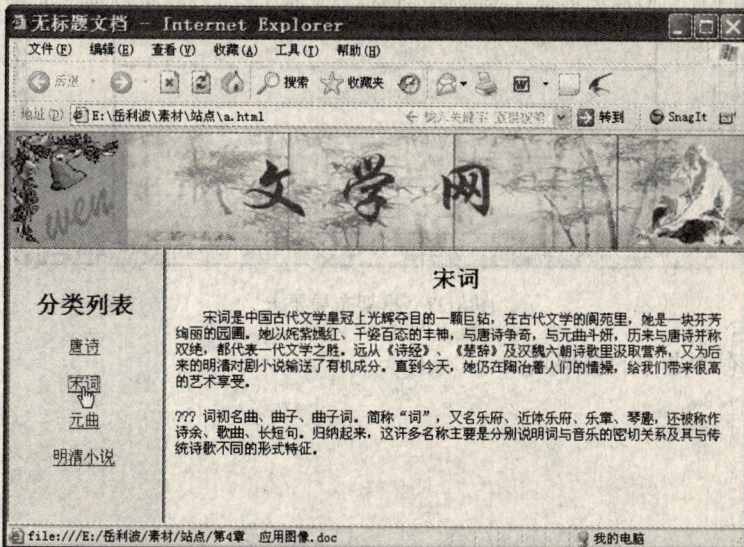

图 8-26　在主框架中打开链接文档举例

习 题

一、填空题

1. 一个框架网页中的框架包含_____和_____两部分。

2. 如果一个框架式网页包含 N 个框架，那么此框架式网页共有_____个网页。

3. 框架的主要作用是_____，在一组框架中，通常包括一个含有_____的框架和一个要显示_____的框架。

二、简答题

1. 简述框架集与框架的区别。

2. 谈谈你对框架页面的理解。

3. 如何在框架页面中建立超链接？

4. 框架布局页面与前面所讲到的布局工具有何不同？

三、上机题

1. 新建一个文档，向其中插入一个框架▓，然后修改框架页面，最终显示效果如图 8-27 所示。

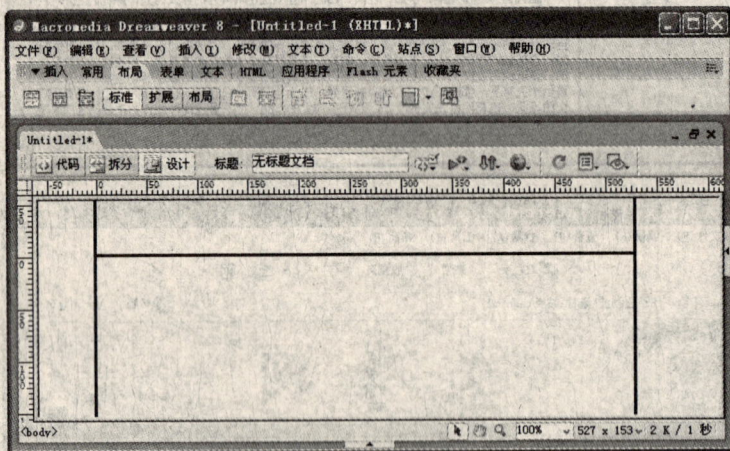

图 8-27　框架布局要求

2. 练习保存上题中的框架页面。

第 *9* 章　多媒体网页

导语与学习目标

　　以前的网页缺乏变化和生动，页面一旦制作完成，就像是一幅被定了格的风景，毫无生气。而随着多媒体技术的发展和应用，网页逐渐变得丰富、生动起来，现在多媒体技术已经成为网页制作中不可缺少的元素。本章将主要介绍多媒体技术的应用，通过本章的学习，读者将了解到多媒体的基本格式，以及 Flash 动画、声音、视频文件等多媒体在网页中的应用知识。

要点和难点

> ➢ 多媒体的格式　　　　　　　　　➢ 声音文件的应用
> ➢ Flash 动画的应用　　　　　　　➢ 视频文件的应用

9.1　网页中的多媒体对象

　　多媒体技术越来越受到网页设计者的钟爱，那么网页中的多媒体有哪些格式呢？本小节将介绍网页中常用的多媒体格式。

9.1.1　认识 Flash 文件

　　Flash 是一种交互式矢量多媒体技术，它的前身是 Future Splash，即早期网上流行的矢量动画插件。Macromedia 公司收购了 Future Splash 以后便将其改名为 Flash 2，到现在为止，其最新版本是 Flash 8。现在网上有成千上万的 Flash 站点，可以说 Flash 已经渐渐成为交互式网页的标准，并成为网页的一大主流。下面将向读者介绍有关 Flash 的应用及特点。

　　※ Flash 可创建基于矢量图形的网站，可以跨平台、跨浏览器显示声音、图片、动画和交互式游戏等内容。Flash 中的 MP3 流式音频格式可以帮助设计人员创建网络音频应用程序，如带旁白和背景音乐的连续动画，同时还可以减少文件大小以适合低带宽的网络传输。

　　※ Flash 可以创建网络表格、应用程序和电子商务片头。现在的网站可以从应用了 Flash 技术的网页中收集用户数据，并把信息传到网站服务器上。

　　※ Flash 可以控制用户输入的信息以何种方式显示，还支持能够拖动的界面组件、条件逻辑和基本数学运算，如用于网上购物结算的应用程序等。

　　※ Flash 有一个发布命令，用来控制 Flash 支持的输出格式，包括多版本的 HTML 和压缩位图等。

　　※ Flash 使用的是矢量图形和流式播放技术。与位图图形不同的是，矢量图形可以任意缩放尺寸而不影响图形的质量。流式播放技术可以使动画边下载边播放，从而缓解了网页浏览者焦急等待的情况。

❖ 通过使用关键帧和元件使得所生成的动画文件（.swf）非常小，几千字节的动画文件已经可以实现许多令人心动的动画效果，用在网页设计上不仅可以使网页更加生动，而且下载迅速，使得动画可以在打开网页后很短的时间内就能够播放。

❖ 强大的动画编辑功能使得设计者可以随心所欲地设计出高品质的动画，它的交互性使其具有更大的设计空间。此外，它与当今最流行的网页设计工具 Dreamweaver 配合默契，可以直接嵌入网页的任一位置，应用非常方便。

9.1.2　了解音频文件

在网页中插入声音，可以使网页变得有声有色，更加引人注目，从而达到更好的宣传效果。声音的格式多种多样，该如何确定网页中所应用的声音格式呢？下面将介绍网络上常见的几种声音格式。

1．MID 和 RMI 格式

这两种文件扩展名表示该文件是 MIDI 格式的文件。MIDI 是数字乐器接口的国际标准，它定义了电子音乐设备与计算机的通信接口，规定了使用数字编码来描述音乐乐谱的规范。电脑就是根据 MIDI 文件中存放的对 MIDI 设备的命令，即每个音符的频率、音量和通道号等指示信息进行音乐合成的。MID 文件的优点是短小，一个时间长度为 6 分钟、包含 16 个乐器演奏的文件也只有 80KB 左右；其缺点是播放效果受软、硬件影响，使用媒体播放机可以播放，但如果想有比较好的播放效果，电脑必须支持波表功能。目前大多数人都使用软件波表，最有名的是日本 YAMAHA 公司的 YAMAHA SXG。使用这一软件波表进行播放，几乎可以达到与真实乐器一样的效果。

2．WAV 格式

这是 Windows 本身存放数字声音的标准格式，由于微软的影响力，目前它也成为一种通用的数字声音文件格式，几乎所有的音频处理软件都支持 WAV 格式。由于 WAV 格式存放的一般是未经压缩处理的音频数据，所以体积都很大（1 分钟的 CD 音乐需要 10M 字节），不适于在网络上传播。WAV 格式使用媒体播放机可以直接播放。

3．MP3（MP1、MP2）格式

MP3 这个扩展名表示的是 MP3 压缩格式文件。MP3 的全称实际上是 MPEG Audio Layer-3，而不是 MPEG 3。由于 MP3 具有压缩程度高（1 分钟的 CD 音乐一般需要 1M 字节）、音质好的特点，因此，成为目前最为流行的一种音乐文件。在网上有很多可以下载 MP3 的站点，通过一些交换软件（如 Napster）可以进行音乐交换。播放 MP3 最著名的软件是 WinAMP。

4．VQF 格式

VQF 是日本 YAMAHA 公司购买 NTT 公司的技术后开发出来的一种音频压缩格式，矛头直指 MP3。主要卖点是压缩程度比 MP3 高，而且音质比 MP3 好。但由于 VQF 是 YAMAHA 公司的专有格式，支持这种格式的播放器相当有限，所以影响力不如 MP3。VQF 格式文件需

要使用 YAMAHA 公司的 VQF 播放器才能播放，其他播放器如 WinAMP 等，都需要安装支持插件才能播放。

5．RA 和 RAM 格式

这两种格式是 Real 公司开发的音频格式，主要适用于网络上的实时数字音频流技术文件。由于它的面向目标是实时的网上传播，所以在高保真方面就远远不如 MP3，但在只需要低保真的网络传播方面却有相当优势。要播放 RA 格式的文件，需要使用 Real Player 播放器。

6．ASF 和 WMA 格式

ASF 和 WMA 都是微软公司针对 Real 公司开发的新一代网上流式数字音频压缩技术。这种压缩技术的特点是同时兼顾了保真度和网络传输需求，具有一定的先进性。同时由于微软的影响力，这种音频格式现在正获得越来越多的支持，可以使用 WinAMP 播放。此外，也可以使用 Windows 的媒体播放机播放。

7．XM、S3M、STM、MOD 和 MTM 格式

这些文件格式其实互不相同，但又都属于一个大类：Module，简称 Mod。这种音乐格式曾经在网上风靡一时，直至 MP3 的兴起才有所减退，但其还有一定的影响力。这种格式的特点是由类似于 MID 文件的乐谱、控制信息和具体的乐器音效数据组合而成的，因此体积适中，5 分钟的音乐在 300K 字节到 1 兆字节之间。最重要的一点是播放 MOD 文件只需要 386 计算机就可以，所以在以前非常流行。编排良好的 MOD 文件播放效果一点也不比 MP3 差。

9.1.3 了解视频文件

由于视频文件具有丰富的表现力，所以长期以来都很受人们的关注。同时随着网络传输速度的提高，视频的应用也越来越受到网页设计者的欢迎。下面将向读者介绍几种常用的视频格式。

1．AVI 格式

AVI 的英文全称为 Audio Video Interleaved，即音频视频交错格式。所谓"音频视频交错"，是指可以将视频和音频交织在一起进行同步播放。这种视频格式的优点是图像质量好，可以跨多个平台使用，其缺点是体积过于庞大，而且压缩标准不统一，且高版本 Windows 媒体播放器播放不了采用早期编码编辑的 AVI 格式视频，而低版本 Windows 媒体播放器又播放不了采用最新编码编辑的 AVI 格式视频，所以在进行一些 AVI 格式的视频播放时，常会出现由于视频编码问题而造成的视频不能播放或即使能够播放，但存在不能调整播放进度和播放时只有声音没有图像等问题。如果用户在进行 AVI 格式的视频播放时遇到了这些问题，可以通过下载相应的解码器来解决。

2．DV-AVI 格式

DV 的英文全称是 Digital Video Format，是由索尼、松下和 JVC 等多家厂商联合提出的一种家用数字视频格式。目前非常流行的数码摄像机就是使用这种格式来记录视频数据的。

它可以通过电脑的 IEEE 1394 端口将视频数据传输到计算机，也可以将计算机中编辑好的视频数据回录到数码摄像机中。这种视频格式的文件扩展名一般是.avi，所以也叫 DV-AVI 格式。

3．MPEG 格式

MPEG 的英文全称为 Moving Picture Expert Group，即运动图像专家组格式，如 VCD、SVCD 和 DVD 就是这种格式。MPEG 文件格式是运动图像压缩算法的国际标准，它采用了有损压缩方法，从而减少了运动图像中的冗余信息，目前 MPEG 格式有三个压缩标准，分别是 MPEG-1、MPEG-2 和 MPEG-4，此外，MPEG-7 与 MPEG-21 仍处在研发阶段。

❋ MPEG-1：针对 1.5Mbps 以下数据传输率的数字存储媒体运动图像及其伴音编码而设计的国际标准，即通常所见到的 VCD 制作格式。这种视频格式的文件扩展名包括.mpg、.mlv、.mpe、.mpeg 及 VCD 光盘中的.dat 等。

❋ MPEG-2：设计目标为高级工业标准的图像质量以及更高的传输速率。这种格式主要应用在 DVD/SVCD 的制作（压缩）方面，同时在一些 HDTV（高清晰电视）和一些高要求的视频编辑和处理方面也有所应用。

❋ MPEG-4：是为了播放流式媒体的高质量视频而专门设计的，它可利用很窄的带宽，通过帧重建技术、压缩和传输数据，以求使用最少的数据获得最佳的图像质量。目前 MPEG-4 最有吸引力的地方在于它能够保存接近于 DVD 画质的小体积视频文件。此外，这种文件格式还包含了以前 MPEG 压缩标准所不具备的比特率的可伸缩性、交互性甚至版权保护等一些特殊功能。这种视频格式的文件扩展名包括.asf 和.mov 等。

4．DivX 格式

DivX 是由 MPEG-4 衍生出的另一种视频编码（压缩）标准，即我们通常所说的 DivX（全称 Digital Video Express）格式，它在采用了 MPEG-4 压缩算法的同时，又结合了 MPEG-4 与 MP3 的各种技术，同时使用 MP3 或 AC3 对音频进行压缩，然后再将视频与音频合成并加上相应的外挂字幕文件而形成的视频格式。这种编码对机器的要求也不高，所以 DivX 视频编码技术可以说是一种对 DVD 造成威胁最大的新生视频压缩格式，号称 DVD 杀手或 DVD 终结者。

5．MOV 格式

MOV 是美国 Apple 公司开发的一种视频格式。它是 QuickTime 格式的扩展名，默认的播放器是 Apple 公司的 QuickTimePlayer。该格式具有较高的压缩比率和较完美的视频清晰度等特点，但其最大的特点还是跨平台性，即不仅支持 MacOS，而且还支持 Windows 系列。

6．ASF 格式

ASF 的英文全称为 Advanced Streaming Format，它是微软为了和现在的 RealPlayer 竞争而推出的一种视频格式，用户可以直接使用 Windows 自带的 Windows Media Player 对其进行播放。由于它使用了 MPEG-4 的压缩算法，所以压缩率和图像质量都很不错。

7．WMV 格式

WMV 的英文全称为 Windows Media Video，是微软推出的一种采用独立编码方式并且可以直接在网上实时观看视频节目的文件压缩格式。WMV 格式的主要优点包括本地或网络回放、可扩充的媒体类型、部件下载、流的优先级化、多语言支持、环境独立性、丰富的流间关系以及扩展性等。

8．RM 格式

RM 模式是 Real Networks 公司所制定的音频视频压缩规范，全称为 Real Media，用户可以使用 RealPlayer 或 RealOne Player 对符合 RealMedia 技术规范的网络音频/视频资源进行实况转播，并且 RealMedia 还可以根据不同的网络传输速率制定出不同的压缩比率，从而实现在低速率的网络上进行影像数据实时传送和播放。这种格式的另一个特点是用户使用 RealPlayer 或 RealOne Player 播放器可以在不下载音频/视频内容的条件下实现在线播放。此外，RM 作为目前主流网络视频格式，它还可以通过其 Real Server 服务器将其他格式的视频转换成 RM 视频，并由 Real Server 服务器负责对外发布和播放。

9．RMVB 格式

RMVB（全称为 Real Media Variable Bitrate）是一种由 RM 视频格式升级延伸出的新视频格式，其优点在于 RMVB 视频格式打破了原先 RM 格式那种平均压缩采样的方式，在保证平均压缩比的基础上合理利用比特率资源，即静止和动作场面少的画面场景采用较低的编码速率，这样可以留出更多的带宽空间，而这些带宽会在出现快速运动的画面场景时被利用。这样在保证了静止画面质量的前提下，大幅度地提高了运动图像的画面质量，从而使图像质量和文件大小之间达到了微妙的平衡。此外，相对于 DVDrip 格式，RMVB 视频也有着较明显的优势。不仅如此，这种视频格式还具有内置字幕和无需外挂插件支持等独特优点。

9.2　在网页中插入多媒体

前面已经介绍了多媒体的作用和多种格式，并了解到在网页中应用多媒体文件，可以增强网站的宣传效果。本小节将向读者介绍如何在网页中插入各种多媒体文件。

9.2.1　插入 Flash 动画

Flash 制作出来的动画无论怎样放大、缩小，仍清晰可见，且文件很小，这样便于在互联网上传输，更因为它采用了流媒体技术，只要下载一部分，便可欣赏动画，然后一边传输数据一边播放文件。此外，交互性也是 Flash 动画的一大特点，可以通过单击各个按钮、选择菜单来控制动画的播放。

1．插入 Flash 动画

在 Dreamweaver 文档中插入 Flash 动画的具体操作步骤如下：

（1）在 Dreamweaver 中打开或新建一个文档，将光标定位于文档中要插入 Flash 动画的位置。

（2）在"常用"插入栏中单击"媒体"下拉按钮 ，弹出下拉菜单，如图9-1所示。

（3）从该下拉菜单中选择 Flash 选项，打开"选择文件"对话框（如图9-2所示），单击"插入" | "媒体" | Flash 命令也可以打开此对话框。

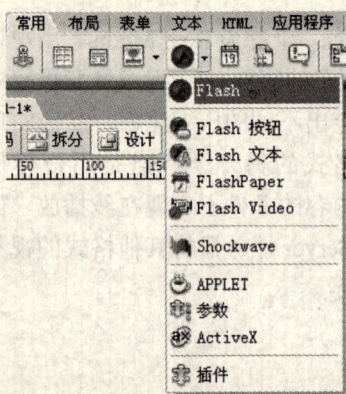

图9-1 "媒体"下拉菜单

图9-2 "选择文件"对话框

（4）在"查找范围"下拉列表框中选择目标文件所在的文件夹，然后在其下的列表中选择所需要的文件。

（5）单击"确定"按钮，即可将所选择的文件插入到指定位置，如图9-3所示。需要注意的是：在 Dreamweaver 文档中所有的 Flash 动画文件均以 图标的形式显示。

（6）按【F12】键在浏览器中进行浏览，即可播放动画，如图9-4所示。

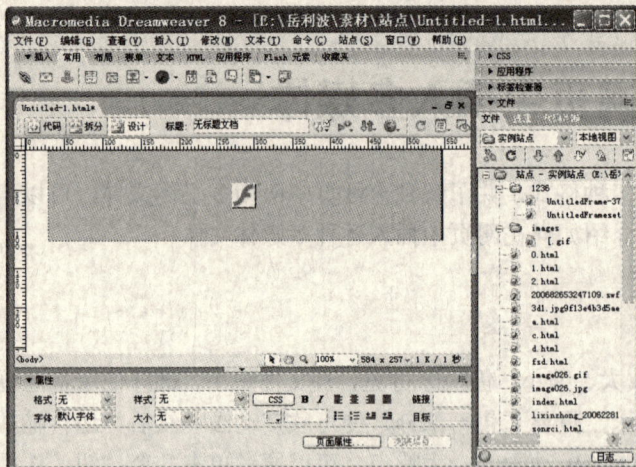

图9-3 插入 Flash 动画举例

图9-4 在浏览器中播放 Flash 动画举例

2. 修改 Flash 动画的属性

在文档中插入 Flash 动画后，单击插入的动画，则可以在"属性"面板中显示出该动画的各属性选项，通过修改其中的选项，可以更改所插入的动画，具体操作步骤如下：

（1）将鼠标指针放置在 Flash 动画上，单击鼠标左键，以选择插入的动画文件。

（2）单击"窗口"|"属性"命令，打开"属性"面板，如图 9-5 所示。

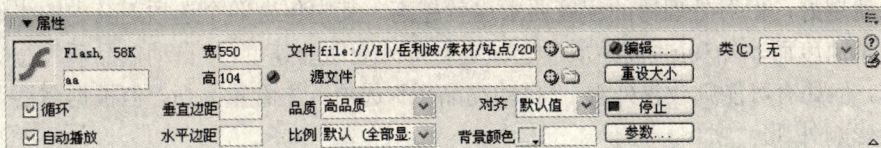

图 9-5 "属性"面板

（3）在"属性"面板中更改动画的属性。

在"属性"面板中，各选项的含义如下：

❋ 名称文本框：位于"属性"面板的左上角，可以在其文本框中输入用于标识 Flash 文件的名称，以便在脚本中调用该 Flash 对象。

❋ "循环"复选框：用于设置 Flash 的播放形式，若取消选择该复选框，则动画只播放一次。

❋ "自动播放"复选框：选中此复选框，则在打开网页后将自动播放动画。

❋ "宽"和"高"文本框：可以在相应的文本框中输入数值，以像素为单位确定动画的尺寸。

❋ "文件"文本框：在其文本框中显示了所选 Flash 动画文件的路径。若要更改 Flash 动画文件，可以单击文件夹图标，在打开的"选择 Flash 文件"对话框中选择所需要的文件，或者直接在其文本框中输入文件的路径。

❋ "编辑"按钮：单击此按钮，打开"定位 Macromedia Flash 文档文件"对话框，如图 9-6 所示。从中选择 Flash 动画源文件，单击"打开"按钮，即可打开 Flash 应用程序，并从中对 Falsh 源文件进行编辑。

❋ "源文件"文本框：用户可在此指定所选 Flash 影片的源文件的路径。

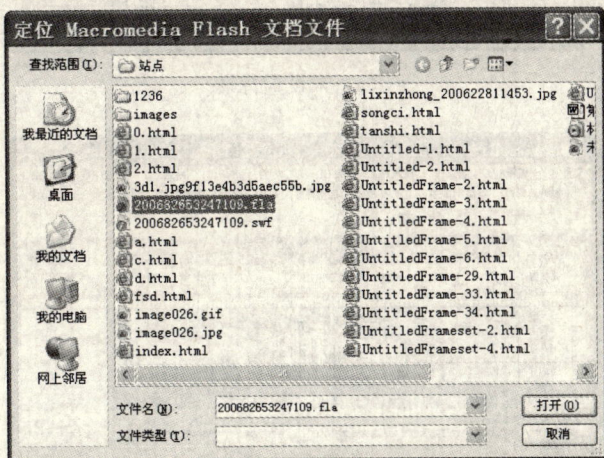

图 9-6 "定位 Macromedia Flash 文档文件"对话框

❋ "重设大小"按钮：单击此按钮，可以将选择的对象重设为原始大小。

❋ "垂直边距"和"水平边距"文本框：用于指定动画对象距文档上、下、左、右四个边界的距离，以像素为度量单位。

❋ "品质"下拉列表框：用于设置所选动画对象的显示质量。设置越高，Flash 内容的显示效果就越好，但对处理器的速度要求也就越高。其中包含四个选项，其中的"低品质"选项更看重速度而非外观；"高品质"选项更看重外观而非速度；"自动低品质"意味着首先看重速度，但如有可能则改善外观；"自动高品质"选项首先看重品质，但根据需要可能会因为速度而影响外观。

❋ "比例"下拉列表框：用于定义 Flash 内容在由"宽"和"高"值所定义区域内的显示方式，打开其下拉列表框，显示其选项，其中的"全部显示"选项表示在指定区域中可以看到整个 SWF 文件，并保持文件的纵横比；"无边框"类似于"全部显示"选项，但 SWF 文件的某些部分可能会被裁剪掉；"严格匹配"选项使整个 SWF 文件填充指定区域，但不保持 SWF 文件的纵横比。

❋ "对齐"下拉列表框：用于定义对象在页面上的对齐方式。

❋ "背景颜色"颜色井：用于指定对象的背景色，单击颜色井，在弹出的调色板中选择一种颜色。如图 9-7 所示为未设置和设置为灰色#999999 背景后的对比。

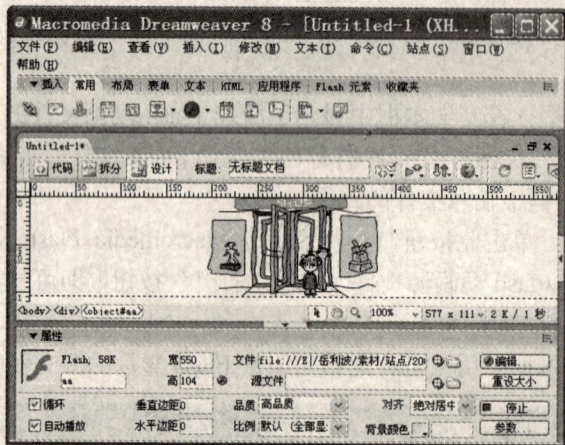

（a）未设置背景

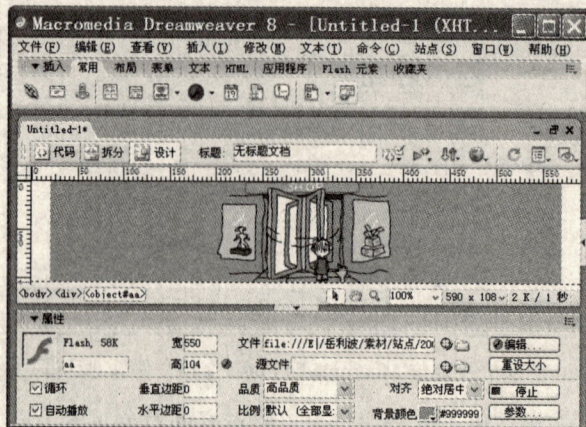

（b）设置灰色背景

图 9-7　未设置和设置背景后的对比举例

❈ "播放/停止"按钮：单击 ▶ 播放 按钮，可以使动画在文档窗口中播放；单击 ■ 停止 按钮可以暂停动画的播放。

❈ "参数"按钮：单击"参数"按钮，打开"参数"对话框，如图9-8所示。在该对话框中单击⊞按钮，可以增加一个参数，在"参数"列中显示参数的名称，在"值"列中显示该参数的值。

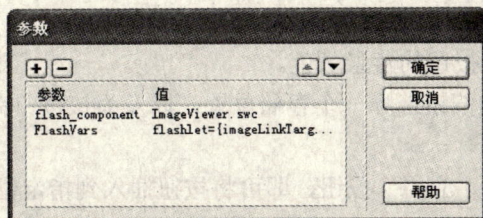

图9-8 "参数"对话框

9.2.2 插入 Flash 按钮

在 Dreamweaver 文档中，自带了一些 Flash 按钮，用户在使用时可以直接应用。在 Dreamweaver 文档中插入 Flash 按钮的具体操作步骤如下：

（1）在 Dreamweaver 文档中，将光标定位于要插入 Flash 按钮的位置。

（2）在"常用"插入栏中单击"媒体"下拉按钮，在弹出的下拉菜单中选择"Flash 按钮"选项，或单击"插入"|"媒体"|"Flash 按钮"命令，打开"插入 Flash 按钮"对话框，如图9-9所示。

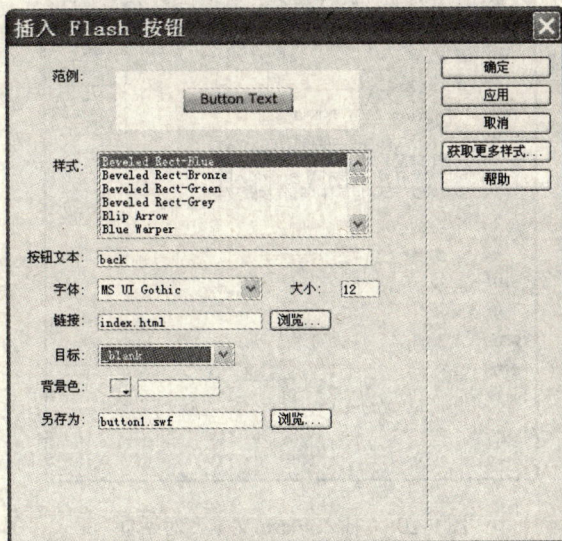

图9-9 "插入 Flash 按钮"对话框

（3）在此对话框中设置各选项。

在"插入 Flash 按钮"对话框中，各选项的含义如下：

❈ 样式：在此列表框中选择按钮的样式，所选按钮样式将显示在"范例"预览区中。

❋ 按钮文本：在文本框中输入一个名称或单词，以提示浏览者该按钮的作用或功能，如 Back。

❋ 字体：用于设置按钮上文本的字体及大小。

❋ 链接：用于设置插入按钮的链接目标，单击后面的"浏览"按钮 浏览... ，可在弹出的对话框中为此按钮选择一个链接对象。

❋ 目标：用于设置按钮所链接的目标网页的打开位置。

❋ 背景色：用于设置按钮的背景颜色。

❋ 另存为：为插入的按钮选择一个存储位置，以及为该按钮命名，以便在脚本中调用此按钮。

（4）单击"确定"或"应用"按钮，即可将按钮插入到指定位置。

> 提示　在插入 Flash 按钮或文本对象前，必须保存文档。

9.2.3　插入 Flash 文本

在文档中插入 Flash 文本的具体操作步骤如下：

（1）将光标定位于文档中要插入 Flash 文本的位置。

（2）在"常用"插入栏中单击"媒体"下拉按钮，在其下拉菜单中选择"Flash 文本"选项，或者单击"插入" | "媒体" | "Flash 文本"命令，打开"插入 Flash 文本"对话框，如图 9-10 所示。

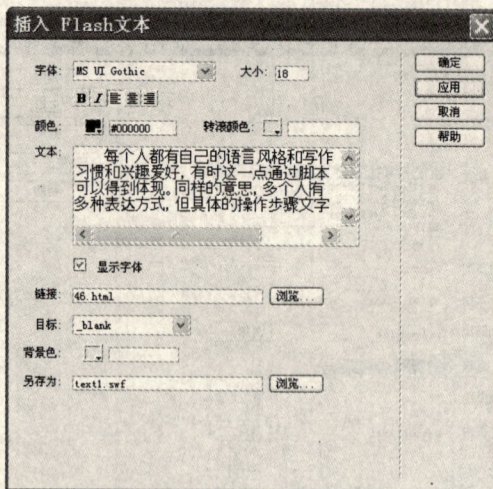

图 9-10　"插入 Flash 文本"对话框

（3）在打开的对话框中设置各个选项。

在"插入 Flash 文本"对话框中，各选项的含义如下：

❋ "字体"下拉列表框：在该下拉列表框中为所输入的文本选择一种字体，该下拉列表框中包含了当前系统中安装的所有 TrueType 字体。

❋ "大小"下拉列表框：用于设置输入文字的大小。

❈ 按钮组：单击相应的样式按钮可以为 Flash 文本设置样式属性，如粗体、斜体及文本对齐方式等。

❈ "颜色"颜色井：单击颜色井，在弹出的调色板中为文本设置颜色，或直接在其后的文本框中输入十六进制数（如#FFFFFF）来设置文本颜色。

❈ "转滚颜色"颜色井：用于设置鼠标指针在 Flash 文本对象上经过时文本将要显示的颜色。

❈ "文本"列表框：在文本区中可以输入所需要的文本。

❈ "显示字体"复选框：用于设置是否显示文本区中文字的字体。

❈ "链接"文本框：若要为输入的 Flash 文本对象创建一个链接，则可以在该文本框中输入绝对链接地址（因为浏览器不能在 Flash 影片中识别相对路径）。

❈ "目标"下拉列表框：用于指定打开所链接文档的目标框架或目标窗口。

❈ "背景色"颜色井：用于设置文本的背景颜色。

❈ "另存为"文本框：用于在其文本框中输入文件名称（如果文件包含相对文档的链接，必须将文件保存在和当前 HTML 文档相同的文件夹内，以保证相对文档链接的正常使用）。

（4）单击"应用"或"确定"按钮，即可将 Flash 文本插入到文档中。

9.2.4 插入背景音乐

在网页中适当地加入一些音乐，可以吸引浏览者的注意力，从而增加网页的宣传效果。本小节将向读者介绍音乐在网页中的应用。

1. 插入背景音乐

在 Dreamweaver 中插入音乐的具体操作如下：

（1）将光标定位于要插入音乐的位置。

（2）在"常用"插入栏中单击"媒体"下拉按钮，在弹出的下拉菜单中选择"插件"选项，或单击"插入"|"媒体"|"插件"命令，打开"选择文件"对话框，如图 9-11 所示。在该对话框中选择要插入的声音文件，最后单击"确定"按钮。

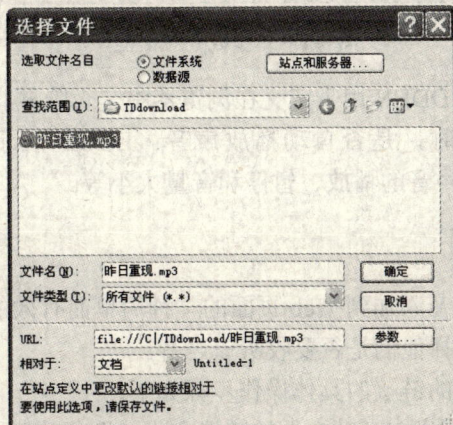

图 9-11 "选择文件"对话框

（3）选择插入到文档中的图标 ⊞，打开"属性"面板，如图9-12所示。

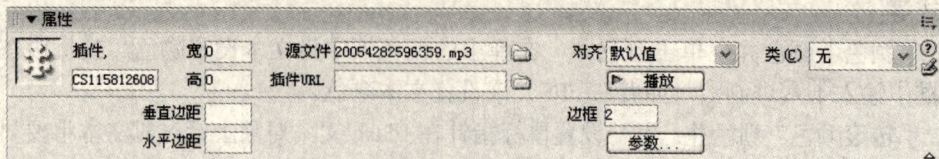

图9-12 声音的"属性"面板

（4）在该面板中设置各个选项。

在"属性"面板中，各选项的含义如下：

❋ "插件"文本框：在该文本框中，输入一个名称，以便在脚本中调用该插件。

❋ "宽"和"高"文本框：用于设置插件的尺寸，以像素为基本单位，默认值均为32像素。

❋ "垂直边距"和"水平边距"文本框：用于设置插件距文档上、下、左、右边界的距离。

❋ "源文件"文本框：用于显示所选插件的名称，单击其后的"浏览"按钮 □ ，可在弹出的对话框中更改插入的声音文件。

❋ "插件URL"文本框：可以在该文本框中输入插件的路径和名称。

❋ "对齐"下拉列表框：用于设置插件在文档中的对齐方式。

❋ "播放"按钮：此按钮用于测试文档中的插件。

❋ "边框"文本框：可以为插件添加一个边框，在该文本框中直接输入一个数值，以确定边框的宽度。

❋ "参数"按钮：单击"参数"按钮，打开"参数"对话框，如图9-13所示。

图9-13 "参数"对话框

"参数"对话框中的HIDDEN用于定义在浏览器中是否隐藏此插件；AUTOSTART表示当在浏览器中打开此网页时，是否自动播放声音；LOOP 表示是否循环播放此插件；MASTERSOUND用于设置声音的播放、暂停和音量大小等。

2. 链接到音频文件

链接到音频文件是将声音添加到Web页面的一种简单而有效的方法。这种插入声音文件的方法可以使访问者能够选择他们是否要收听该声音。

创建指向某一音频文件的链接的具体操作步骤如下：

（1）在文档中选择用于指向音频文件的链接文本或图像。

（2）打开"属性"面板，单击"链接"下拉列表框右侧的"浏览文件"图标（如图9-14

所示），打开"选择文件"对话框，从中找到所需要的音频文件，或者在"链接"下拉列表框中直接输入音频文件的路径和名称即可实现链接。

图 9-14 "属性"面板

提示 在将声音文件加入 Web 页面时，要考虑它们在 Web 站点内的适当使用方式，以及站点访问者如何使用这些媒体资源。因为访问者有时可能不希望听到音频内容，所以应该提供启用或禁用声音播放的控制按钮。

9.2.5　插入视频文件

可以使用 Dreamweaver 将 Shockwave 影片插入到文档中。Shockwave 作为 Web 上用于交互式多媒体的标准，是一种经过压缩的格式，从而使文件能够被快速下载，而且可以在大多数浏览器中进行播放。

此外，播放 Shockwave 影片的软件既可作为插件提供，也可作为 ActiveX 控件提供。当插入 Shockwave 影片时，Dreamweaver 将同时使用 object 标记（用于 ActiveX 控件）和 embed 标记（用于插件），以在所有浏览器中都可以获得最佳播放效果。

在文档中插入 Shockwave 影片的具体操作步骤如下：

（1）在文档窗口中，将光标定位于所要插入 Shockwave 影片的位置。

（2）在"常用"插入栏中单击"媒体"下拉按钮，在弹出的下拉菜单中选择 Shockwave 选项，或单击"插入"|"媒体"|Shockwave 命令，打开"选择文件"对话框，如图 9-15 所示。

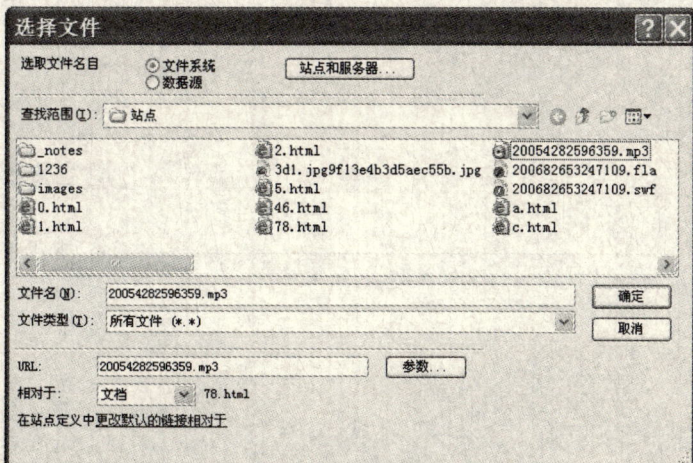

图 9-15 "选择文件"对话框

（3）在该对话框中选择目标文件，并单击"确定"按钮。

（4）打开"属性"面板，在"宽"和"高"文本框中分别输入影片的宽度和高度。其属性的设置可以参考 Flash 动画的属性设置。

习　题

一、填空题

1．在 Dreamweaver 文档中插入 Flash 时，所用的是 Flash 的导出文件，其后缀名为_____。

2．在声音文件中体积最小的为_____格式的文件。

3．在网页中添加声音的方法有两种，分别是_____和_____。

二、简答题

1．在网页中应用多媒体的作用是什么？
2．简述如何在网页中插入多媒体。
3．如何应用多媒体为网页增色？

三、上机题

1．在文档中插入一个 Flash 影片以加强网页的生动性。
2．练习在网页中添加声音。

第 *10* 章　制作表单

导语与学习目标

　　表单是网页制作中一个非常重要的部分，它收集和保存了浏览者提供的信息，是浏览者提交信息的工具。表单收集的信息可直接保存到数据库中，以供网站管理者使用。本章将主要介绍表单的制作方法。通过本章的学习读者应了解表单的重要作用，理解表单中各选项的含义，熟练掌握表单的制作方法及简单的表单检测方法。

要点和难点

> ➤ 理解表单的作用
> ➤ 创建表单

> ➤ 表单对象的应用
> ➤ 设置表单及其元素的属性

10.1　表单概述

　　在网页中，表单主要用于接受客户端的信息，以便于浏览者与网站管理者之间进行交流。在制作表单之前，先了解一下什么是表单及表单的作用。

1. 认识表单

　　表单是用于实现网页浏览者与服务器之间进行信息交互的一种页面元素，在因特网上被广泛应用于各种信息的搜集和反馈，其基本工作流程如下：

　　（1）浏览者在表单中填写或选择指定的信息项。

　　（2）填写或设置完成后，单击"提交"按钮。填写或选择的信息将按照指定的方式通过网络传递到服务器。

　　（3）由服务器的特定程序进行处理。处理的结果通常是返回一个页面（如通知注册成功的页面），同时服务器完成对信息的处理工作（如在数据库中记录下新用户的信息）。

　　因此表单不同于前面介绍过的页面元素，它不但需要在网页中用 HTML 进行显示，而且还需要服务器中特定程序的支持。

2. 表单的作用和组成

　　现在几乎所有的网站都离不开表单，它不仅可以用来收集站点访问者反馈的信息，还实现了网站管理者与浏览者之间信息的交互。网站管理者可以利用表单处理程序收集、分析用户的反馈意见，做出科学、合理的决策，因此在网站中，表单通常用作调查表、订单和搜索界面等。当拥有了这些内容后，网站便不再是单纯的"信息提供者"，同时也是"信息搜集者"，使其由被动提供转变为主动搜集。使用 Dreamweaver 创建表单后，还可以通过使用"行为"来验证用户所输入信息的正确性。表单除了进行信息搜集和反馈以外，还用于创建各种动态网页效果。

对于一个表单,简单来说有两个重要的组成部分:其一是用于描述表单的 HTML 源代码;其二是用于处理用户在表单中所填写信息的服务器端应用程序或客户端脚本。一个完整的表单应该有以下三个基本组成部分:

❋ 表单标签:是用于处理用户在表单域中所填写信息的服务器端应用程序或客户端脚本,如 ASP、CGI 以及数据提交到服务器的方法等。

❋ 表单域:包括文本框、密码框、隐藏域、多行文本框、复选框、单选框、下拉列表框和文件上传框等。

❋ 表单按钮:包括提交按钮、复位按钮和一般按钮,用于将数据传送到服务器上的 CGI 脚本或者取消输入,还可以用表单按钮来控制其他定义了处理脚本的处理工作。

10.2   表单设计

在网页中该怎样创建表单呢?本小节将介绍如何在网页中创建表单及如何对表单的属性进行设置。

10.2.1   认识表单

Dreamweaver 8 中提供了更加完美的表单制作功能,单击插入栏中的"表单"标签,即可看到用于表单制作的各种元素,如图 10-1 所示。

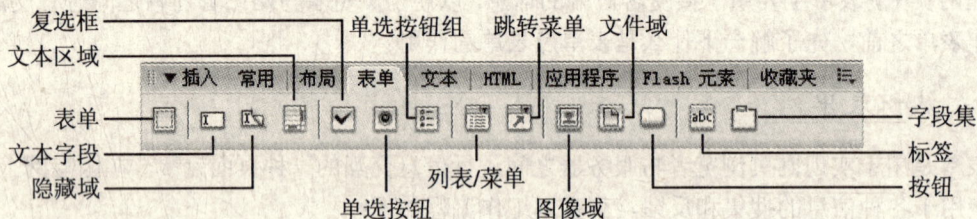

图 10-1 "表单"选项卡

在"表单"选项卡中,各选项的含义如下:

❋ 表单:用于指定放置表单内容的区域,可以随着表单内容的增加而扩展。在文档中以红色的虚轮廓线进行标识。

❋ 文本字段:用于接受浏览者输入的任何类型的字母、数字或文本信息,一般用作单行文本的输入。

❋ 隐藏域:用于存储用户输入的信息,如姓名、电子邮件箱地址等,并在该浏览者下次访问此站点时使用这些数据。

❋ 文本区域:用于接受访问者输入的各种信息,以多行形式出现,可以与"文本字段"相互转化。

❋ 复选框:允许浏览者在一组选项中选择多个选项。

❋ 单选按钮:代表一组互相排斥的选项。如在某单选按钮组(由两个或多个拥有同一名称的按钮组成)中选择一个按钮,就会取消选择该组中其他按钮。

❋ 单选按钮组:是指在插入单选按钮时,可以一次同时插入多个。

❋ 列表/菜单：在一个下拉列表中显示选项值，浏览者可以从该下拉列表中选择多个选项；或者在一个菜单中显示选项值，但浏览者只能从中选择单个选项。

❋ 跳转菜单：是可导航的列表或弹出菜单，选用它可以在文档中插入一个菜单，其中每个选项都链接着某个文档或文件。

❋ 图像域：用户可以在表单中插入一个图像，将该图像作为表单中的一个按钮，如"提交"或"重置"按钮。

❋ 文件域：用于将浏览者计算机上的某个文件作为表单数据，发送给网站管理员。

❋ 按钮：在单击该对象时可以激发相应的操作，如提交或重写表单等。用户可以为按钮自定义名称或标签，也可以使用预定义的"提交"或"重置"标签。

❋ 标签：用来指定一个给定对象的名称。

❋ 字段集：在表单中设置的文本标签。

10.2.2 创建表单

新建或打开一个文档后，用户可在其中插入一个表单，其具体操作步骤如下：

（1）将光标定位于要插入表单的位置。

（2）在"表单"插入栏中单击"表单"按钮▢，或单击"插入"|"表单"|"表单"命令（如图 10-2 所示），即可在文档中插入一个表单，如图 10-3 所示。

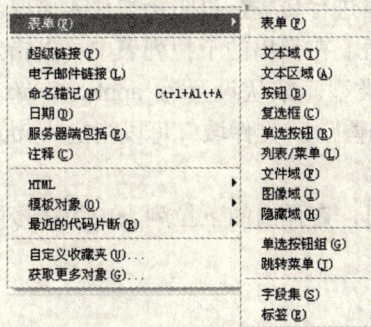

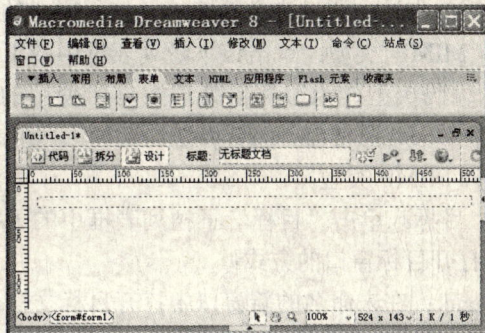

图 10-2　通过菜单在文档中插入表单　　　图 10-3　在文档中插入表单举例

（3）如果没有看到表单区域的红色边框线，可单击"查看"|"可视化助理"|"不可见元素"命令，即可显示表单域。

10.2.3 设置表单属性

在文档中插入表单后，首先需要设置它的属性。打开其"属性"面板，如图 10-4 所示。其中包括"表单名称"、"动作"、"方法"等选项，可以通过更改各选项参数来设置表单的属性。

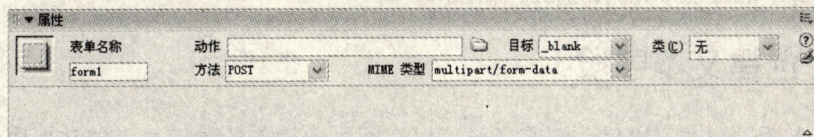

图 10-4　表单的"属性"面板

在表单的"属性"面板中，各选项的具体含义如下：

✳ 表单名称：在该文本框中输入唯一的名称来标识该表单。命名表单后，就可以使用脚本语言（如 JavaScript 或 VBScript）引用或控制该表单。如果没有命名表单，则 Dreamweaver 将自动生成一个格式为 form＋数字的名称，如 form1，以后再向页面中添加表单，其 form 后面的数值依次递增。

✳ 动作：指定处理表单信息的服务器应用程序。该程序可以是 ASP 程序，也可以是 JSP、PHP 等脚本，还可以是用 C 语言、VB 语言等编写的程序。单击"浏览文件"按钮，在弹出的对话框中选择应用程序，或直接在文本框中输入应用程序的完整路径。

✳ 方法：用于设置表单数据传输到服务器的方法。在该下拉列表框中选择一种方法类型。POST 方法将在 HTTP 请求中嵌入表单数据，GET 方法将值附加到请求该页面的 URL 中。默认方法是使用浏览器的默认设置将表单数据发送到服务器，通常默认为 GET 方法。

> **提示** 不要使用 GET 方法发送长表单。URL 的长度限制在 8 192 个字符以内，如果发送的数据量太大，数据将被截断，从而导致意外发生或处理失败。此外，由 GET 方法传递的参数所生成的动态页，因为生成页面所需的所有值都包含在浏览器地址框中，所以可以添加书签。但由 POST 方法传递的参数所生成的动态页不可添加书签。

此外，如果要收集机密用户名和密码、信用卡号或其他机密信息，为确保安全性，可以利用 POST 方法，通过安全的连接并使用安全的服务器进行传输，以防止被他人窃取。

✳ MIME 类型：单击该下拉列表框中的下拉按钮，在弹出的下拉列表中可以指定一种 MIME 编码类型作为服务器处理数据所使用的编码类型。默认设置为 application/x-www-form-urlencode，通常与 POST 方法一起使用。如果要创建上传"文件域"，可以指定为 multipart/form-data MIME 类型。

✳ 目标：单击"目标"下拉列表框中的下拉按钮，在弹出的下拉列表中为链接网页指定一种打开目标窗口的方式：

_blank：在未命名的新窗口中打开目标文档。

_parent：在显示当前文档窗口的父窗口中打开目标文档。

_self：在提交表单所使用的窗口中打开目标文档。

_top：在当前窗口的窗体内打开目标文档，此值可用于确保目标文档占用整个窗口，即使原始文档显示在框架中。

10.3 添加表单对象

从前面的内容中我们已经认识了表单，并学习了如何设置表单的属性。本小节将向读者介绍在制作表单的过程中如何应用表单对象。

10.3.1 创建文本字段

在表单中插入文本字段后，浏览者便可以在网页中输入各种信息，如常被用作用户名或密码的文本框等。

1. 插入文本字段

在设计视图中插入文本字段对象的具体操作步骤如下：

（1）在设计视图中，将光标定位于表单域中。

（2）单击"文本字段"按钮，打开"输入标签辅助功能属性"对话框，如图10-5所示。其中各选项的具体含义如下：

❋ 标签文字：可以在该文本框中输入一个词语或一句话，用于说明"文本字段"的作用。

❋ 样式：可以为"文本字段"选择合适的样式。

❋ 位置：用于设置标签文字与"文本字段"的相对位置，可以将标签文字放置在"文本字段"的前面或后面。

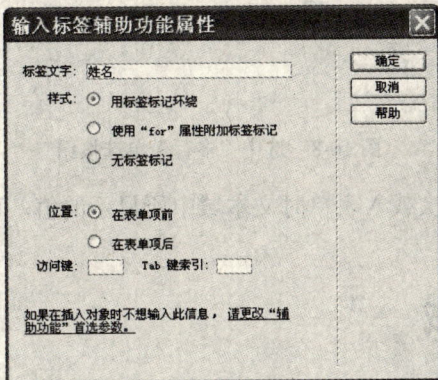

图 10-5 "输入标签辅助功能属性"对话框

（3）设置完成后，单击"确定"按钮，即可在文档中插入一个文本字段对象，如图10-6所示。

图 10-6 插入文本字段对象举例

2. 设置文本字段的属性

选择插入的文本字段，打开其"属性"面板，此时将显示该"文本字段"对象的属性，如图10-7所示。

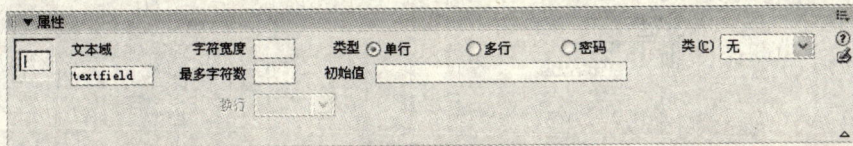

图 10-7 文本字段的"属性"面板

若要更改文本字段的外观或其他属性，可以对"属性"面板中的各个选项进行修改。其各选项的含义如下：

❋ 文本域：用于为插入的文本字段添加标签，每个文本域的名称必须是唯一的。

❋ 字符宽度：用于设置文本域中最多可显示的字符数，此数字可以小于"最多字符数"。

如"字符宽度"设置为 20（默认值），而用户输入 100 个字符，则在该文本域中只能同时看到其中的 20 个字符。

❋ 最多字符数：用于设置该文本字段中所能输入字符的最大值。即在文本域中最多可输入的字符数。

❋ 类型：用于设置所选文本域的显示方式，可以为"单行"、"多行"或"密码"。

选中"单行"单选按钮将产生一个普通的单行文本域；选中"密码"单选按钮表示在密码文本域中所输入的内容将用项目符号或星号代替显示，以防止被其他用户看到；选中"多行"单选按钮，则会在"属性"面板中显示文本域的属性，如图 10-8 所示。从中可以设置它的"行数"（通过该面板可以实现文本字段与文本区域的相互转化）。

图 10-8　选中"多行"单选按钮

❋ 初始值：指定在首次载入表单时文本域中所显示的值，可以是一段提示性文字，如"请输入用户名"。

10.3.2　创建隐藏域

网站设计人员可以使用隐藏域存储并提交非用户输入信息，该信息对用户而言是隐藏的。

1. 插入隐藏域

若要使用隐藏域，可以在设计视图中插入"隐藏域"对象，其具体操作步骤如下：

（1）在设计视图中，将光标定位于表单域中。

（2）单击"插入"|"表单"|"隐藏域"命令。

（3）插入"隐藏域"对象后将会在文档中出现一个 标记，如果该标记没有显示，可以单击"查看"|"可视化助理"|"不可见元素"命令将其显示。

2. 设置隐藏域的属性

选择隐藏域标记 ，打开"属性"面板，显示隐藏域的属性，如图 10-9 所示。

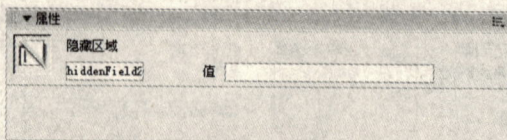

图 10-9　隐藏域的"属性"面板

该面板中各选项的含义如下：

❋ 隐藏区域：在该文本框中可以为该隐藏域输入一个名称，以便于服务器端对其进行处理。

❋ 值：在该文本框中输入要为该隐藏域指定的值。

10.3.3　创建复选框

在网页中应用复选框，可以使用户选择其中的一项或多项。本小节将向读者介绍如何插入复选框及设置其属性。

1.　插入复选框

若要在文档中插入复选框，可按如下步骤进行操作：

（1）在设计视图下，将光标定位于表单域中。

（2）在插入栏中单击"复选框"按钮☑，或单击"插入"|"表单"|"复选框"命令，打开如图 10-10 所示的"输入标签辅助功能属性"对话框，在该对话框中设置各选项，最后单击"确定"按钮，即可将复选框插入到文档中。

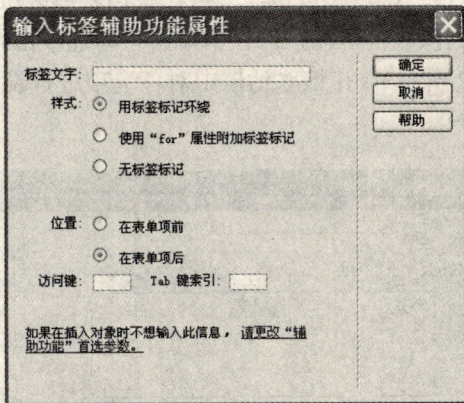

图 10-10　"输入标签辅助功能属性"对话框

参照步骤（2）的操作，用户可插入多个复选框。

2.　设置复选框属性

选择文档中的复选框，打开"属性"面板（如图 10-11 所示），从中可进行有关复选框属性的设置。

图 10-11　复选框的"属性"面板

在该"属性"面板中，各选项的含义如下：

✳　复选框名称：可以在该文本框中为复选框输入一个名称，复选框名称不能包含空格和特殊字符。

✳　选定值：用于设置在该复选框被选中时将发送给服务器的值。

✳ 初始状态：用于设置在浏览器中载入表单时，该复选框是否被选中。

10.3.4 创建单选按钮（组）

如果要求浏览者只能从一个选项组中选择一个选项时，可以使用"单选按钮"对象，通常单选按钮均成组地使用，且一组单选按钮必须具有同一个名称。

1. 插入单选按钮

若要在设计视图中插入"单选按钮"对象，其具体操作步骤如下：

（1）在设计视图中，将光标定位于表单域中相应的位置。

（2）在插入栏中单击"单选按钮"按钮⊙，或单击"插入"|"表单"|"单选按钮"命令，在打开的对话框中设置各选项。

（3）设置完成后，单击"确定"按钮，即可在文档表单区域中插入一个单选按钮。

若要同时插入多个单选按钮，可在插入栏中单击"单选按钮组"按钮▤，打开"单选按钮组"对话框（如图 10-12 所示），在该对话框中对各选项进行设置，并单击"确定"按钮，进行应用即可。

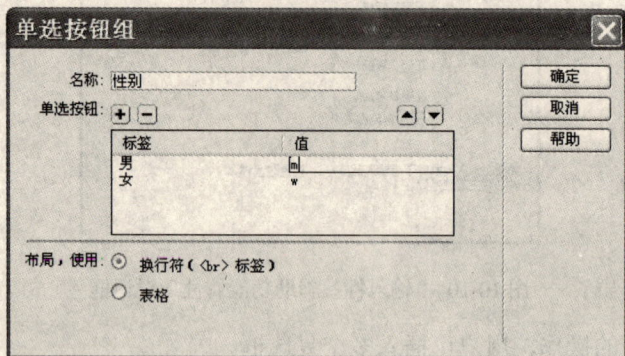

图 10-12 "单选按钮组"对话框

在"单选按钮组"对话框中，各选项的含义如下：

✳ "名称"文本框：可以在该文本框中输入一个名称，为该单选按钮组命名。

✳ ➕和➖按钮：用于向组中添加或删除单选按钮。

✳ "标签"和"值"列："标签"列用于为插入的单选按钮命名，该名称将在网页中显示；"值"列用于输入一个提交给服务器处理的值，浏览者无法看到该值。

✳ ▲和▼按钮：选择一个单选按钮，单击▲或▼按钮可以将其重新排序。

✳ 布局，使用：用于设置插入的单选按钮的格式。其中"换行符（〈br〉标签）"指分行排列；"表格"指插一个一列多行的表格对单选按钮进行排列。

2. 设置单选按钮的属性

选择单选按钮，打开如图 10-13 所示的"属性"面板，可以从中设置单选按钮的各属性。

在该"属性"面板中，各选项的含义如下：

图 10-13　单选按钮的"属性"面板

❋　单选按钮：在该文本框中，可为该对象输入一个名称。对于单选按钮组，必须共用同一名称，才能实现多个单选按钮的互斥功能。

❋　选定值：用于设置单选按钮被选中后将发送给服务器的值。

❋　初始状态：用于设置在浏览器中载入表单时，该单选按钮是否被选中。服务器可以动态确定单选按钮的初始状态。例如，可以使用单选按钮直观表示存储在数据库中所记录的信息。在设计时，用户并不知道该信息，但在运行时，服务器将读取数据库记录，如果该值与指定的值匹配，则选中该单选按钮。

10.3.5　创建列表/菜单

表单对象"列表/菜单"有两种形式：一种为"列表"形式；另一种为"菜单"形式。在应用过程中，可以根据需要进行选择。本小节将介绍有关"列表/菜单"对象的应用。

1.　插入列表/菜单

若要在设计视图中插入"列表/菜单"对象，其具体操作步骤如下：

（1）在文档中将光标定位于表单域内。

（2）在插入栏中单击"列表/菜单"按钮▤，或单击"插入"|"表单"|"列表/菜单"命令，在弹出的"输入标签辅助功能属性"对话框中设置各选项，最后单击"确定"按钮，即可插入"列表/菜单"对象。

2.　设置列表/菜单的属性

在文档中插入"列表/菜单"对象后，其选项的更改可以在"属性"面板中完成。选择"列表/菜单"对象，打开如图 10-14 所示的"属性"面板。

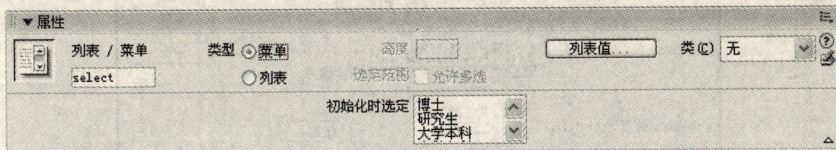

图 10-14　"列表/菜单"对象的"属性"面板

如果要将插入的"列表/菜单"对象以菜单的形式显示，可以在"属性"面板中设置各个选项。在该"属性"面板中各选项含义如下：

❋　列表/菜单：在该文本框中输入一个名称，以备在脚本中引用，该名称必须是唯一的。

❋　类型：选中"菜单"单选按钮，所有菜单将以下拉列表的形式显示，如图 10-15 所示。若选中"列表"单选按钮，所有菜单将以列表框形式显示，如图 10-16 所示。

最高学历 大学本科 ▼

最高学历 博士 ▲ / 研究生 / 大学本科 ▼

图 10-15 "菜单"形式举例   图 10-16 "列表"形式举例

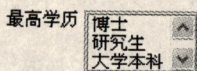

❉ 高度：在该文本框中直接输入数值，以确定在网页的菜单中可同时显示的选项数目。此选项只在"列表"形式下可用。

❉ 选定范围：指定用户是否可以从列表中选择多个选项，只用于"列表"形式下。

❉ 列表值：单击该按钮，打开"列表值"对话框，如图 10-17 所示。用户可在该对话框中向菜单中添加菜单项。

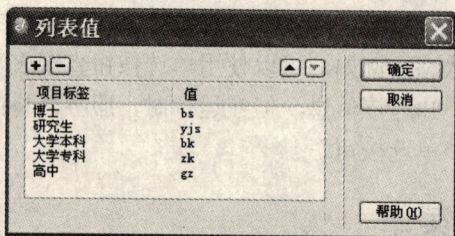

图 10-17 "列表值"对话框

❉ 初始化时选定：设置列表中默认选择的菜单项，可根据需要进行设置。

10.3.6 创建跳转菜单

在浏览器中浏览含有跳转菜单的网页时，单击菜单旁边的下拉按钮▼，在弹出的下拉菜单中选择所需要的选项，即可跳转到相应的网页中去，这一功能在 Dreamweaver 中通过插入"跳转菜单"对象来实现。

在 Dreamweaver 8 中插入"跳转菜单"对象的具体操作步骤如下：

（1）将光标定位于文档中的合适位置。

（2）在插入栏中单击"跳转菜单"按钮 ，或单击"插入"|"表单"|"跳转菜单"命令，打开"插入跳转菜单"对话框，如图 10-18 所示。

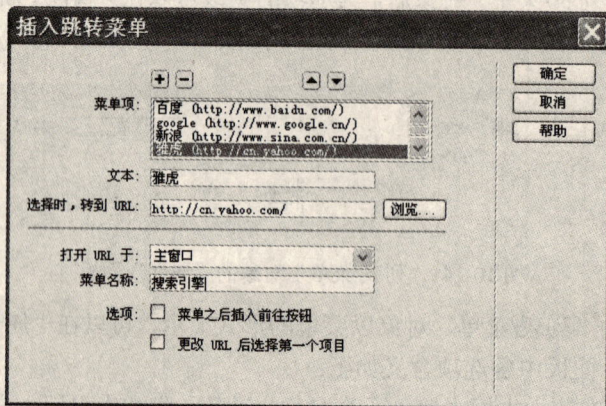

图 10-18 "插入跳转菜单"对话框

（3）在"插入跳转菜单"对话框中，设置各选项。

该对放话框各选项的含义如下：

❋ 　 和 　：单击 　 按钮可以添加一个菜单项，单击 　 按钮则可以删除所选择的选项。

❋ 菜单项：显示了跳转菜单中各个选项的名称及目标地址，如百度（http://www.baidu.com/）。

❋ 文本：可在该文本框中输入菜单项的名称，如百度、新浪等。

❋ 选择时，转到 URL：在该文本框中输入菜单项名称所对应网站的网址，如 http://www.sina.com.cn。也可以单击"浏览"按钮，在弹出的对话框中选择一个本地文件作为链接的目标。

❋ 打开 URL 于：可以在该下拉列表框中选择所要打开的文件窗口，如选择"主窗口"选项，可以使目标文件在同一窗口中打开。

❋ 菜单名称：可以为菜单命名，以便于被脚本程序调用。

❋ 选项：如果选中"菜单之后插入前往按钮"复选框后，则会在跳转菜单的后面添加一个"前往"按钮，如图 10-19 所示。在网页中表现为：首先在"跳转菜单"下拉列表框中选择相应的选项，然后单击"前往"按钮即可跳转到目标网页。

图 10-19 插入"前往"按钮

10.3.7 创建文件域

文件域同样是表单中一个常用的选项，通过该对象，可以将用户的文件发送给网站管理者。本小节将向读者介绍文件域的应用。

1. 插入文件域

在文档的设计视图中插入"文件域"对象的具体操作步骤如下：

（1）在设计视图中，将光标定位于表单域中。

（2）在插入栏中单击"文件域"按钮 　，然后在打开的对话框中进行设置，最后单击"确定"按钮，即可在指定位置插入一个文件域对象，如图 10-20 所示。

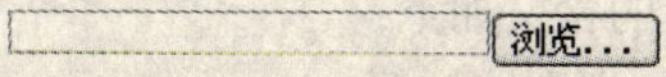

图 10-20 插入文件域对象举例

2. 设置文件域属性

选择文档中的文件域对象，打开"属性"面板，即可查看文件域的属性，如图 10-21 所示。

图 10-21 文件域的"属性"面板

在该"属性"面板中，各选项的含义如下：

❋ 文件域名称：用于为所选择的文件域命名，以便于在脚本中调用。

❋ 字符宽度：用于设置可显示字符的宽度。

❋ 最多字符数：可以在文件域中输入的最多字符个数。

10.3.8 创建按钮

利用按钮控制表单的操作，需要脚本的支持。单击相应的按钮可将表单信息提交到服务器，或重置该表单。标准表单按钮带有"提交"、"重置"或"发送"标签，用户还可以根据需要分配其他已经在脚本中定义的处理任务。

1. 插入按钮

表单中的按钮一般放置在表单的最后，用于实现相应的操作，如提交、重置等。在文档中插入按钮对象的具体操作步骤如下：

（1）在设计视图中，将光标定位于表单区域相应的位置。

（2）在插入栏中单击"按钮"按钮▢，在打开的对话框中对相应的选项进行设置，即可在文档表单区域中插入一个按钮。

2. 设置按钮属性

选择相应的按钮，打开其"属性"面板，如图 10-22 所示。

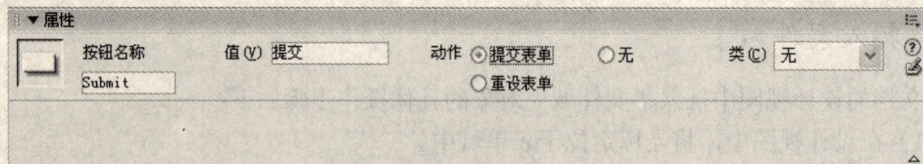

图 10-22　按钮的"属性"面板

在该"属性"面板中各选项的含义如下：

❋ 按钮名称：用于在脚本中识别该按钮。

❋ 值：显示在按钮上的说明文字，如"提交"按钮 提交 。

❋ 动作：该单选按钮组决定按钮可以实现的特定功能，包含"提交表单"、"重设表单"和"无"三个单选按钮。

10.4　表单制作实例

本节将应用前面所学的知识制作一个表单页面，同时实现一些简单的交互功能。读者从中还可以了解到表单元素在实际中的应用。

打开 Dreamweaver 8，新建一个文档并将其命名为"用户注册表单"，插入一个表单域，在表单域的顶部输入文本"新用户注册"，作为所建表单的名称，如图 10-23 所示。

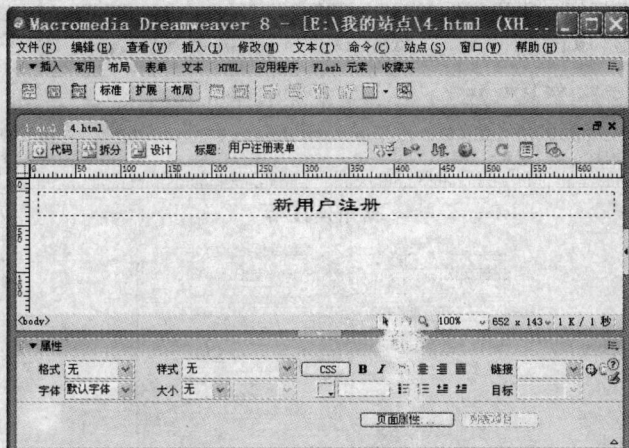

图 10-23　创建新表单举例

插入一个 10 行 2 列的表格，设置表格的属性为：水平居中对齐、单元格间距为 4 像素。设置第 1 列单元格的格式为右对齐，第 2 列单元格的格式为左对齐。在第 1 行第 1 列中输入文本"用户名："，"字体"为"华中新魏"，"大小"为 14；在第 2 列中插入一个文本字段并设置其"文本域"为 yonghuming，"字符宽度"为 12，"最多字符数"为 20，并选中"单行"单选按钮，效果如图 10-24 所示。

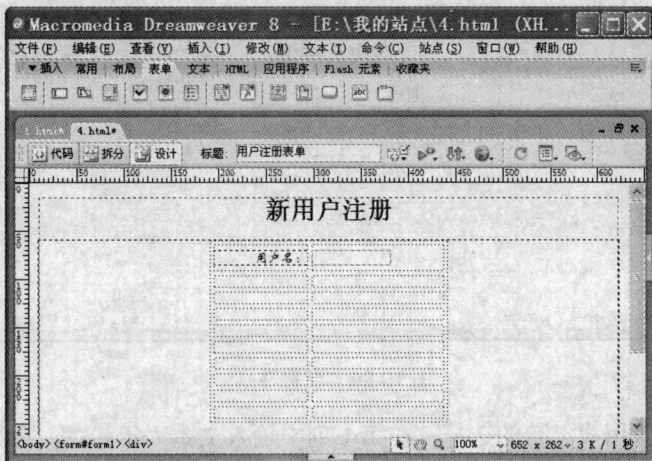

图 10-24　制作表单的第 1 行

在第 2 行中设置密码输入部分，在第 1 列中输入文本"密码："，设置其"大小"为 14，"字体"为"华中新魏"；在第 2 列中插入一个文本字段，设置其"文本域"为 PS1，"字符宽度"为 20，"最多字符数"为 16，并选中"密码"单选按钮。第 3 行设置为确认密码部分，在第 1 列中输入文本"重复密码："，将其命名为 PS2；在第 2 列中插入一个文本字段，其各项的设置参见第 2 行中"密码"的设置，如图 10-25 所示。

第 4 行用于选择性别，在第 1 列中输入文本"性别："，设置"大小"为 14，"字体"为"华中新魏"；在第 2 列中插入一个单选按钮，在单选按钮的后面输入一个标签"男"，在"属性"面板中设置其初始状态为"已勾选"；同样再插入一个单选按钮，设置标签为"女"，初始状态为"未选中"，如图 10-26 所示。

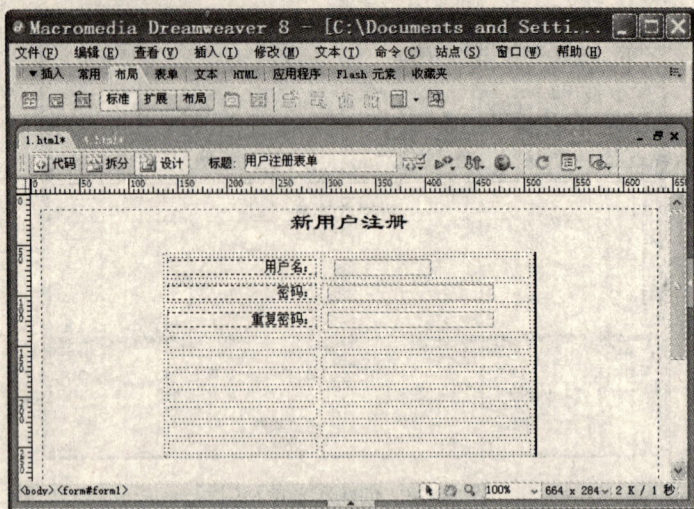

图 10-25　设置密码

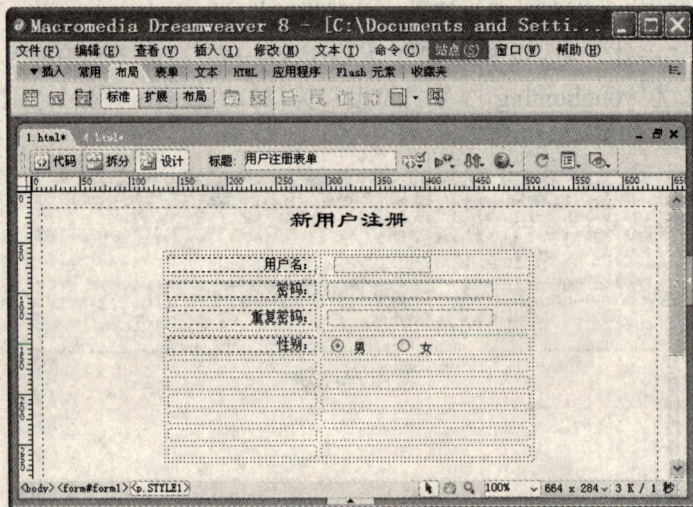

图 10-26　设置性别

在第 5 行中设置用户年龄的选择，在第 1 列中输入文本"年龄："；在第 2 列中插入一个列表/菜单，在"属性"面板中设置其"类型"为"菜单"，在"列表值"对话框中输入年龄分段，如图 10-27 所示。在"初始化时选定"列表框中选择 20-29 选项，完成年龄项的设置，如图 10-28 所示。在表单中所显示菜单的宽度与菜单中宽度最大的选项相同。

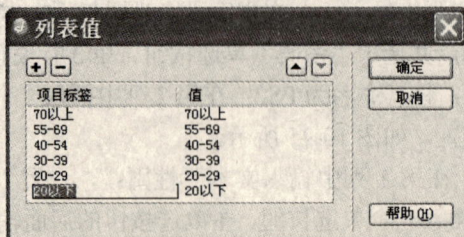

图 10-27　设置"列表值"对话框

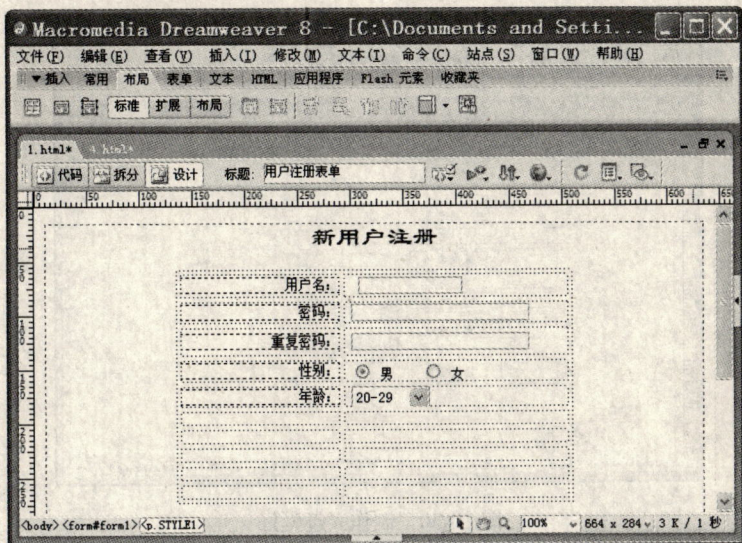

图 10-28　设置年龄

第 6 行用于制作学历选择列表框，具体设置可参照"年龄："的设置。其类型选择"列表"形式，如图 10-29 所示。

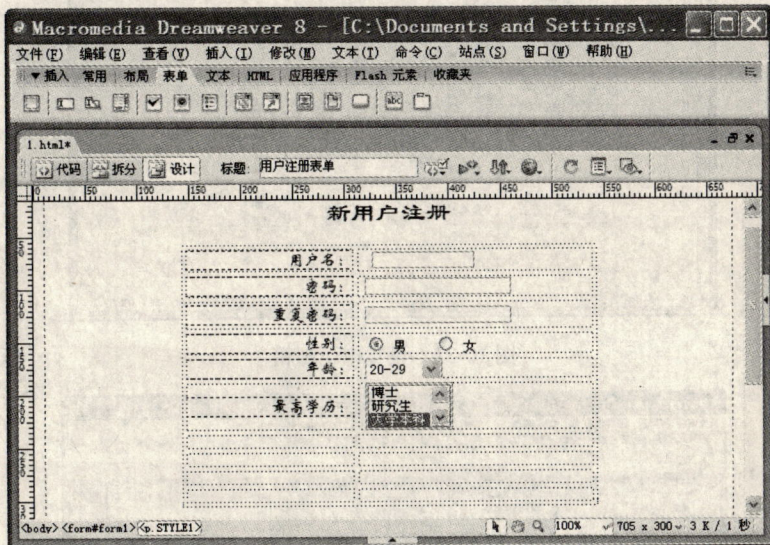

图 10-29　设置最高学历

第 7 行用于兴趣爱好的制作，如图 10-30 所示。可以在第 1 列中输入文本"兴趣爱好："，在第 2 列中插入多个复选框，每个复选框都代表一个爱好选项。在设置时要注意各个复选框的名称不能相同。

第 8 行用于获取用户的邮箱。在第 1 列中输入文本"邮箱："，在第 2 列中插入一个文本字段，设置其"宽度"为 25，"类型"为"单行"，其他选项保持默认值，如图 10-31 所示。

第 9 行加入站长声明，以作为用户注册时所需要注意的事项。可以在第 1 列中输入文本"站长声明："，在第 2 列中添加要声明的事项，如图 10-32 所示。

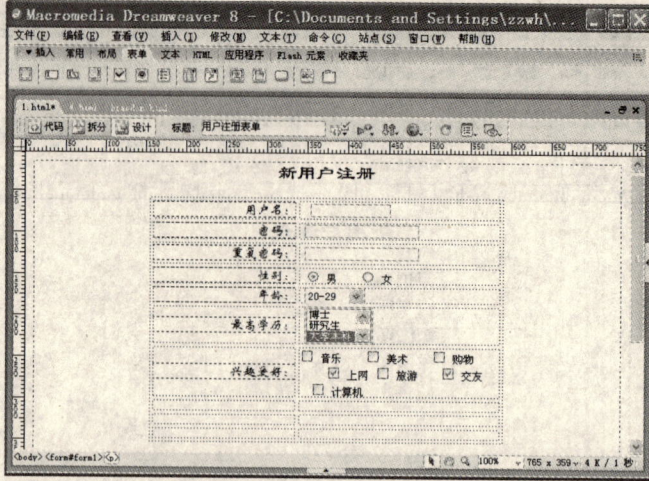

图 10-30　制作兴趣爱好

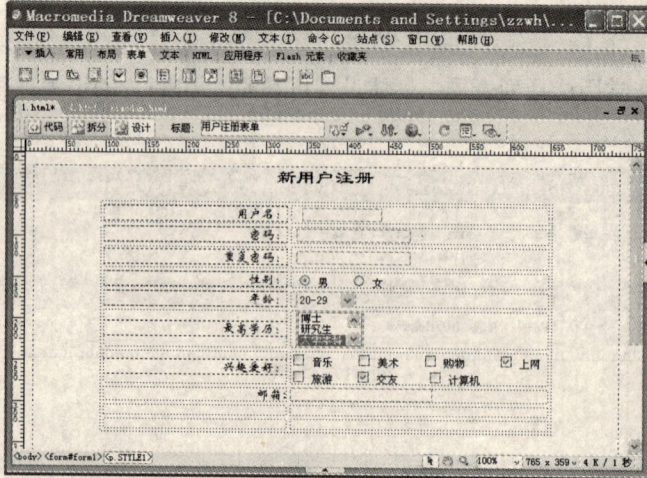

图 10-31　设置电子邮箱

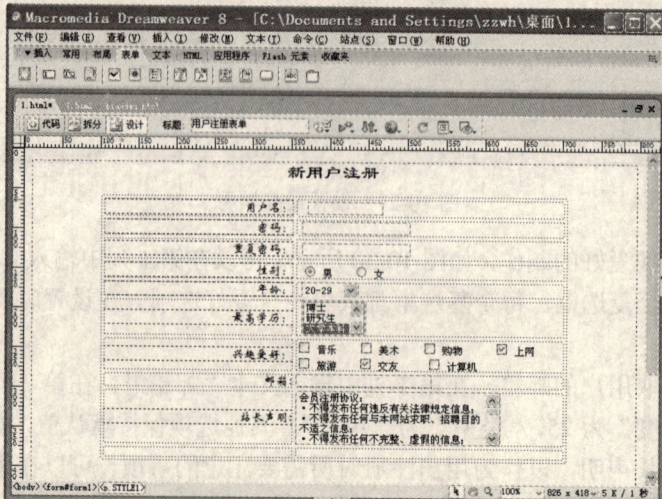

图 10-32　添加站长声明

最后一行设置按钮，当用户填写完成时，可单击相应的按钮来提交表单，或重新设置表单选项。如图 10-33 所示。

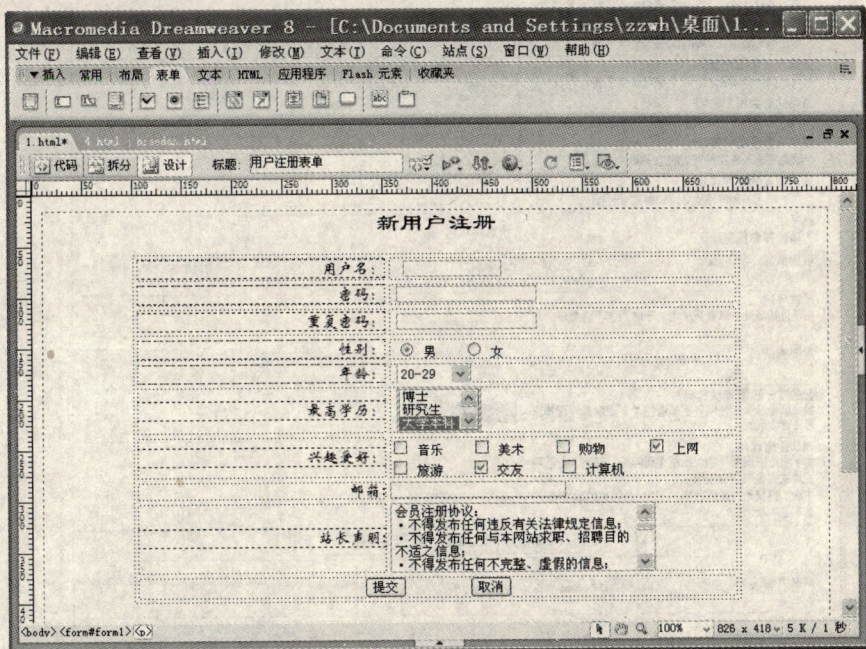

图 10-33　添加按钮

习　题

一、填空题

1. 一个完整的表单由_____、_____和_____三部分组成。
2. 创建新表单后，所需插入的基本元素都集中在插入栏的"_____"选项卡中。
3. "文本字段"有三种类型：_____、_____和_____。用户可以在"属性"面板中，通过选中不同的单选按钮来切换到不同的形式。

二、简答题

1. 简述表单的主要作用。
2. 在 Dreamweaver 中如何制作表单？
3. 表单的基本构成有哪些部分，其功能是什么？

三、上机题

1. 上机熟悉各个表单对象的应用。
2. 制作一个如图 10-34 所示的用户注册表单。

提示：此图仅供用户参考，对于背景色可以暂时不作考虑。

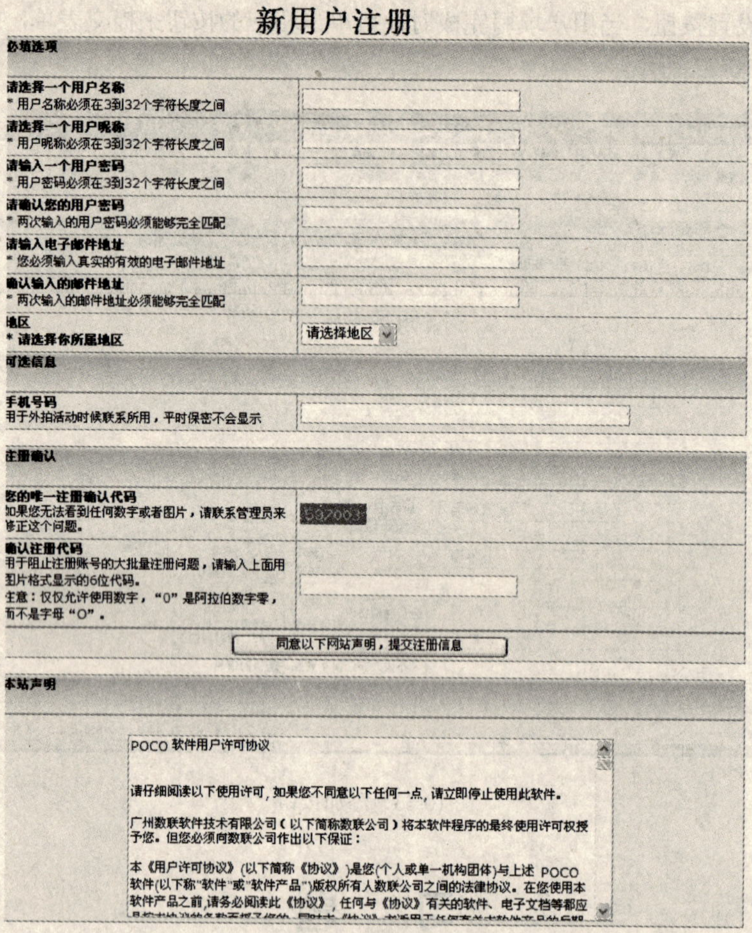

图 10-34　用户注册表单

3．上网浏览一些网站中的注册表单信息，注意观察其内容及格式。

第 *11* 章　应用 CSS 样式

导语与学习目标

　　使用 CSS 样式不仅可以非常灵活地控制页面的外观，还可以实现布局的精确定位和文本的字体、样式控制等，从而制作出风格独特、与众不同的网页，吸引浏览者的注意力。本章主要讲述 CSS 样式及其应用。通过本章的学习，读者应了解 CSS 样式的分类，掌握 CSS 样式的新建和应用，学会编辑 CSS 样式，掌握 CSS 在实际应用中的具体操作。

要点和难点

> ➢ 认识 CSS 样式
> ➢ CSS 样式的创建及应用
> ➢ CSS 样式的编辑

11.1　初识 CSS 样式

　　在制作网页时应用 CSS 样式，可以有效地控制页面的布局、文本的字体、颜色、背景和其他效果的实现。

11.1.1　CSS 样式概述

　　下面将向读者介绍有关 CSS 的基本知识。

1. 认识 CSS 样式

　　CSS 为 Cascading Style Sheet 的缩写（又称为风格样式单 Style Sheet）。通过设立和使用 CSS 样式，用户可以统一地控制 HTML 中各个标志的显示属性，如用 CSS 样式来控制页面的颜色、字体、布局等显示属性。

　　应用 CSS 样式最主要的目的是将用 HTML 或其他相关语言编写的文件的结构与内容明显地分隔开来。应用 CSS 样式可以增强文件的可读性、使文件的结构更加灵活、设计者可以随心所欲地决定文件的显示、简化文件的结构等。

　　CSS 样式还可以使用其他的显示方式，如声音或给盲人使用的其他感受装置。此外，CSS 样式还可以与 XHTML、XML 或用其他语言编写的文件一起使用，其条件是显示这种文件的浏览器具备接受 CSS 样式的功能。

　　HTML 文件中的每一个 class 或 id 都可以有自己的显示特征，而且没有 id 特性的 HTML 结构也可以有自己的显示特征。这些结构有的是 HTML 本身所需要的，有的是专门为 CSS 设置的。

2．CSS 样式的作用

在网页中使用 CSS 样式，可以实现许多在普通的页面中无法实现的功能。下面介绍 CSS 样式的特征和功能。

目前，几乎所有的浏览器都支持 CSS 样式。以往一些只能通过图片转换实现的功能，现在只要应用 CSS 样式就可以轻松实现，从而提高了页面的下载速度。应用 CSS 样式可以使页面的字体变得更加美观，更容易编排，使页面变得更加赏心悦目。使用 CSS 样式，用户可以轻松地控制页面的布局，可以将许多网页的风格格式同时更新，不再需要逐页地更新。此外，利用 CSS 样式还可以设置一些特殊效果，如为网页中的元素设置滤镜，从而产生诸如阴影、辉光、模糊和透明等一些只有在图像处理软件中才能实现的效果。

CSS 样式的优点是：CSS 样式是通过控制页面结构的思想，控制着整个页面的风格。样式表放在页面中，可以通过浏览器的解释执行。CSS 样式是纯文本格式，只要懂得 HTML 便可以轻松掌握，非常容易。对一些较旧的浏览器，在网页显示时也不会产生页面混乱的现象。

3．"CSS 样式" 面板

在 Dreamweaver 中 CSS 样式的操作及其属性都集中在 "CSS 样式" 面板中。单击 "窗口" | "CSS 样式" 命令，便可以打开 "CSS 样式" 面板，如图 11-1 所示。在该面板中集中了 CSS 样式的基本操作，并分为 "全部" 模式和 "当前" 模式。下面将分别介绍这两种模式。

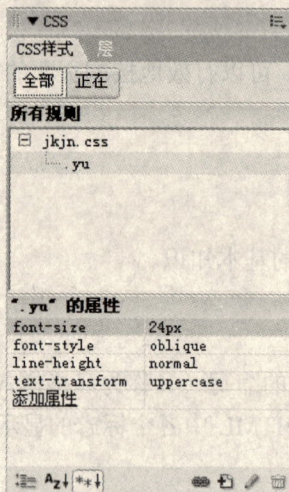

图 11-1　"CSS 样式" 面板

（1）单击 "CSS 样式" 面板中的 "全部" 按钮，将显示 "全部" 模式下的 "CSS 样式" 面板。该面板分为上、下两部分，即 "所有规则" 部分和 "属性" 部分。"所有规则" 部分显示当前文档中定义的所有 CSS 样式规则，以及附加到当前文档样式表中所定义的所有规则。使用 "属性" 部分可以编辑 "所有规则" 部分中所选的 CSS 属性。拖动两部分之间的边框可以调整各部分的大小。

当用户在 "所有规则" 部分中选择某个规则时，该规则中定义的所有属性都将出现在 "属性" 部分中，然后用户可以使用 "属性" 部分快速修改 CSS，无论它是嵌入在当前文档中，还是通过附加的样式表链接的。默认情况下，"属性"部分仅显示先前已设置的属性，并按字母顺序进行排列。

用户可以选择在其他两种视图中显示属性。类别视图显示按类别分组的属性（如"字体"、"背景"、"区块"等），已设置的属性位于每个类别的顶部。列表视图显示所有可用属性的按字母顺序排列的列表，同样，已设置的属性排在顶部。若要在视图之间切换，可以单击位于"属性"部分左下角的"显示类别视图"（ ）、"显示列表视图"（ ）或"只显示设置属性"（ ）按钮。此外，还有"附加样式表"按钮 、"新建 CSS 规则"按钮 、"编辑样式表"按钮 和"删除 CSS 规则"按钮 。

（2）单击"正在"按钮，将切换到"当前"模式下，如图 11-2 所示。

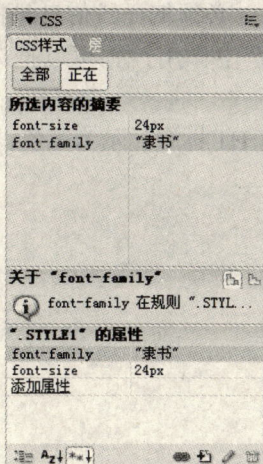

图 11-2 "当前"模式

在"当前"模式下，"CSS 样式"面板可以分为三部分：第一部分显示了文档中当前所选对象的 CSS 属性，即"所选内容的摘要"部分；第二部分显示了所选 CSS 属性的应用位置，即"规则"部分；第三部分显示了用户编辑当前 CSS 属性的工作窗口，即"属性"部分。各部分的功能如下：

❋ "所选内容的摘要"部分：显示活动文档中当前所选对象的 CSS 属性的设置，这些设置直接应用于所选内容，它是按逐级细化的顺序排列属性的。

❋ "规则"部分：分为关于视图（默认视图）和规则视图两个不同的视图。其中关于视图中显示了所选 CSS 属性的规则名称，以及使用了该规则的文件名称，如图 11-3 所示。单击关于视图右上角的"显示层叠"按钮 切换到规则视图下，此时显示直接或间接应用于当前所选内容的所有规则的层次结构，如图 11-4 所示。当用户将鼠标指针悬浮于规则视图上方时，将显示出使用了当前 CSS 样式的文件的名称。

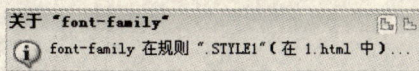

图 11-3 关于视图　　　　　　　　　　　　　图 11-4 规则视图

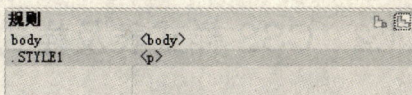

❋ "属性"部分：与"全部"模式下"属性"部分的显示内容相同，当在"所选内容的摘要"部分中选择了某个属性后，所定义 CSS 样式的所有属性都将出现在"属性"部分中，

用户可以使用"属性"部分快速修改所选的 CSS 样式，无论它是嵌入在当前文档中，还是通过附加的样式表链接的。一般"属性"部分仅显示那些已设置的属性，并按字母顺序将其进行排列，且可以通过按钮切换为不同的显示视图。

在所有视图中，已设置的属性以蓝色显示，没有设置的属性以黑色显示。用户对"属性"部分所做的任何操作都将立即应用，同时可以预览效果。

4. CSS 的基本语法

CSS 样式的基本语法为：HTML 标记 {标记属性：属性值；标记属性：属性值；……}。例如，zhuti { font-family:宋体; font-size: 16pt; font-weight:bold}

当在页面中直接引用样式表时，必须把样式信息包括在<style>和</style>标记中，如果要使样式表在整个页面内都可以产生作用，则可以把该组标记及其内容放到<HEAD>和</HEAD>标记中。

例如，设置 HTML 页面中所有 H1 标题显示为蓝色，代码如下：

```
<HTML>
<HEAD>
<TITLE>CSS 样式应用</TITLE>
<STYLE TYPE="bodyss/css">
<!--
H1{color:blue}
-->
</STYLE>
</HEAD>
<BODY>
页面中的内容
</BODY>
</HTML>
```

其中，<STYLE>标记中包括了 TYPE＝"bodyss/css"，此句的作用是提示浏览器，用户使用了 CSS1 样式规则。

此外，对于同一个 HTML 标志，可能会同时定义多种属性，如规定把 H1 至 H6 各级标题统一定义为蓝色、华文新魏、下划线，可以编辑代码如下：

```
H1,H2,H3,H4,H5,H6
{
color:blue;
text-decoration:underline;
font-family:"华文新魏"
}
```

11.1.2 CSS 样式表及样式的类型

在网页制作中，CSS 样式表提供了强大的页面格式化功能，用户可以在样式表中定义复杂的样式，然后套用在某单一元素、单一文件或多份文件上。样式表是由各个样式有规则地组成的。本小节将向读者介绍样式表及样式的分类。

1. 样式表分类

样式表可以分为三类："外部样式表"、"嵌入式样式表"和"内联样式表"，不同的样式表具有不同的特征。

❋　"外部样式表"是以 CSS 为扩展名的文件（又称为"超文本样式表"）。其中，不仅可以包含不同标准的 HTML 样式设置，而且还可包含自定义的"类选择器"（Class selector）样式和"ID 选择器"（ID selector）样式。它的作用范围可以是多个网页、整个网站，甚至不同的网站。

❋　"嵌入式样式表"是包含在网页内部的样式设置，它的作用范围仅限于该网页。

❋　"内联样式表"是仅应用于某一部分网页元素的样式，它的作用范围仅限于应用它的网页元素。在 HTML 文档中，"内联样式表"的格式化信息直接插入所应用的网页元素的 HTML 标签中，作为其 HTML 标签的属性参数。

在三种样式表中，"内联样式表"的层次最高，"外部样式表"的层次最低。在同一网页元素上，同时应用两种或三种样式，且样式之间有冲突时，高层次的样式将覆盖低层次的样式。例如在一段文本上，同时应用了"内联样式表"和"外部样式表"，其字体分别设置为"华文新魏"和"宋体"，最终这段文字将以"华文新魏"字体显示。

2. 样式分类

单击"窗口"|"CSS 样式"命令，打开"CSS 样式"面板，单击其中的"新建"按钮，即可打开"新建 CSS 规则"对话框，如图 11-5 所示。

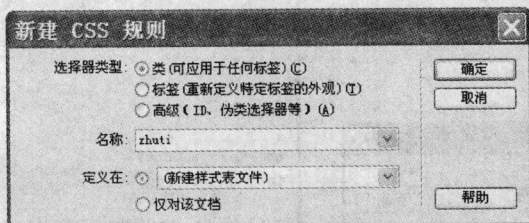

图 11-5　"新建 CSS 规则"对话框

从中可以看到 CSS 样式的"选择器类型"可以分为三类："类"、"标签"和"高级"。它们的具体含义如下：

❋　类：class 属性，应用于文本范围或文本块的自定义样式，其名称可以包含任何字母和数字组合，但必须以英文句点开头（如.zhuti）。如果没有输入开头的句点，Dreamweaver 会自动输入。

❋　标签：用于重定义特定 HTML 标签的默认格式设置，可以在该下拉列表框中输入一个 HTML 标签，或在下拉列表框中选择一个标签。

❋　高级：用于设置某个具体标签组合或所有包含特定 ID 属性的标签，可以在"选择器"下拉列表框中输入一个或多个 HTML 标签，或从"选择器"下拉列表框中选择一个标签，其中提供的选择器（称作"伪类选择器"）包括 a:active、a:hover、a:link 和 a:visited。

在"名称"下拉列表框中，用户可以输入所要定义的"CSS 样式"的名称，或单击其右端的下拉按钮，在弹出的下拉列表中选择一个标签；在"定义在"选项区中可以选择新建 CSS 样式的作用范围。

11.2   创建和设置 CSS 样式

前面已经了解到 CSS 样式的基本特征，及其分类方式。本小节将详细讲述各种 CSS 样式的创建过程，以及如何设置 CSS 样式。

11.2.1   创建 CSS 样式

如果要在文档中创建 CSS 样式，可以单击"CSS 样式"面板中的"新建 CSS 规则"按钮 ，打开"新建CSS 规则"对话框，并从中选择一种类型，如选中"类"单选按钮。

在"名称"下拉列表框中输入新建样式的名称（在命名时，应尽量地起一些较形象的名称），如.bodyaa；如果要创建外部样式表，则选中"新建样式表文件"单选按钮；如果要在当前文档中嵌入样式，则可以选中"仅对该文档"单选按钮，如图 11-6 所示。设置完成后，单击"确定"按钮。此时，将打开"保存样式表文件为"对话框，从中选择要保存该文件的位置，并在"文件名"文本框中输入该文件的名称.bodya，如图 11-7 所示。单击"保存"按钮保存该文件。

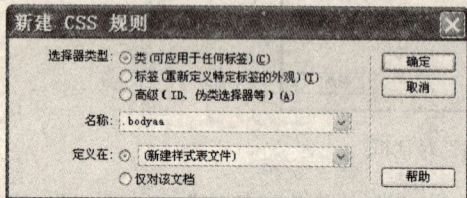

图 11-6   设置"新建CSS 规则"对话框　　　　图 11-7   "保存样式表文件为"对话框

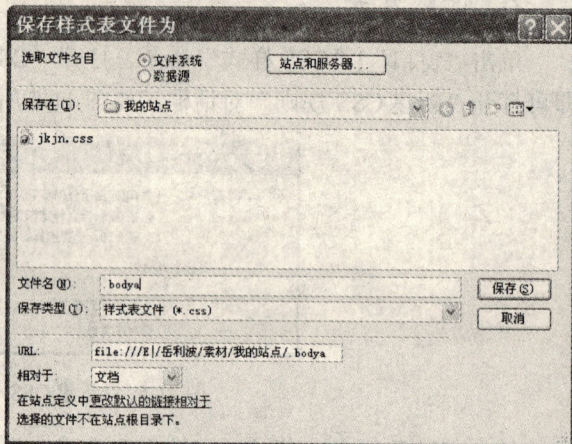

11.2.2   设置类型

当一个 CSS 样式新建完成，随后打开 CSS 规则定义对话框，如图 11-8 所示。在"分类"列表中选择"类型"选项，从中可以定义 CSS 样式的基本字体和类型设置。

在 CSS 规则定义对话框中的"类型"选项区中，各选项的含义如下：

❋ 字体：用于定义样式的字体（font-family），在默认情况下，浏览器选用用户系统上安装的字体列表中的第一种字体显示文本。

❋ 大小：可以定义样式文本的大小，可通过输入一个数值并选择一种度量单位来控制样式文字的大小，或选择相对大小。若选择以像素为单位，可以有效地防止浏览器破坏页面中的文本。

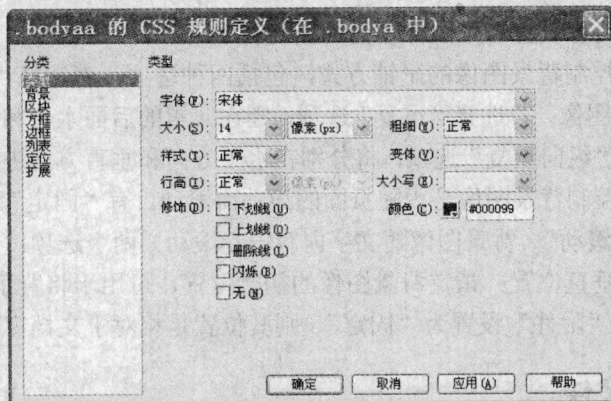

图 11-8 在 "CSS 规则定义" 对话框设置 "类型"

❋ 样式：其中包括 "正常"、"斜体" 和 "偏斜体" 三种字体样式，默认设置为 "正常"。

❋ 行高：用于定义应用了样式的文本所在行的行高，可选择 "正常" 选项，以自动计算行高，或输入一个值并选择一种度量单位。

❋ 修饰：可用于向文本中添加 "下划线"、"上划线"、"删除线" 或 "闪烁" 效果。常规文本的默认设置是 "无"。链接的默认设置是 "下划线"。若要将链接设置设为 "无"，可以通过定义一个特殊的 "类" 删除链接中的下划线

❋ 粗细：设置文本是否应用加粗，其中有 "正常" 和 "粗体" 两种选项。

❋ 变体：设置文本变量。

❋ 大小写：将所选内容中的每个单词的首字母大写或将文本设置为全部大写或小写。

❋ 颜色：用于设置样式所定义文本的颜色。

11.2.3 设置背景

在 CSS 规则定义对话框中，在 "分类" 列表中选择 "背景" 选项（如图 11-9 所示），然后在右侧的 "背景" 选项区中设置所需要的样式属性，即可完成背景的设置。

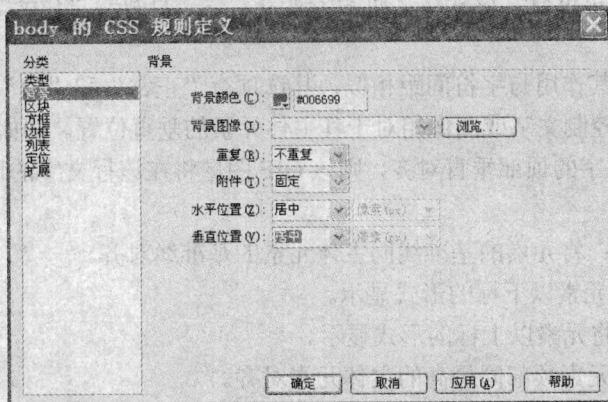

图 11-9 设置 "背景"

在 CSS 规则定义对话框的 "背景" 选项区中，各选项的含义如下：

❋ 背景颜色：用于设置元素的背景颜色。

❋ 背景图像：可以设置一张图像作为网页的背景。

❋ 重复：用于控制背景图像的平铺方式，包括四种选项，若选择"不重复"选项，则只在文档中显示一次图像；若选择"重复"选项，则在元素的后面水平和垂直方向平铺图像；选择"横向重复"或"纵向重复"选项，将分别在水平方向和垂直方向进行图像的重复显示。

❋ 附件：用于控制背景图像是否随页面的滚动而滚动。有"固定"（文字滚动时，背景图像保持固定）和"滚动"（背景图像随文字内容一起滚动）两个选项。

❋ 水平位置和垂直位置：指定背景图像的初始位置，可用于将背景图像与页面中心垂直或水平对齐。如果"附件"设置为"固定"，则其位置是相对于文档窗口的。

11.2.4　设置区块

在"CSS 规则定义"对话框中的"分类"列表中选择"区块"选项（如图 11-10 所示），然后在该对话框右侧的"区块"选项区中设置各个选项，即可完成区块的设置。

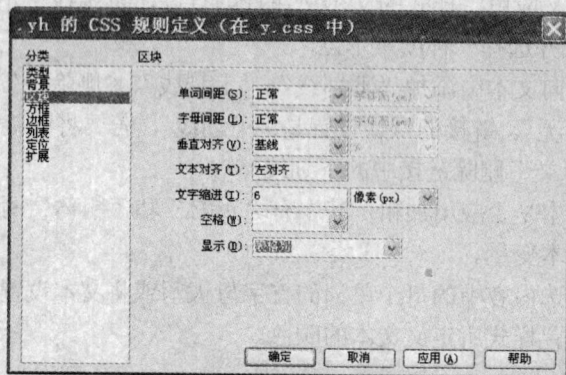

图 11-10　设置"区块"

在"CSS 规则定义"对话框的"区块"选项区中，各选项的含义如下：

❋ 单词间距：主要用于控制单词间的距离。其选项有"正常"和"值"两个。若选择"值"选项，其计量单位有"英寸"、"厘米"、"毫米"、"点数"、"12pt 字"、"字体高"、"字母 x 的高"和"像素"。

❋ 字母间距：其作用与字符间距相似，其选项有"正常"和"值"两个。

❋ 垂直对齐：控制文字或图像相对于其主体元素的垂直位置。例如，将一个 2 像素×3 像素的 GIF 图像同文字的顶部垂直对齐，则该 GIF 图像将在该行文字的顶部显示。其选项包括如下几个：

基线（baseline）：将元素的基准线同主体元素的基准线对齐。

下标（sub）：将元素以下标的形式显示。

上标（super）：将元素以上标的形式显示。

顶部（top）：将元素顶部同最高的主体元素对齐。

文本顶对齐（text-top）：将元素的顶部同主体元素文字的顶部对齐。

中线对齐（middle）：将元素的中点同主体元素的中点对齐。

底部（bottom）：将元素的底部同最低的主体元素对齐。

值：用户可以自己输入一个值，并选择一种计量单位。

❋ 文本对齐：设置块的水平对齐方式。共有"左对齐"（left）、"右对齐"（right）、"居中"（center）和"均分"（justify）四个选项。

❋ 文字缩进：用于控制块的缩进程度。

❋ 空格：在 HTML 中，空格通常是不被显示的，但在 CSS 中使用属性 white-space 便可以控制空格的输入，其选项有"正常"（normal）、"保留"（pre）和"不换行"（nowrap）。

❋ 显示：指定是否以及如何显示元素。

11.2.5 设置方框

通过设置 CSS 规则定义对话框中的"方框"属性，可以控制元素在页面上的放置方式及各元素的标签和属性定义设置。在"分类"列表中选择"方框"选项，即可在右侧的"方框"选项区中显示其所有属性，如图 11-11 所示。

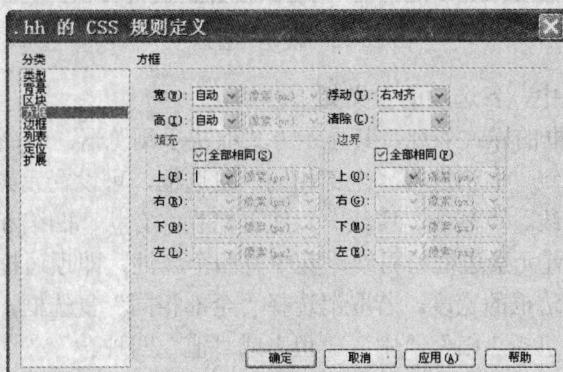

图 11-11 设置"方框"

在"方框"选项区中共有六个选项，各选项的含义如下：

❋ 宽：确定方框本身的宽度，可以使方框的宽度不依靠它所包含的内容。

❋ 高：确定方框本身的高度。

❋ 浮动：设置块元素的浮动效果，也可以确定其他元素（如文本、层、表格）围绕主体元素的哪一个边浮动。

❋ 清除：用于清除设置的浮动效果。

❋ 填充：指定元素内容与元素边框之间的间距（如果没有边框，则为边距）。若选中"全部相同"复选框，则为应用此属性的元素的"上"、"右"、"下"和"左"侧设置相同的边距属性；如果取消选择"全部相同"复选框，可为应用此属性的元素的四周，分别设置不同的填充属性。

❋ 边界：指定一个元素的边框与另一个元素之间的间距（如果没有边框，则为填充）。仅当应用于块级元素（段落、标题、列表等）时，Dreamweaver 才在文档窗口中显示该属性。取消选择"全部相同"复选框，可设置元素各个边的边距。

11.2.6 设置边框

使用 CSS 规则定义对话框中的"边框"属性，可以定义元素周围的边框（如宽度、颜色和样式）。在"分类"列表中选择"边框"选项，则可以在其右侧的"边框"选项区中设置各个选项，如图 11-12 所示。

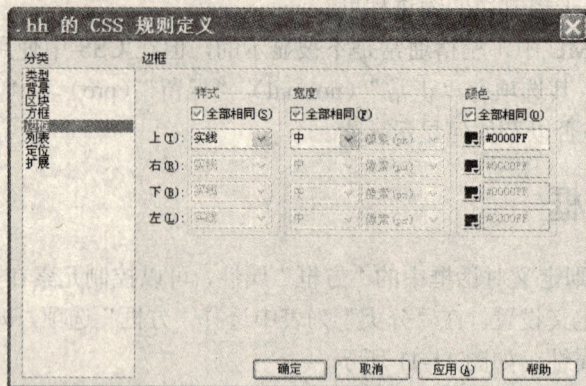

图 11-12　设置"边框"

在"边框"选项区中，各选项的含义如下：

❈ 样式：设置边框的样式外观，其显示方式取决于浏览器。Dreamweaver 在文档窗口中将所有样式呈现为实线。取消选择"全部相同"复选框，可设置元素各个边的边框样式，其边框样式包括无、虚线、点划线、实线、双线、槽状、脊状、凹陷和凸出。

❈ 宽度：用于设置元素边框的粗细，其中有四个属性，即顶边框的宽度、右边框的宽度、底边框的宽度和左边框的宽度。若取消选择"全部相同"复选框，可设置元素各个边的边框宽度，其边框宽度包括"细"、"中"、"粗"或"值"四种。

❈ 颜色：用于设置边框的颜色。若取消选择"全部相同"复选框，可设置元素各个边的边框颜色，但显示方式取决于浏览器；若选中"全部相同"复选框，可为应用此属性元素的"上"、"右"、"下"和"左"侧设置相同的边框颜色。

11.2.7　设置列表

通过"CSS 规则定义"对话框中的"列表"属性，可以对列表标签进行设置（如项目符号的大小和类型）。在"CSS 规则定义"对话框中的"分类"列表中选择"列表"选项，可在其右侧的"列表"选项区中显示相应的选项，如图 11-13 所示。

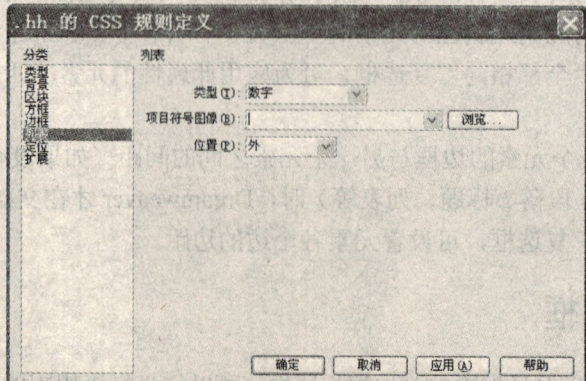

图 11-13　设置"列表"

在"列表"选项区中包含三个选项，其各自的含义如下：

❋ 类型：设置项目符号或编号的外观，有"圆点"、"圆圈"、"方形"、"数字"、"小写罗马数字"、"大写罗马数字"、"小写字母"和"大写字母"等选项。

❋ 项目符号图像：用户可以将列表前面的符号换为图形。单击"浏览"按钮，可在打开的"选择图像源文件"对话框中，选择所需要的图像；或在其文本框中输入图像的路径。

❋ 位置：用于描述列表的位置，有"内"和"外"两个选项。例如，可以设置文本是否换行和缩进（外部）以及文本是否换行靠近左边距（内部）。

11.2.8　设置定位

当在 CSS 规则定义对话框的"分类"列表中选择"定位"选项时，即可在该对话框右侧的"定位"选项区中显示其所有属性项，如图 11-14 所示。

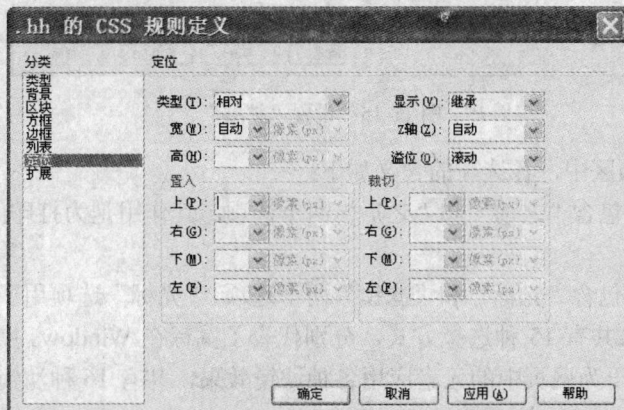

图 11-14　设置"定位"

在"定位"选项区中，各选项的含义如下：

❋ 类型：用于确定浏览器定位层的类型，其中有三个选项："绝对"、"相对"和"静态"。

❋ 显示：用于确定层的初始显示条件，其中包括三个选项："继承"、"可见"及"隐藏"，默认情况下大多数浏览器都选择"继承"选项。

❋ 宽和高：用于指定应用该样式的层的长度与高度。

❋ Z 轴：用于控制网页中层元素的叠放顺序，该属性的参数值使用纯整数，值可以为正，也可以为负，适用于绝对定位或相对定位的元素。

❋ 溢位：确定该层的内容超出层的大小时所采用的处理方式，共有四个选项："可见"、"隐藏"、"滚动"和"自动"。

❋ 置入：用于指定层的位置和大小，浏览器如何解释位置取决于"类型"选项中的设置。该选项区中的每个下拉列表框中都有两个选项："自动"和"值"；若选择"值"选项，其默认单位是"像素"，还可指定如下单位："点数"、"英寸"、"厘米"、"毫米"、"12pt 字"、"字体高"及"百分比"。

❋ 裁切：用于定义层的可见部分。如果指定了剪辑区域，可以通过脚本语言访问它，并可以通过设置其属性以创建如"擦除"等特效。

11.2.9　设置扩展

在 CSS 规则定义对话框的"分类"列表中选择"扩展"选项，即可在右侧的"扩展"选项区中显示其所有属性，如图 11-15 所示。

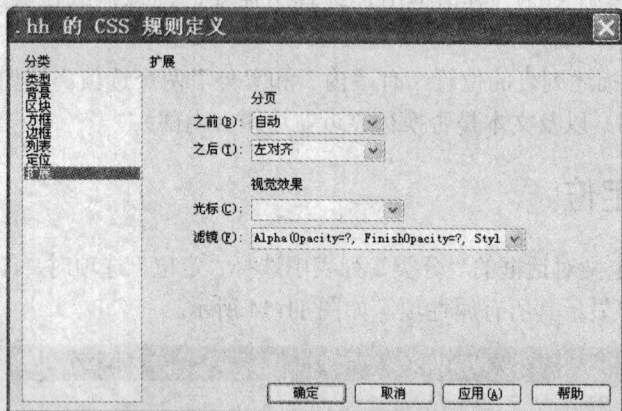

图 11-15　设置"扩展"

在"扩展"选项区中，各选项的含义如下：

❋　分页：其中包含"之前"和"之后"两个选项。其作用是为打印的页面设置分页符，如对齐方式。

❋　视觉效果：包含"光标"和"滤镜"两个选项。"光标"选项用于指定在某个元素上要使用的光标形状，共有 15 种选择方式，分别代表了鼠标在 Windows 操作系统中的各种形状；"滤镜"选项用于为网页中的元素应用各种滤镜效果，共有 16 种滤镜，如"模糊"、"反转"等。

11.3　套用、编辑 CSS 样式

如果已有的 CSS 样式不符合应用的要求，或页面需要更新时，可以通过修改相应的 CSS 样式，达到用户的要求。本小节将讲述 CSS 样式的套用及编辑。

11.3.1　套用 CSS 样式

在文档中建立 CSS 样式后，可以将其应用到相应的对象上，如文本对象等。下面将以文本对象套用 CSS 样式为例讲述 CSS 样式的应用。

在文档中单击"窗口"|"CSS 样式"命令，打开"CSS 样式"面板，单击"新建 CSS 规则"按钮，打开"新建 CSS 规则"对话框，如图 11-16 所示。在该对话框中设置"选择器类型"为"类"，"名称"为.zhuti，然后单击"确定"按钮。

在打开的".zhuti 的 CSS 规则定义"对话框中，设置"字体"为"华文新魏"、"大小"为 18px、"颜色"为#0000FF、"光标"为 wait、"滤镜"为 light。

CSS 样式新建完成后，选择文档中要应用此样式的文本对象，打开"CSS 样式"面板，在其中选择.zhuti 样式，并单击鼠标右键，在弹出的快捷菜单中选择"套用"选项（如图 11-17 所示），即可将选择的文本套用.zhuti 样式。

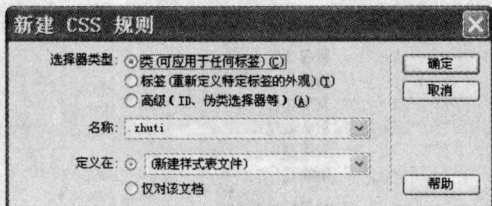

图 11-16 "新建 CSS 规则"对话框　　　　　　图 11-17 套用 CSS 样式

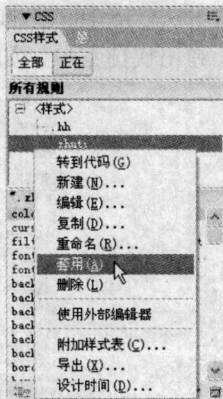

或在选择相应的文本后，在"属性"面板中，单击"样式"下拉列表框中的下拉按钮，在弹出的下拉列表中选择 zhuti 选项（如图 11-18 所示），也可以将样式应用于所选择的文本对象。

图 11-18 在"属性"面板中应用样式

设置完成后按【F12】键进行预览，如图 11-19 所示。

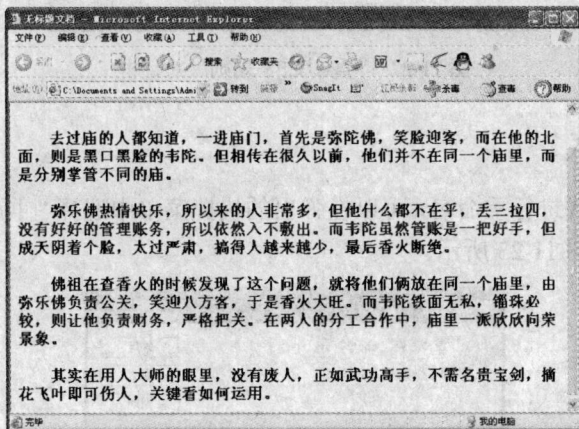

图 11-19 预览效果

11.3.2　编辑 CSS 样式

CSS 样式设置完成后，可以通过"CSS 样式"面板对样式进行修改。下面将具体讲述对样式的修改操作。

1. 复制样式

打开"CSS 样式"面板（如图 11-20 所示），选择要进行复制的 CSS 样式，并单击鼠标右键，弹出快捷菜单，如图 11-21 所示。

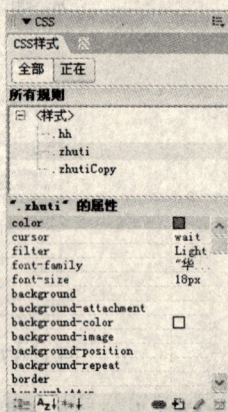

图 11-20 "CSS 样式"面板   图 11-21 快捷菜单

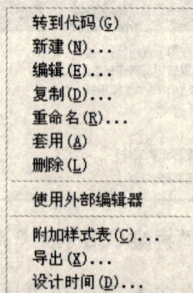

在该快捷菜单中选择"复制"选项，弹出"重制 CSS 规则"对话框，如图 11-22 所示。从中可以设置复制后的样式的选项，复制 zhuti 样式后，可以得到一个 zhutiCopy 复本。

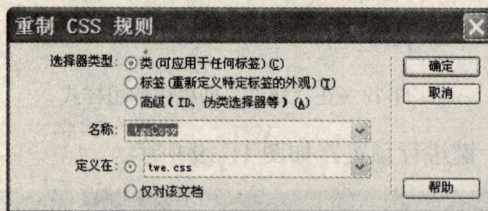

图 11-22 "重制 CSS 规则"对话框

2. 重命名样式

若要对已有的样式进行重命名，可以在弹出的快捷菜单中选择"重命名"选项，打开"重命名类"对话框，如图 11-23 所示。

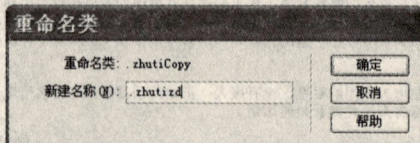

图 11-23 "重命名类"对话框

在该对话框中的"新建名称"文本框中输入一个新名称，如 zhutizd，然后单击"确定"按钮，即可完成重命名操作。

3. 修改样式

若要对已有的样式进行修改，可以在快捷菜单中选择"编辑"选项；或在选择要修改的样式后，单击"CSS 样式"面板下的"编辑样式表"按钮 ✎ ，打开所选 CSS 样式的 CSS 规则定义对话框，如图 11-24 所示。

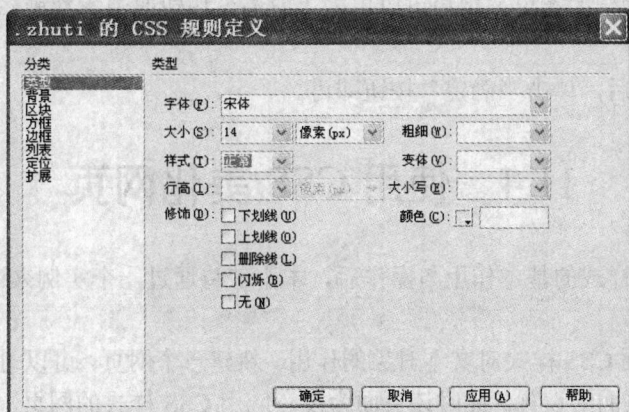

图 11-24　CSS 规则定义对话框

在该对话框中选择相应的选项进行修改，即可重新定义样式。如将 zhuti 的"字体"改为"华文新魏"，"大小"改为 28px 等。修改完成后，所有应用此样式的对象都会发生相应的改变。

如果要将某个 CSS 样式删除，可以在弹出的快捷菜单中选择"删除"选项，即可将 CSS 样式从列表中删除。

11.3.3　附加样式表

将样式表附加到 Web 页面中时，在样式表中定义的规则将应用到页面中相应的元素上。例如，当将 zhuti.css 样式表附加到 index.html 页面时，将根据用户定义的 CSS 规则设置所有段落文本的格式。附加样式表的具体操作步骤如下：

（1）单击"CSS 样式"面板中的"附加样式表"按钮 ⬛ ，打开"链接外部样式表"对话框，如图 11-25 所示。

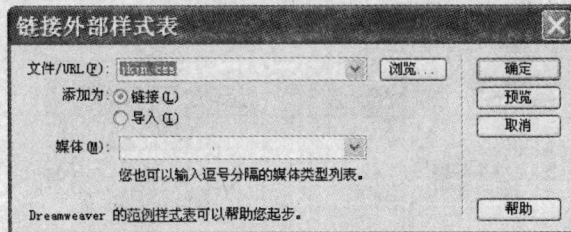

图 11-25　"链接外部样式表"对话框

（2）单击"浏览"按钮，在打开的对话框中选择一个外部 CSS 样式表，或在"文件/URL"下拉列表框中输入该样式表的路径。

（3）若要创建当前文档和外部样式表之间的链接，则应选中"链接"单选按钮，此时，将在 HTML 代码中创建一个 link href 标签，并引用已发布的样式表的 URL；如果要嵌套样式表而不是链接到外部样式表，则需选中"导入"单选按钮。

（4）单击"媒体"下拉列表框中的下拉按钮，在弹出的下拉列表中指定样式表的目标媒介。

（5）单击"预览"按钮，可以预览样式表是否将所需要的样式应用于当前页面。若应用的样式没有达到预想的效果，用户可以单击"取消"按钮取消本次操作，将页面回复到原来的外观。

（6）设置完成后，单击"确定"按钮即可。

11.4　使用 CSS 美化网页

在了解了 CSS 样式的基本作用与操作后，本小节将通过一个实例来讲述 CSS 样式在网页中的作用。

本实例主要介绍 CSS 样式对文本对象的作用。新建一个网页，可以对其进行布局与文本输入，并完成整个页面的设置。此时该页面为没有应用 CSS 样式的网页，其字体在不同的浏览器中会显示不同的效果，如图 11-26 所示。

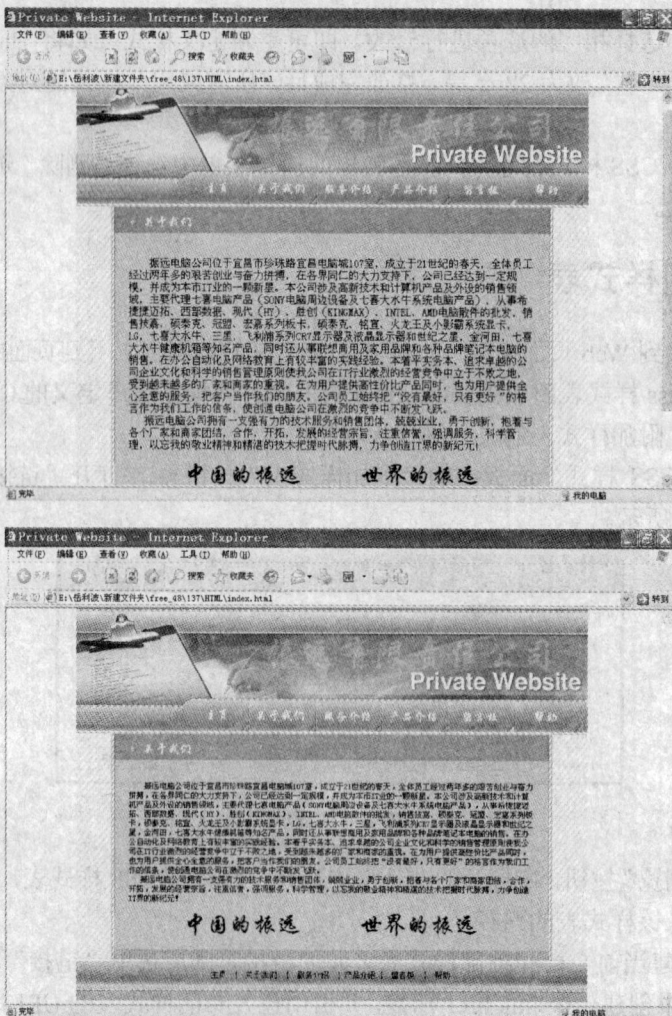

图 11-26　不同浏览器中的显示对比

从图 11-26 中可以明显地看出，网页的主体部分即文字的字体有着较大的差距。为了避免这种情况的出现，可以用 CSS 样式来定义字体的大小与格式。

首先需要新建一个 CSS 样式。打开"CSS 样式"面板（如图 11-27 所示），单击面板右下角的"新建 CSS 规则"按钮，打开"新建 CSS 规则"对话框（如图 11-28 所示）。从该对话框中选中"类"单选按钮，在"名称"文本框中输入一个新名称 zhuti，单击"确定"按钮，打开"保存样式表文件为"对话框（如图 11-29 所示），在此对话框中选择要保存的位置，在"文件名"文本框中输入名称 by，并设置此样式的作用范围为"文档"。

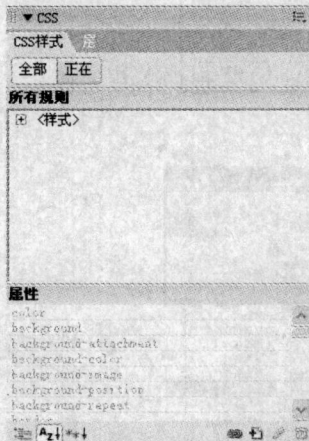

图 11-27 "CSS 样式"面板　　　　　图 11-28 "新建 CSS 规则"对话框

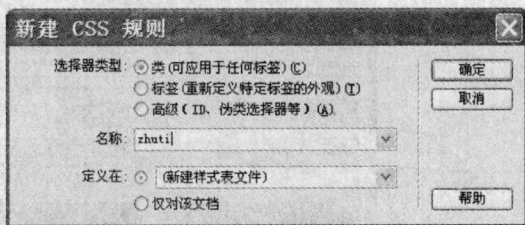

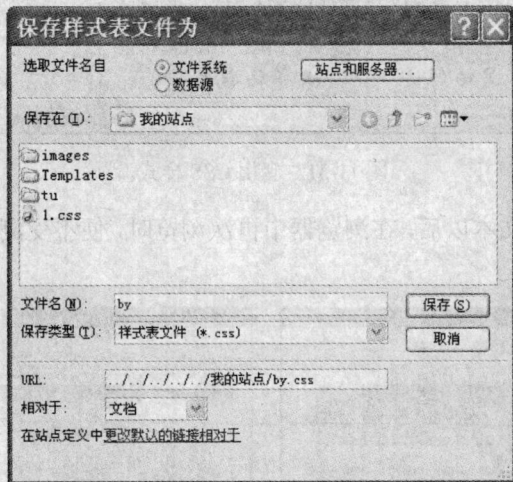

图 11-29 "保存样式表文件为"对话框

设置完成后，单击"保存"按钮。在打开的 CSS 规则定义对话框（如图 11-30 所示）中编辑此 CSS 样式的属性，设置"字体"为"宋体"，"大小"为 14px，"样式"为"正常"，"颜色"为#000000。

设置完成后，单击"确定"按钮，可以看到所建的样式被添加到"CSS 样式"面板中。选择主体文本，然后在"CSS 样式"面板中选择新建的 CSS 样式，并单击鼠标右键，在弹出的快捷菜单中选择"套用"选项（如图 11-31 所示），将新建的 CSS 样式应用于选择的文本。

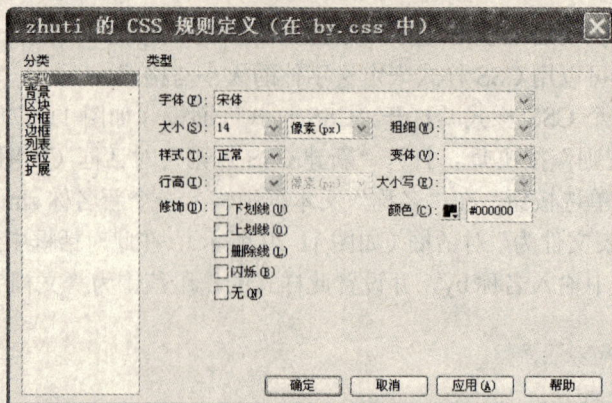

图 11-30 设置"类型"属性

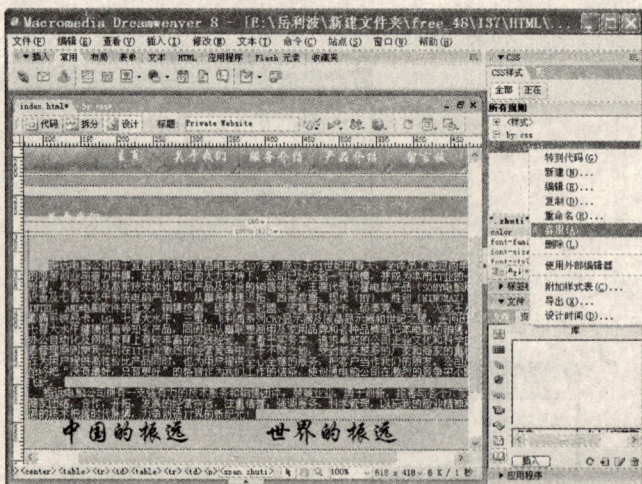

图 11-31 套用 CSS 样式

将 CSS 样式应用于文本以后，在浏览器中再次浏览时，便不受浏览器的影响，如图 11-32 所示。

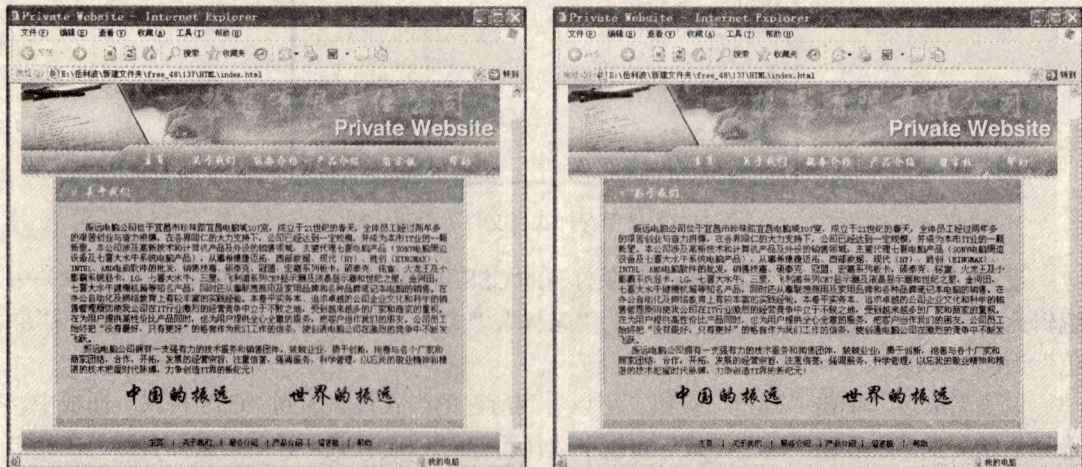

图 11-32 应用 CSS 样式后在不同浏览器中的显示对比

习　题

一、填空题

1．网页中的样式表可以分为_____、_____和_____；而"CSS样式"则分为_____、_____和_____三种不同的形式。

2．可以通过"CSS 样式"面板对 CSS 样式进行_____、_____、_____和_____等操作。

3．引用外部"CSS 样式"有两种方式，分别为_____和_____。

二、简答题

1．简述 CSS 样式的主要作用。

2．思考一下应怎样引用外部样式。

3．谈谈你对 CSS 样式的认识。

三、上机题

1．自己创建一个 CSS 样式，并将其应用于网页中。

2．制作一个网页，页面中的所有内容均不用 CSS 样式定义，然后在不同分辨率的显示器中进行浏览，对比其显示结果。

第 *12* 章　应用模板和库

导语与学习目标

　　使用模板和库，可以在网站建设中轻松地统一页面风格，可以加快网站建设的进程，同时，也便于网站的管理和维护。通过本章的学习，读者应该了解模板和库的基础知识，熟练掌握模板与库的创建以及模板和库的应用，学会修改模板及库元素。

要点和难点

> ➤ 模板和库的基本概念与作用　　　　➤ 库项目的创建与编辑
> ➤ 模板的创建与应用　　　　　　　　➤ 使用模板和库更新网页

12.1　初识模板

　　模板是一类特殊的网页，在网站建设中应用模板可以减少设计者的工作量，大大提高工作效率，本小节将讲述模板的作用及模板元素。

12.1.1　模板概述

　　在网页设计过程中，网页设计人员可以创建格式固定的页面——模板，然后在模板中创建可编辑区域，当基于模板创建网页后，便可以对可编辑区域进行编辑。如果设计人员没有定义可编辑区域，那么将无法编辑基于该模板所创建的文档。

　　模板最大的用途是可以一次更新多个页面。基于模板创建的文档与该模板保持链接状态，在修改模板后可以立即更新基于该模板的所有文档。

　　模板控制的页面与 CSS 样式控制页面的方式不同，模板针对整个页面进行控制，其中包括图片、超链接、表格和文本等。基于模板创建的页面与模板之间存在着附属关系，模板的改变会导致基于模板所创建的网页的改变。

12.1.2　模板元素分类

　　在模板中，用户定义的可编辑区域和不可编辑区域都可以更改。但在基于模板的文档中，用户只能在可编辑区域中进行操作，而无法修改不可编辑区域。一般来说，在模板中可以定义以下四种类型的模板区域：

　　✳　可编辑区域：模板文档中的未锁定的区域，在基于模板所创建的网页中，用户可以编辑的部分。模板设计者可以将模板的任何区域指定为可编辑区域，如果要让模板生效，模板中至少应该包含一个可编辑区域。

❋ 重复区域：文档中设置为重复的布局部分，如设置一个表格的行为重复区域。通常重复部分是可编辑的，在基于这种模板所建立的文档中，用户可以编辑重复区域中的内容，同时使整个页面处于模板设计人员的控制之下。在基于模板的文档中，用户可以根据需要使用重复区域控制选项的添加或删除。设计者可以在创建模板时插入两种类型的重复区域，即重复区域和重复表格。

❋ 可选区域：设计者在模板中指定的可选部分，用于保存有可能在基于模板的文档中出现的内容（如可选文本或图像）。在基于模板的页面上，可选区域一般用于控制不确定显示内容。

❋ 令属性可编辑区域：用户可以在模板中解锁标签属性，以便该属性可以在基于模板所创建的网页中编辑。

12.2　创建模板

在文档中应用模板之前，首先要进行模板的创建，然后才能根据模板创建所需要的页面。本小节将讲述如何创建模板以及怎样应用模板创建页面。

12.2.1　创建模板

在创建模板前，设计者首先要考虑在网站的建设中是否有必要创建模板，即是否要制作大量相似的页面。如果需要，则可以创建模板。

创建模板的具体操作步骤如下：

（1）打开要创建模板的页面，或单击"文件"|"新建"命令，在打开的"新建文档"对话框中，选择"基本页"或"动态页"选项，然后在对话框右侧的列表中选择要使用的页面类型，之后单击"创建"按钮创建一个新页面，将其作为创建模板的基础。

（2）单击"文件"|"另存为模板"命令，打开"另存为模板"对话框，如图 12-1所示。

在该对话框中的"站点"下拉列表框中选择要保存该模板的站点，如选择"我的站点"选项。在"另存为"文本框中为新建模板命名，然后单击"保存"按钮。

也可以在"常用"插入栏中单击"模板"下拉按钮，在弹出的下拉菜单中选择"创建模板"选项（如图 12-2 所示），在打开的"另存为模板"对话框中进行设置，然后保存文件，也可以创建一个新的空白模板。

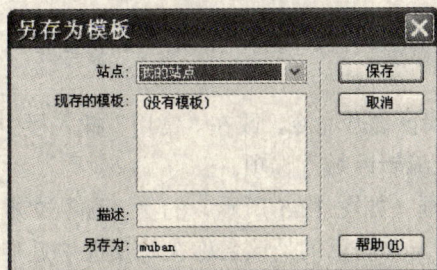

图 12-1　"另存为模板"对话框　　　　图·12-2　下拉菜单

提示

如果用户保存的是一个新的空白文档，则当单击"保存"按钮时，将弹出一个提示信息框（如图 12-3 所示），表示用户正在保存的文档中没有可编辑区域。单击"确定"按钮，继续将文档另存为模板；单击"取消"按钮，退出此对话框，并终止模板的创建。

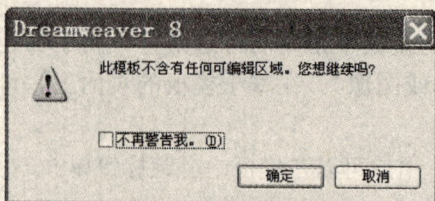

图 12-3　提示信息框

在保存模板时，Dreamweaver 会将模板文件保存在站点的本地根文件夹 Templates 中，并以.dwt 作为文件扩展名。如果 Templates 文件夹在站点中尚不存在，Dreamweaver 将在用户保存新建模板时自动创建该文件夹。在保存模板后，不要将模板移动到 Templates 文件夹之外，或将非模板文件放在 Templates 文件夹中，同时还要保持此文件夹在根目录中。

此外，用户也可以使用"资源"面板创建模板，使用"资源"面板创建模板的具体操作步骤如下：

（1）单击"窗口"|"资源"命令，打开"资源"面板，在面板左侧单击"模板"按钮，切换到模板参数显示状态，如图 12-4 所示。

（2）单击面板底部的"新建模板"按钮，则会有一个无标题模板被添加到"资源"面板的模板列表中。同时"资源"面板中显示了当前所选模板的编辑情况，上面的窗格中为所选文档的缩略图，下面的窗格中显示了所选模板的名称、大小及其完整路径。

（3）在新建模板仍处于待命名状态时，用户可以为其输入一个新的名称，然后按【Enter】键确定。

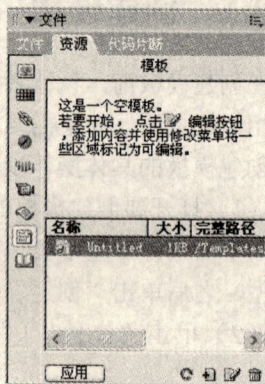

图 12-4　"资源"面板

12.2.2　创建可编辑区域

当创建了一个模板页面后，用户可对其进行编辑，以确定可编辑区域。创建可编辑区域的具体操作步骤如下：

（1）选择要设置为可编辑区域的文本或其他内容，或将光标定位到将要插入可编辑区域的位置。

（2）单击"插入"|"模板对象"|"可编辑区域"命令，或在"常用"插入栏中单击"模板"下拉按钮，在弹出的下拉菜单中选择"可编辑区域"选项。

（3）在打开的"新建可编辑区域"对话框（如图 12-5 所示）的"名称"文本框中，输入一个名称，为该可编辑区域命名，如 bj1。需要注意的是该名称在此模板中是唯一的，且不能包含任何特殊字符。

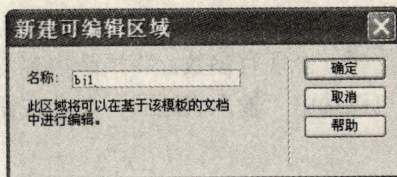

图 12-5　"新建可编辑区域"对话框

（4）单击"确定"按钮，即可在模板中插入可编辑区域，如图 12-6 所示。

图 12-6　插入可编辑区域

可编辑区域在模板中由高亮边显示的矩形边框包围，用户可以随意更改其显示颜色（单击"编辑"｜"首选参数"命令，在弹出的对话框的"分类"列表中选择"标记色彩"选项，即可在该对话框右侧的"标记色彩"选项区中设置各参数）。在"可编辑区域"的左上角显示该区域的名称。

12.2.3　创建可选区域

在文档中插入可选区域的具体操作步骤如下：

（1）选择要创建可选区域的对象，或将光标定位于要插入可选区域的位置。

（2）单击"插入"｜"模板对象"｜"可选区域"命令，或在"常用"插入栏中单击"模板"下拉按钮，在弹出的下拉菜单中选择"可选区域"选项，打开"新建可选区域"对话框，如图 12-7 所示。

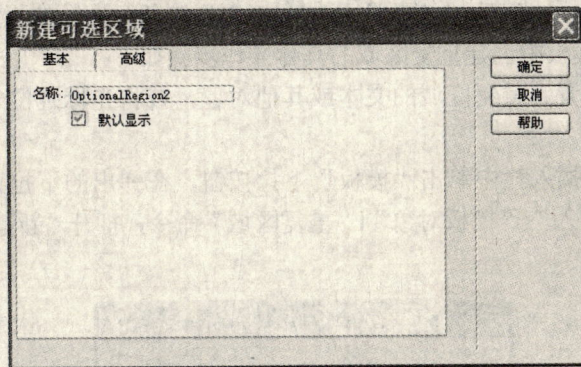

图 12-7　"新建可选区域"对话框

在该对话框中，可以设置参数并为模板区域定义条件语句（If...else 语句），可以使用简单的真/假操作，也可以定义更复杂的条件语句和表达式。此对话框包含"基本"和"高级"两张选项卡。

在"基本"选项卡中的"名称"文本框中输入名称，将其作为该可选区域的名称。若选中"默认显示"复选框，则可以设置在文档中显示可选区域；若取消选择该复选框，则可将默认值设置为假。

单击"高级"标签，在"高级"选项卡（如图 12-8 所示）中选择"使用参数"单选按钮，然后在其右侧的下拉列表框中选择一个现有参数，将所选内容与之链接；若要编写模板表达式来控制可选区域的显示，则可以选中"输入表达式"单选按钮，然后在其文本区中输入表达式。

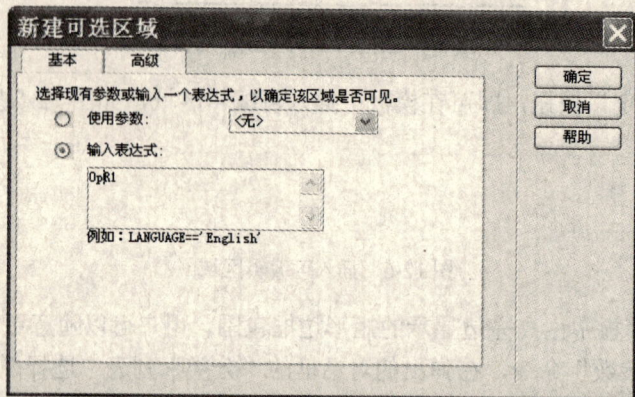

图 12-8 "高级"选项卡

（3）设置完成后，单击"确定"按钮即可完成可选区域的创建。

12.2.4 创建重复区域及表格

重复区域是指可以根据需要在基于模板的页面文档中复制任意次数的模板部分，利用它可以定义表格，也可定义其他页面元素。重复区域的使用有两种形式：重复区域和重复表格。

1. 插入重复区域

用户可以使用重复区域在基于模板创建的文档中复制任意次数的指定区域，但重复区域是不可编辑区域。在模板中创建重复区域的具体操作步骤如下：

（1）选择想要设置为重复区域的文本或其他对象，或将光标定位于文档中想要插入重复区域的位置。

（2）在"常用"插入栏中单击"模板"下拉按钮，在弹出的下拉菜单中选择"重复区域"选项，或单击"插入"|"模板对象"|"重复区域"命令，打开"新建重复区域"对话框，如图 12-9 所示。

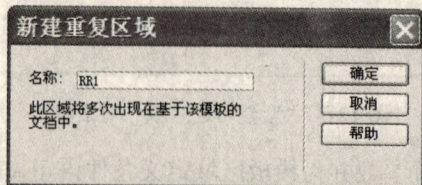

图 12-9 "新建重复区域"对话框

（3）在"名称"文本框中为重复区域输入一个唯一的名称（不能使用特殊字符）。

（4）设置完成后，单击"确定"按钮，即可将"重复区域"插入到模板中，如图 12-10 所示。在基于该模板新建的网页中，即可显示重复区域，如图 12-11 所示。

图 12-10　在模板中插入重复区域

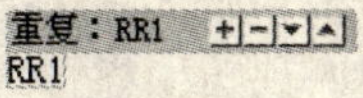

图 12-11　重复区域在文档中的显示

2. 插入重复表格

使用重复表格可以创建包含重复行的表格格式的可编辑区域，并且可以从中定义表格属性和设置可编辑的表格单元格格式。

在模板中插入重复表格的具体操作步骤如下：

（1）在模板文档中，将光标定位于文档中将要插入重复表格的位置。

（2）在“常用”插入栏中单击“模板”下拉按钮，在弹出的下拉菜单中选择“重复表格”选项，或单击“插入”|“模板对象”|“重复表格”命令，打开“插入重复表格”对话框，如图 12-12 所示。

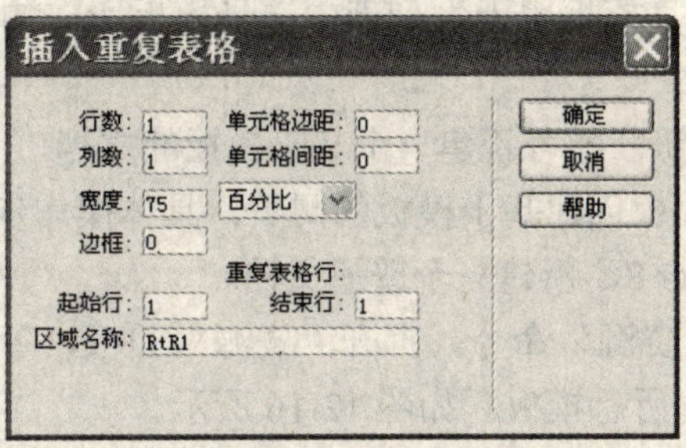

图 12-12 “插入重复表格”对话框

（3）用户可以按照需要设置表格。“插入重复表格”对话框中各选项的含义如下：

❋ 行数：用于设置表格中行的数目。

❋ 列数：用于设置表格中列的数目。

❋ 单元格边距：用于设置单元格内容和单元格边框之间的距离，默认值为 1 像素。

❋ 单元格间距：用于设置相邻的表格单元格之间的距离，默认值为 2 像素。

❋ 宽度：用于设置表格的宽。可以以像素为单位或按浏览器窗口宽度的百分比指定表格的宽。

❋ 边框：用于指定表格边框的宽度，以像素为单位，默认值为 1。

❋ 重复表格行：用于指定重复区域中包括哪些行。“起始行”选项将输入的行号设置为重复表格中的第一行；“结束行”选项用于设置重复表格中的最后一行。

❋ 区域名称：用户可以为重复区域设置一个唯一的名称。

（4）设置完成后，单击“确定”按钮，即可插入重复表格，如图 12-13 所示。

（5）在基于该模板所创建的文档中，可以对重复表格进行编辑，如图 12-14 所示。

图 12-13　在模板中插入重复表格

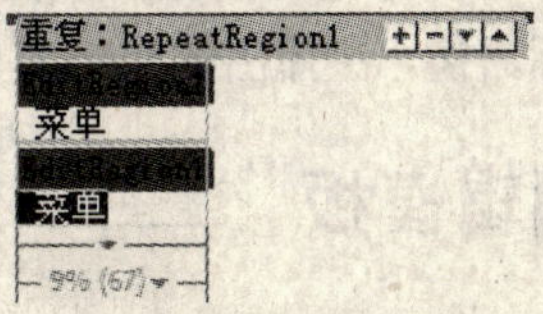

图 12-14　编辑重复表格

12.3　应用及管理模板

创建模板后，便可以使用模板新建文档，也可以使用"资源"面板管理所创建的模板，包括重命名模板和删除模板等。

12.3.1　套用模板

当模板制作完成以后，便可以通过模板快速地制作出一系列风格相同的网页，具体操作步骤如下：

（1）打开 Dreamweaver 8，单击"文件"|"新建"命令，打开"新建文档"对话框，从中单击"模板"标签，如图 12-15 所示。

（2）在该选项卡中的"模板用于"列表中选择模板所在的站点，然后在站点列表中选择所需要的模板。

（3）单击"创建"按钮，即可新建一个基于模板的文档。

也可以利用"资源"面板创建基于模板的网页，具体操作步骤如下：

（1）打开 Dreamweaver 8，新建一个普通文档。

（2）单击"窗口"|"资源"命令，打开"资源"面板，单击"模板"按钮，此时，该面板中显示了当前站点下的所有模板，如图 12-16 所示。

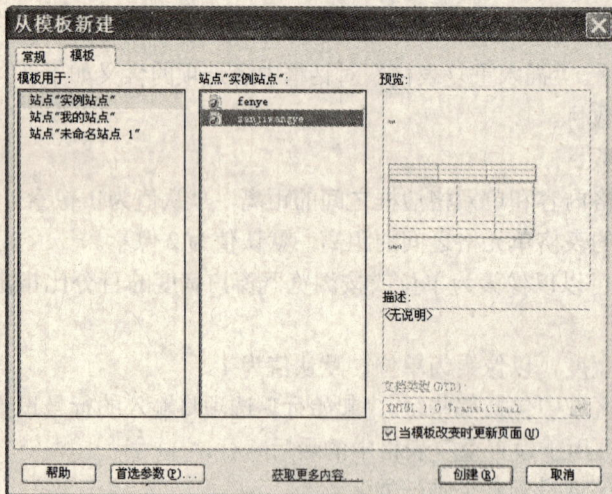

图 12-15　"模板"选项卡　　　　　　　　　　　　图 12-16　"资源"面板

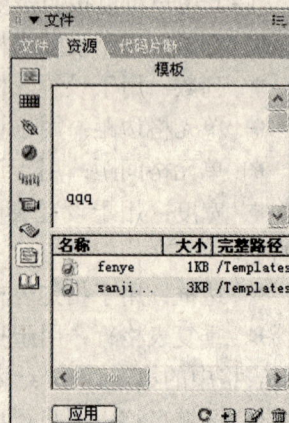

（3）从中选择所需要的模板，然后单击"资源"面板左下角的"应用"按钮，或在所建的文档上单击鼠标右键，在弹出的快捷菜单中选择"应用"选项，即可将所选模板应用到文档中。

12.3.2　编辑模板

当使用模板创建文档后，基于该模板的文档会自动继承模板的参数以及模板的初始值设置。用户可以修改模板及其参数，从而更新整个网站中所有基于该模板所创建的文档。

1. 重命名模板

重命名模板的具体操作步骤如下：

（1）打开"资源"面板，单击"模板"按钮，显示模板的各个参数。

（2）选择要进行修改的模板，双击该模板的名称使其处于可编辑状态，然后在"名称"文本框中输入一个新名称。

> **提示** 单击鼠标右键，在弹出的快捷菜单中选择"重命名"选项，也可以进行重命名。

（3）单击"资源"面板中的其他位置，或按【Enter】键，即可使更改生效。

（4）在弹出的"更新文件"对话框（如图 12-17 所示）中，单击"更新"按钮，则可更新站点中所有基于此模板的文档；若单击"不更新"按钮，则不会更新基于该模板所创建的任何文档。

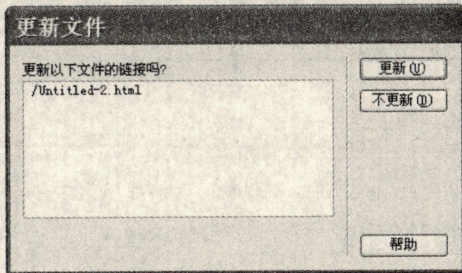

图 12-17 "更新文件"对话框

2. 删除模板

如果要删除模板，可以在"资源"面板中选择要删除的模板，然后单击面板右下角的删除按钮 ；或者选择相应的模板后，单击鼠标右键，在弹出的快捷菜单中选择"删除"选项，在弹出的如图 12-18 所示的提示信息框中单击"是"按钮，将选择的模板删除。

图 12-18 提示信息框

一旦删除模板文件，将无法对其进行检索，该模板文件将从站点中删除。但基于已删除模板所创建的文档不会发生改变，该模板在被删除前所具有的结构和可编辑区域等仍被保留。

3. 分离模板

若要更改基于模板创建的文档中的锁定区域，则必须将该文档与模板分离，将文档与模板分离之后，整个文档都将变为可编辑区域。

将文档与模板分离的具体操作步骤如下：

（1）打开要分离的文档。

（2）单击"修改"｜"模板"｜"从模板中分离"命令，即可将文档与模板分离，文档中所有模板代码都会被删除，文档被转换为普通 HTML 文件。

4. 修改模板属性

设计者在创建基于模板的文档时，基于该模板的文档会自动继承其参数及其初始值设置，用户可以更改可编辑标签属性及其他模板参数。

修改可编辑标签属性的具体操作步骤如下：

（1）打开要进行修改的文档。

（2）单击"修改"｜"模板属性"命令，打开"模板属性"对话框（如图 12-19 所示），其中显示了可修改属性的列表，即所有可选区域和可编辑区域标签的属性。

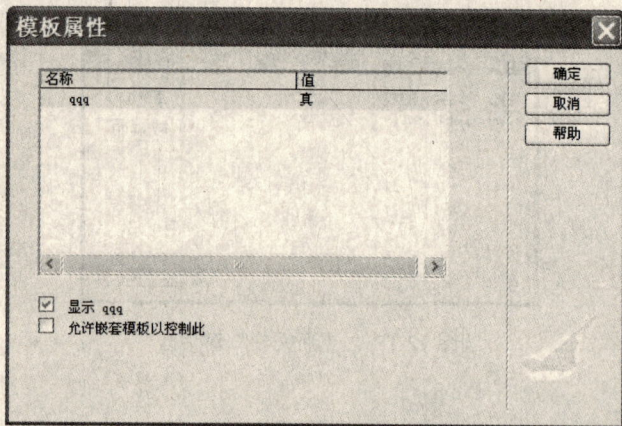

图 12-19 "模板属性"对话框

（3）在该对话框的列表中选择要修改的属性，此时，对话框的底部区域将显示所选属性的标签及其指定值。

（4）若选中"显示"复选框，则可以显示文档中的可选区域；若取消选择该复选框，则可将文档中的可选区域隐藏。如果要将可编辑属性一直传递到基于嵌套模板的文档，则应选中"允许嵌套模板以控制此"复选框。

12.4 模板应用实例

前几节我们已经学习了模板的基本操作，本小节将以模板的制作与应用为例，向读者介绍模板在文档中的应用。

首先进行模板制作。在 Dreamweaver 中新建一个空白文档或打开一个已制作完成的文档进行模板创建，本例使用一个制作完成的文档创建模板。打开 index.html 文档，如图 12-20 所示。

将该文档定义为模板 1，并对其进行操作。其头部可以作为一个固定部分，每一页都继承该页的设计风格，如图 12-21 所示。这一部分可以不做定义，模板中不定义部分默认为不可编辑区。

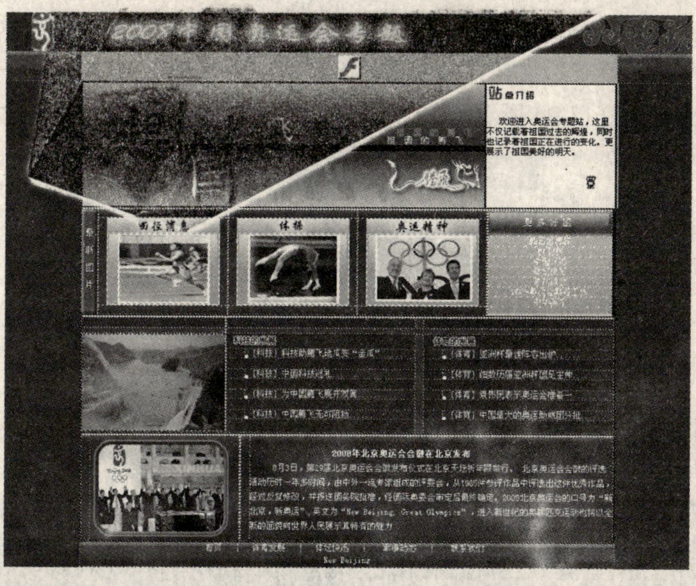

图 12-20 index.html 文档

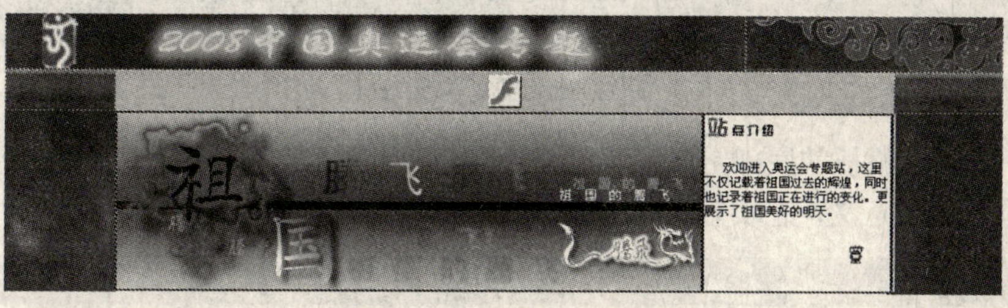

图 12-21 固定部分

对于中间的主体部分，可以定义为可编辑部分。每一个页面所对应的主体不同，为了方便操作，可以将其定义为可编辑区域。选择此部分，单击"常用"插入栏中的"模板"下拉按钮，在弹出的下拉菜单中选择"可编辑区"选项，打开"新建可编辑区域"对话框，在"名称"文本框中输入 bianji1，如图 12-22 所示。

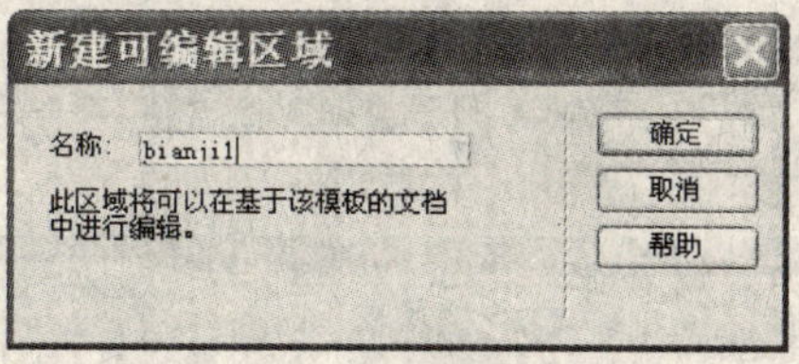

图 12-22 设置"新建可编辑区域"对话框

设置完成后，单击"确定"按钮，则在文档中可以看到一个名称为 bianji1 的可编辑区域，单击此名称，即可选择所定义的可编辑区域 bianji1，如图 12-23 所示。

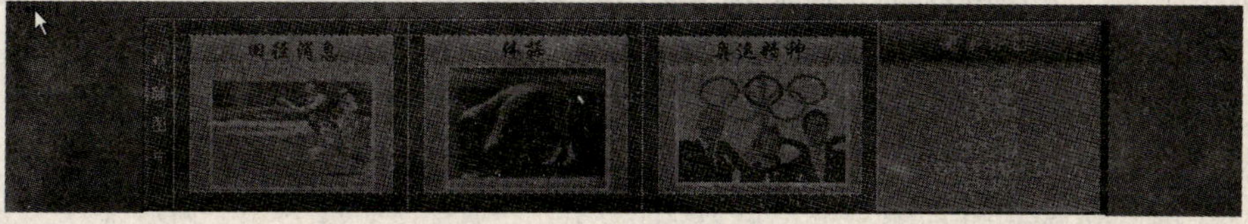

图 12-23 bianji1 可编辑区域

对于中间不确定的主体部分，可以定义为重复区域，以便于以后主体内容的增减。单击"常用"插入栏中的"模板"下拉按钮，在弹出的下拉菜单中选择"重复区域"选项，打开"新建重复区域"对话框，如图 12-24 所示。在"名称"文本框中输入 kchf1，作为此重复区域的名称。

图 12-24 设置"新建重复区域"对话框

设置完成后，单击"确定"按钮，即可在文档中插入一个重复区域 kchf1，其中被细线框包围的部分即为定义的重复区域，如图 12-25 所示。

图 12-25 重复区域 kchf1

同样，可以把模板的底部定义为不可编辑部分（如图 12-26 所示），这样对于保持相同的主体风格具有重要意义，在实际操作中，让其保持默认的设置即可。

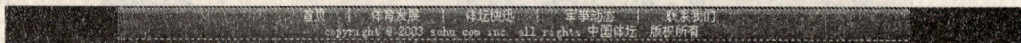

图 12-26 模板的底部设置

把其他多出的内容删除，或定义为可编辑区域，以便于以后的编辑工作。到此，完成模板的创建（如图 12-27 所示），保存模板即可。

图 12-27 完成模板的创建

下面基于该模板新建网页。单击"文件"|"新建"命令，打开"新建文档"对话框，单击"模板"标签，如图12-28所示。

图12-28 "模板"选项卡

在该选项卡中选择站点和所需的模板 1。单击"创建"按钮，即可在文档中新建一个基于模板1的网页，如图12-29所示。

图12-29 基于模板1新建的网页

针对不同的分页面，可对其中的各个部分进行编辑，多余的部分可以删除。例如，设计一个体育新闻方面的分页面，可以将主体部分中可编辑的内容删除，并重新进行设计，效果如图12-30所示。

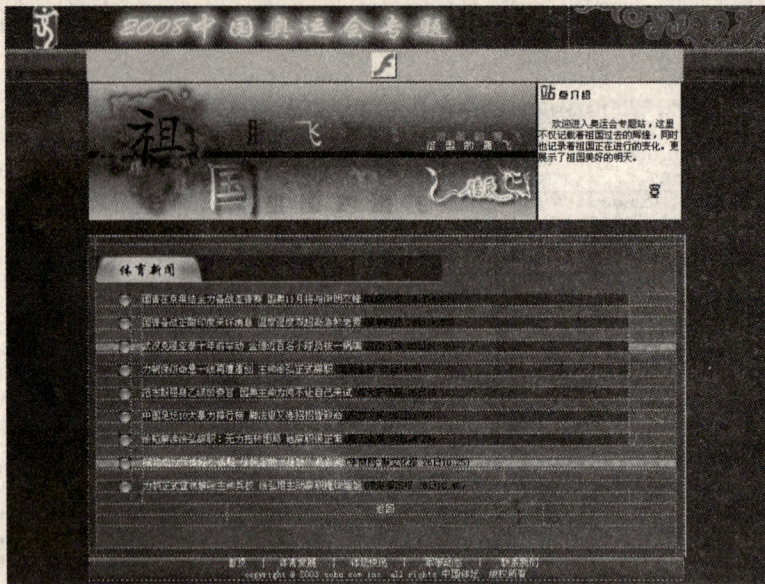

图 12-30　重新设计的体育新闻页面

设置其他网页的过程与此大同小异，读者可以自己尝试制作。

12.5　使用库项目

使用库项目进行网站建设，可以加快网页制作的速度，同时也可以减少网站更新的工作量。本小节将讲述库及库项目的应用。

12.5.1　创建库项目

在网页中应用库项目之前，首先应建立用户自己的库及库项目，以便于在网页制作中调用，本小节将向读者介绍库与库项目的基本概念，以及如何创建库项目。

1．库与库项目

库是网页中一些常用的内容（代码），其中包含用户已创建并放在网页上的单独的资源或资源副本的集合，可以应用到一系列网页中，与模板的作用具有相似之处。不同之处是库中的项目可以在同一个网页中重复应用，同时一个网页中也可以包含多个库。库以一个独立文件（扩展名为.LBI）的形式保存在本地站点中。库是针对多个网页来说的，对于单个页面来说是没有意义的。

库里面所有的资源均被称为库项目。每当更改某个库项目的内容时，便可以更新所有使用该项目的页面。在库中可以存储各种各样的页面元素，如图像、表格、声音和 Flash 文件等。

在 Dreamweaver 中，库项目存储在站点的本地根文件夹 Library 中，每个站点都有自己的库，且库项目可以被站点内所有的网页应用。但如果库项目中包含链接，链接可能无法在新站点中工作。

在使用库项目时，并非真正在网页中插入库项目，而是插入一个指向库项目的链接，即在文档中插入一个该项目的 HTML 源代码副本，并添加一个包含对原始外部项目引用的 HTML 注释。对外部库项目的引用可以使用户一次更新整个站点上的内容，方法是更改该库项目，然后使用"修改"|"库"子菜单中的"更新"命令进行更新。

2. 创建库项目

可以使用任意元素创建库项目，这些元素包括文本、表格、表单、导航条和图像等。用户可以通过以下两种方法创建库项目。

方法一：可以在文档中，选择所需要的元素并将其另存为库项目。

具体操作步骤如下：

（1）在"资源"面板中，单击"库"按钮📖，显示"库"类别，如图 12-31 所示。

（2）在文档中选择一个元素，并将其拖曳到"资源"面板的"库"类别中，如图 12-32 所示。

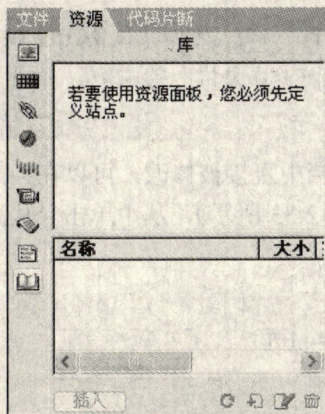

图 12-31　"库"类别　　　　　图 12-32　创建库项目

或打开"资源"面板中的"库"类别，单击"资源"面板右下角的"新建库项目"按钮📄，在面板中插入一个新的库项目，单击面板中的"编辑"按钮📝，打开一个新的库项目文档，在文档中进行所建项目的编辑后保存即可。

方法二：可以通过菜单进行库项目的添加，具体操作步骤如下：

（1）打开文档，从中选择所需要的项目元素。

（2）单击"修改"|"库"|"增加对象到库"命令。

（3）在"库"类别面板中为新的库项目输入一个名称，然后按【Enter】键确认。

> 提示　在站点本地根文件夹的 Library 文件夹中，将每个库项目都保存为一个单独的文件（文件扩展名为：.lbi）。

3. 创建空白库项目

在库中，有一种特殊的项目文件——空白库项目。创建空白库项目的具体操作步骤如下：

（1）在文档中不选择任何内容。如果选择了内容，则该内容将被放入新的库项目中。

（2）在"资源"面板中打开"库"类别。

（3）单击"资源"面板底部的"新建库项目"按钮，即可在面板中添加一个新的、无标题的库项目。

（4）在项目处于命名状态时，为该项目输入一个名称，然后按【Enter】键确认即可。

12.5.2　在网页中插入库项目

当要向页面中添加库项目时，将不会把实际内容随该库项目的引用一起插入到文档中，而只是插入了一个链接。在文档中插入库项目的具体操作步骤如下：

（1）在文档中，将光标定位于要插入库项目的位置。

（2）在"资源"面板中打开"库"类别。

（3）选择一个库项目，将其从"资源"面板中拖曳到文档窗口中，或选择一个库项目，然后单击"资源"面板底部的"插入"按钮。

提示　若要在文档中插入库项目的内容而非对该库项目文件的引用，可以按住【Ctrl】键，然后再从"资源"面板中向外拖曳该项目。用这种方法插入库项目，可以在文档中直接编辑，但当更新使用该库项目的页面时，文档不会随之更新。

在文档中插入库项目后，若要使该项目可以在文档中直接被修改，可以在当前文档中选择需要修改的库项目，然后打开"属性"面板（如图 12-33 所示），从中单击"从源文件中分离"按钮即可。

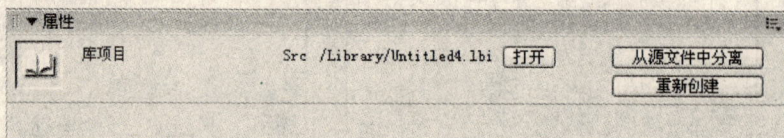

图 12-33　"属性"面板

12.5.3　修改库项目和更新站点

编辑和修改库项目的同时，也可以更新使用该项目的所有文档，从而达到更新网站的目的。也可暂时不更新文档，使文档保持与库项目的关联，以后再将其更新。

1．在库中修改库项目

在库中对库项目进行修改的具体操作步骤如下：

（1）在"资源"面板中，单击面板左侧的"库"按钮，并选择相应的库项目。此时库项目的预览将出现在"资源"面板的预览区中。

（2）单击面板底部的"编辑"按钮，或双击相应的库项目，打开一个用于编辑该库项目的新窗口，此窗口类似于文档窗口，但它的设计视图的背景为灰色，表示用户正在编辑库项目而不是文档。

（3）编辑库项目完成后，按【Ctrl+S】组合键保存更改，打开"更新库项目"对话框，如图 12-34 所示。

图 12-34　"更新库项目"对话框

（4）在对话框中，单击"更新"按钮，将更新本地站点中所有包含该库项目的文档。而单击"不更新"按钮，将不更改任何文档，直到使用"修改"｜"库"｜"更新当前页"命令或"更新页面"命令才进行更新。

2. 在文档中更新库项目

更新当前文档中所使用的库项目的具体操作步骤如下：

（1）打开需要更新的网页。

（2）单击"修改"｜"库"｜"更新当前页"命令。若要更新整个站点或所有使用特定库项目的文档，可以单击"修改"｜"库"｜"更新页面"命令。

（3）在打开的"更新页面"对话框（如图 12-35 所示）中进行设置，以更新整个站点，或选择更新特定的库项目。

图 12-35　"更新页面"对话框

"查看"下拉列表框中各选项的含义如下：

❋　整个站点：选择该选项后，可以在其后的下拉列表框中选择相应的站点名称。单击"开始"按钮，则开始更新所选站点中的所有页面，从而使整个站点中的库项目更新为当前最新状态。

❋　文件使用：选择该选项后，可以在其后的下拉列表框中选择相应库项目名称，此时将会更新当前站点中所有使用该库项目的页面。若要同时更新模板，可以同时选中"模板"复选框，单击"开始"按钮开始更新。

在更新页面时，若选中"显示记录"复选框，则会显示所有更新过的文件的信息，其中包括更新成功和没有成功的所有信息。

3. 重命名库项目

对库项目进行重新命名的具体操作步骤如下：

（1）打开"资源"面板，单击面板左侧的"库"按钮。

（2）选择要重命名的库项目，单击鼠标右键，在弹出的快捷菜单中选择"重命名"选项。

（3）当"库项目"名称处于可编辑状态时，输入一个新名称。

（4）单击空白处或者按【Enter】键确认修改。

（5）此时，将弹出"更新库项目"对话框，单击其中的"更新"按钮，将更新站点中所有使用该项目的文档；若单击"不更新"按钮，将不更新任何使用该项目的文档。

4. 删除库项目

删除站点中不再需要的库项目的具体操作步骤如下：

（1）在"资源"面板中，单击面板左侧的"库"按钮。

（2）选择要删除的库项目，然后单击面板右下角的"删除"按钮，弹出一个提示信息框（如图 12-36 所示），单击"是"按钮，删除该项目。若单击"否"按钮，将取消该删除操作。

图 12-36　提示信息框

在选择库项目后，单击鼠标右键，在弹出的快捷菜单中选择"删除"选项，也可以将选择的库项目删除。需要注意的是，删除一个库项目后，将无法使用"撤销"操作恢复删除的库项目，但可以重新创建该库项目。

5. 重建库项目

将库项目删除后，不会更改任何使用该项目的文档的内容，如果需要将其重新创建为库项目，可按照如下步骤进行操作：

（1）在文档中选择要创建为库项目的一个实例。

（2）在"属性"面板中单击"重新创建"按钮，即可将该实例重新创建为库项目。

提示　当编辑库项目时，"CSS 样式"面板处于不可编辑状态，因为库项目中只能包含 body 元素，而"CSS 样式"代码位于文档的 head 部分。页面属性也处于不可编辑状态，因为库项目中不能包含 body 标签或其属性。

6. 设置库项目属性

用户还可以通过"属性"面板对库项目进行修改，单击"窗口"|"属性"命令，打开"属性"面板。在文档中选择相应的库项目后，将在"属性"面板中显示该库项目的属性，如图 12-37 所示。

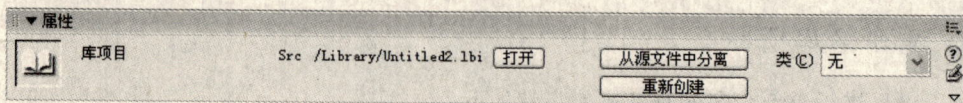

图 12-37　"属性"面板

在"属性"面板中，各选项的含义如下
❋ Src：显示库项目源文件的文件名和位置。
❋ 打开：用于打开库项目的源文件，类似于在"资源"面板中选择项目并单击"编辑"按钮。
❋ 从源文件中分离：用于断开所选库项目与其源文件之间的链接。分离库项目后，可以在文档中直接对其进行编辑，但它不再是库项目，且不能在更改后进行库项目的更新。
❋ 重新创建：使用当前所选择的内容改写原始库项目，使用此选项可以在丢失或意外删除原始库项目时重新创建库项目。

习　题

一、填空题

1．_____是网页制作中一种固定的布局形式，可以通过定义_____来定义文档中的可操作部分。
2．用_____和_____可以在模板中定义可能多次用到的部分。
3．库是网页中一些常用的内容，其中包含用户已创建并放在网页上的单独的_____或_____的集合。库以一个独立文件的形式保存在本地站点中，其扩展名为_____。

二、简答题

1．简述模板的作用及建立模板的意义。
2．如何创建模板？
3．创建库项目的意义是什么？

三、上机题

1．制作一个模板，根据模板新建一个网页。
2．创建一个库项目，并将其应用于网页中。
3．利用模板更新网页。

第*13*章 应用行为

导语与学习目标

　　行为是用来响应用户操作、改变当前页面效果或是执行特定任务的一种方法。在 Dreamweaver 8 中的应用行为，无需书写代码，就可以实现丰富的动态页面效果，并达到用户与页面交互的目的。本章主要讲述行为的应用，通过本章的学习，读者应该了解行为的作用，熟悉"行为"面板的使用，熟练掌握使用行为制作特殊效果的方法与技巧。

要点和难点

> ➢ 理解行为的作用及意义
> ➢ 掌握行为的应用

13.1　初识行为

　　实际上，Dreamweaver 中的行为，只不过是一系列 JavaScript 程序的集成，它包括两部分内容，一部分是事件，另一部分是动作。动作是特定的 JavaScript 程序，只要事件发生（如单击鼠标、页面装载）后，该程序（动作）就会自动运行。本节将向读者介绍行为的基本知识。

13.1.1　行为概述

　　Dreamweaver 8 提供了丰富的行为，用户设置这些行为，可以为网页对象添加一些动态效果和简单的交互功能，同时也为不熟悉 JavaScript 或 VBScript 的网页设计师提供了一种实现动态功能的设计方法。如果用户熟悉 JavaScript 或 VBScript，还可以编写一些特定的行为。

　　行为是用来响应用户操作、改变当前页面效果和执行特定任务的一种方法，它由对象、事件和动作构成，它们的具体含义如下：

　　✳　对象：是产生行为的主体。网页中的很多元素都可以称为对象，如整个 HTML 文档、插入的一张图片、一段文字、一个媒体文件等。对象也基于成对出现的标签，在创建时应首先选中对象的标签。

　　✳　事件：是触发动态效果的条件。网页事件可分为不同的种类。有的与鼠标有关，有的与键盘有关，如单击鼠标、按下某个按键等。有的事件还和网页相关，如网页下载完毕、网页切换等。对于同一个对象，不同版本的浏览器所支持事件的种类和多少也不相同。

　　✳　动作：是指当执行了相应的事件操作后，所引发的预设动态效果，可以是图片的翻转、连接的改变和声音的播放等。

　　此外，行为可以附加到整个文档，还可以附加到链接、图像、表单元素或其他 HTML 元素。用户可以为每个事件指定多个动作，动作按照它们在"行为"面板的动作列表中的排列顺序发生。

13.1.2 "行为"面板

在了解了行为后，本小节将介绍在 Dreamweaver 8 中实现行为制作的基本工具——"行为"面板，以及"行为"面板中的参数。

1. 认识"行为"面板

若要显示"行为"面板，可以单击"窗口"|"行为"命令，打开"行为"面板，如图 13-1 所示。

在"行为"面板中，各选项的含义如下：

❋ 显示设置事件 ≡≡：单击此按钮可以显示用户对选择的对象所设置的行为事件。

❋ 显示所有事件 ≡≡：单击此按钮可以显示所有可应用于所选对象的行为事件。

❋ 添加行为 +．：用于设置对象上的动作，单击该按钮，打开下拉菜单，即可显示所有行为。

❋ 删除事件 −：用于删除所选择的行为。在"行为"面板中选择要删除的行为，然后单击该按钮即可删除相应的行为。

❋ 上、下箭头 ▲ ▼：用于设置特定事件中所选动作在"行为"面板列表中向上或向下移动，以控制事件的动作以某一特定的顺序执行。

2. 行为分类

在"行为"面板中，可以为所选择的对象设置不同的行为，用户可以根据需要选择行为。当需要添加行为时，可单击"添加行为"按钮 +．，此时将弹出下拉菜单（如图 13-2 所示），该下拉菜单显示了所有行为，各主要行为的作用如下：

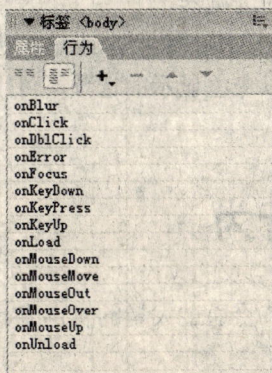

图 13-1 "行为"面板

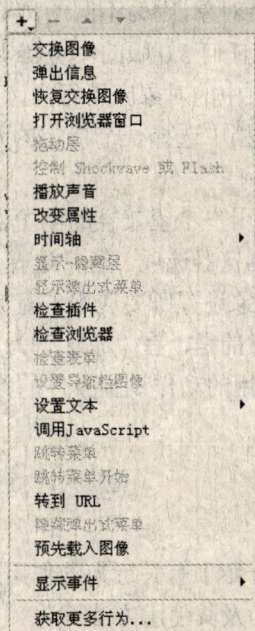

图 13-2 下拉菜单

❋ 交换图像：可以通过更改 img 标签和 src 属性，将两张图片进行相互交换。

❋ 弹出信息：当用户触发相应的事件后，可以弹出一个信息提示框，以给用户相应的信息提示。

❋ 恢复交换图像：可以将一组交换的图像恢复为其相应的初始文件。

❋ 打开浏览器窗口：当执行相应的操作后，可以在一个新窗口中打开一个目标网页。在该行为中还可以指定新窗口的属性。

❋ 拖动层：如果对层设置了此行为，当浏览者浏览网页时，便可以拖动相应的层。

❋ 控制 Shockwave 或 Flash：用于控制媒体的播放、停止、返回或跳转等。

❋ 播放声音：用于控制网页中声音的播放。

❋ 改变属性：用于动态控制和改变图像的属性。

❋ 显示—隐藏层：用于动态控制某层在 IE 中的可见性。

❋ 显示弹出式菜单：用于创建或编辑 Dreamweaver 8 中的弹出菜单。

❋ 检查插件：用于检查网页中是否安装了某个必需的插件。

❋ 检查浏览器：用于检测浏览器的版本，以便于跳转到合适的网页。

❋ 设置文本：设置不同位置的文本，如层中的文本、框架中的文本等。

❋ 转到 URL：指定在当前浏览器窗口或指定的框架中载入目标网页。

❋ 预先载入图像：将图像载入浏览器缓存中，当目标页面没有被完全加载时所显示的图像。

13.1.3 应用行为

在网页制作中可以将行为附加到不同的对象，如可以应用于整个文档，也可以附加到链接、图像、表单或其他 HTML 元素，可以在一个对象上应用多个行为。同时还要注意所选择应用行为的支持对象，因为不同的浏览器所支持的行为事件不尽相同。例如，IE 4.0 比 Netscape Navigator 4.0 或任何 3.0 版的浏览器支持的事件都要多。

若要对网页中的对象应用行为，可以按照以下步骤进行操作：

（1）在文档中选择一个特定的元素（如一个文字链接或一个图片等）作为加载行为的目标。

（2）选择用户希望兼容的浏览器版本。如果用户希望更多的人能看到设置的效果，必须选择较低的浏览器选项。通常选择 IE 4.0 以上版本的浏览器。

（3）为对象设置所要应用的行为，如交换图片、隐藏一个层，或是在状态栏显示一段文字。需要注意的是，在"添加行为"下拉菜单中，以灰色显示的选项不可用。

（4）为应用的动作设置具体的参数。

13.2 常用行为

前面已经介绍了有关行为的作用及基本操作，本节将通过大量的实例来具体介绍其中较常见的一些行为及其使用方法。

13.2.1 弹出信息

网页中的弹出信息是一种常见的行为应用，如弹出的警告信息、提示消息等，用于提示浏览者在网站中的活动。通常在这种对话框中只有一个"确定"按钮，因此该动作只可以提供信息，而不能为用户提供选择。例如，当在网页中单击"留言板"超链接时，会弹出一个提示信息框（如图 13-3 所），提示浏览者留言板正在建设中。

图 13-3 弹出提示信息框举例

在网页中制作类似的弹出信息的具体操作步骤如下：

（1）打开网页，选择要添加弹出信息的对象，如"留言板"按钮。然后单击"窗口"|"行为"命令，打开"行为"面板，单击面板中的"添加行为"下拉按钮，弹出下拉菜单，如图 13-4 所示。

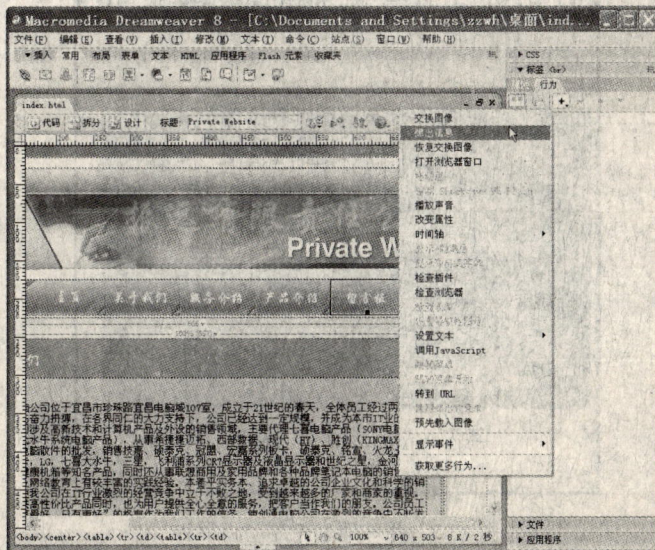

图 13-4 下拉菜单

（2）在该下拉菜单中选择"弹出信息"选项，打开"弹出信息"对话框。

（3）在"消息"文本区中输入文本"非常抱歉！留言板正在加紧建设中"，如图 13-5 所示。

（4）单击"确定"按钮关闭该对话框。

（5）返回"行为"面板，从中设置该行为的有关事件，如图 13-6 所示。本例将其设置为 onClick，到此该实例制作完毕。

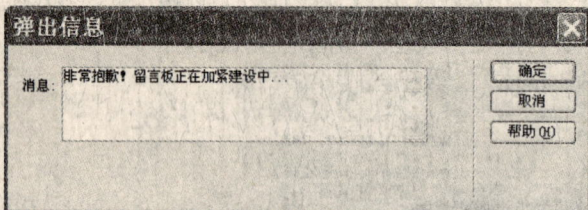

图 13-5　设置"弹出信息"对话框举例

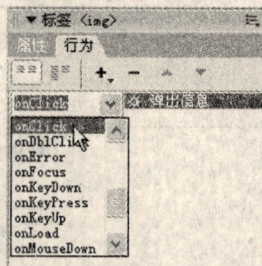

图 13-6　设置事件

提示 此行为除了可用于图像外，还可用于文本，超链接等。当制作完成后按【F12】键，检查默认事件是否所需要的事件。如果不是，可选择其他事件，或在"添加行为"下拉菜单中的"显示事件"子菜单中更改目标浏览器。

13.2.2　控制 Shockwave 或 Flash

使用"控制 Shockwave 或 Flash"动作可以播放、停止、后退或转到文件中特定的帧。例如，在浏览器中打开 aaa.html 文件（如图 13-7 所示），当单击"播放"按钮时，播放动画；若单击"停止"按钮则会停止动画的播放。

图 13-7　用按钮来控制动画举例

使用"控制 Shockwave 或 Flash"动作来控制动画播放的具体操作步骤如下：

（1）打开或新建一个文档，然后单击"插入"|"媒体"|Flash（或 Shockwave）命令，打开"选择文件"对话框（如图 13-8 所示），从中选择一个 Flash 文件，并单击"确定"按钮。

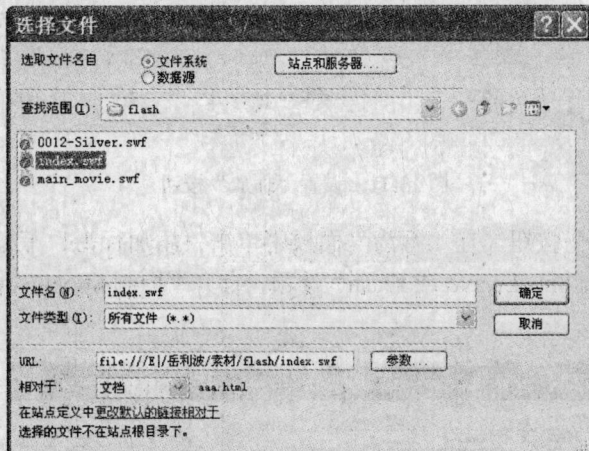

图 13-8　"选择文件"对话框

（2）将所选的 Flash 文件插入到文档中，并调整其位置。

（3）单击"窗口"|"属性"命令，打开"属性"面板，如图 13-9 所示。在"属性"面板的 Flash 文本框中输入该影片的名称，如输入 aaaa，以便于利用"行为"面板对其进行控制。

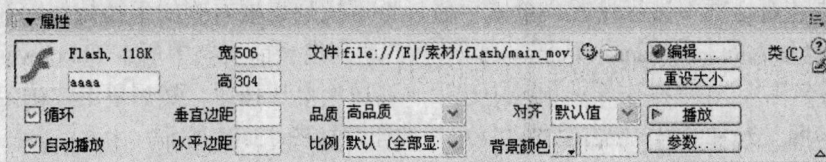

图 13-9　为动画命名举例

（4）制作用于控制影片播放的按钮对象。在"表单"插入栏中单击"按钮"按钮□，在文档中插入两个按钮，并完成整体布局，如图 13-10 所示。

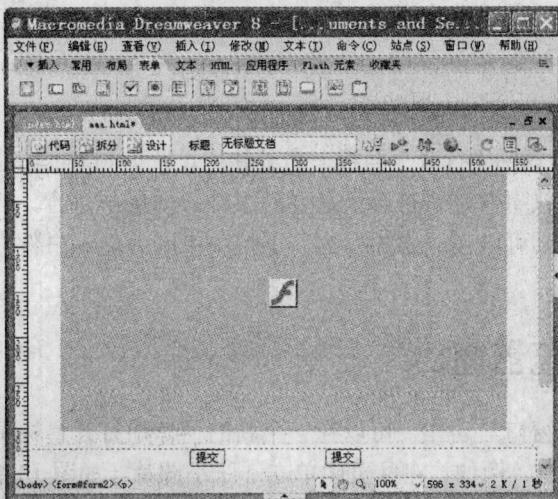

图 13-10　插入按钮

（5）选择其中的一个按钮，在"属性"面板中将其命名为 bofang，在"值"文本框中输入"播放"，如图 13-11 所示。参照此方法设置另一个按钮，并在"值"文本框中输入"停止"。

图 13-11　设置"播放"按钮

（6）选择"播放"按钮。在"行为"面板中单击"添加行为"下拉按钮 ＋.，在弹出的下拉菜单中选择"控制 Shockwave 或 Flash"选项，打开"控制 Shockwave 或 Flash"对话框，如图 13-12 所示。

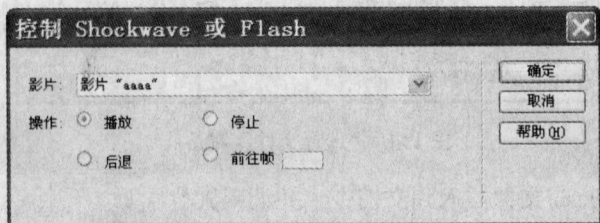

图 13-12　"控制 Shockwave 或 Flash"对话框

（7）在该对话框中进行设置。单击"影片"下拉列表框右侧的下拉按钮，在弹出的下拉列表中选择插入的影片 aaaa（Dreamweaver 会自动列出当前文档中所有 Shockwave 和 Flash SWF 文件的名称）；在"操作"选项区中选中"播放"单选按钮，然后单击"确定"按钮。

（8）参照（7）的操作方法设置"停止"按钮，如图 13-13 所示。

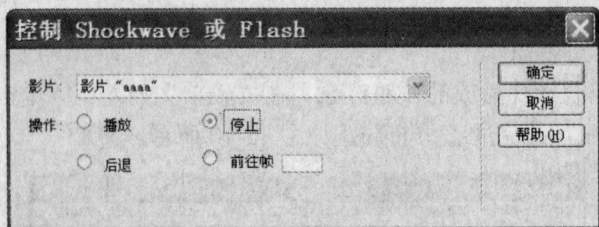

图 13-13　设置"停止"按钮

（9）设置完成后，返回"行为"面板，其事件均设置为 onClick，至此该实例设置完毕。

在浏览器中检查默认事件是否符合所需要的事件，如果不符合，可选择其他事件；如果未列出所需要的事件，则可以在"添加行为"下拉菜单的"显示事件"子菜单中更改目标浏览器。

13.2.3　打开浏览器窗口

使用"打开浏览器窗口"动作，可以在一个新的窗口中打开目标页面。用户可以指定新窗口的属性、特征和名称。例如，在网页中单击一张小图片（如图 13-14 所示），便可以在另一个网页中打开一张放大的图片，如图 13-15 所示。

图 13-14　带行为的小图片举例　　　　　　　　　　图 13-15　打开后放大图片举例

实现"打开浏览器窗口"动作的具体操作步骤如下：

（1）打开一张网页文档，从中选择要添加该行为的图片对象，打开"行为"面板，单击"添加行为"下拉按钮，在弹出的下拉菜单中选择"打开浏览器窗口"选项，弹出"打开浏览器窗口"对话框，如图 13-16 所示。

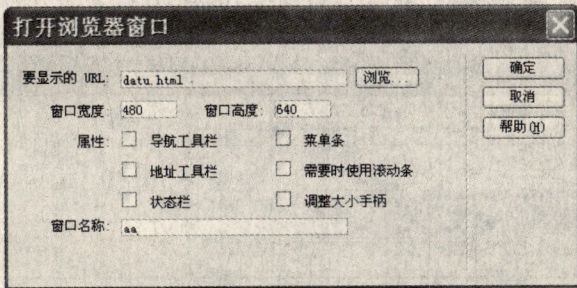

图 13-16　"打开浏览器窗口"对话框

（2）在该对话框中可以对各选项进行设置：单击"要显示的 URL"文本框后面的"浏览"按钮，打开"选择文件"对话框，从中选择所需要的文件，或在文本框中直接输入要显示的目标网页；在"窗口宽度"和"窗口高度"文本框中输入要显示的窗口大小，该值以像素为单位，如可以分别输入 480 和 640；在"属性"选项区中选择所需要的选项；在"窗口名称"文本框中输入新窗口的名称（若要通过 JavaScript 使用链接指向新窗口或控制新窗口则应对新窗口命名，此名称不能包含空格和特殊符号）。

在"属性"选项区中，各选项的含义如下：

※　导航工具栏：是一行浏览器按钮，包括"后退"、"前进"和"主页"等。

※　地址工具栏：用于输入网站地址，从而跳转到其他的页面。它主要包括"地址"文本框等。

❋ 状态栏：是位于浏览器窗口底部的区域，在该区域中显示消息（如剩余的载入时间以及与链接关联的链接地址等）。

❋ 菜单条：是浏览器窗口上显示菜单（如"文件"、"编辑"和"查看"等）的区域。如果要让访问者能够从新窗口导航，可以设置此选项。如果不设置此选项，则在新窗口中用户只能进行最小化或者关闭窗口操作。

❋ 需要时使用滚动条：可以设置当内容超出可视区域时，是否显示滚动条。

❋ 调整大小手柄：设置浏览者是否能够调整窗口的大小。如拖动窗口的右下角或单击右上角的最大化按钮。

（3）设置完成后，单击"确定"按钮。返回"行为"面板，并设置其事件为 onClick，至此该实例设置完毕。

按【F12】键，在浏览器中检查默认事件是否所需要的事件。如果不是，可以在"行为"面板中设置另一个事件。如果未列出所需要的事件，则在"添加行为"下拉菜单的"显示事件"子菜单中更改目标浏览器。

13.2.4 播放声音

使用"播放声音"行为可以控制声音播放，浏览者可以根据自己的爱好播放或停止声音。例如，可以设置当鼠标指针滑过按钮时，播放一段声音效果，或在加载页面时播放音乐剪辑。添加"播放声音"行为的具体操作步骤如下：

（1）打开网页文档，从中选择一个按钮，并打开"行为"面板，如图 13-17 所示。

图 13-17 "行为"面板

（2）单击面板中的"添加行为"下拉按钮，在弹出的下拉菜单中选择"播放声音"选项，打开"播放声音"对话框（如图 13-18 所示），在"播放声音"文本框中输入目标文件的路径，或单击"浏览"按钮，打开"选择文件"对话框（如图 13-19 所示），从中选择所需的音频文件。

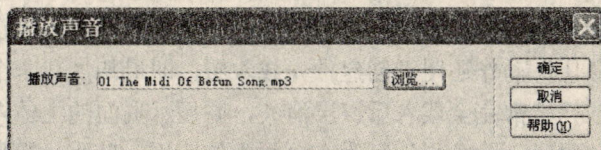

图 13-18　"播放声音"对话框

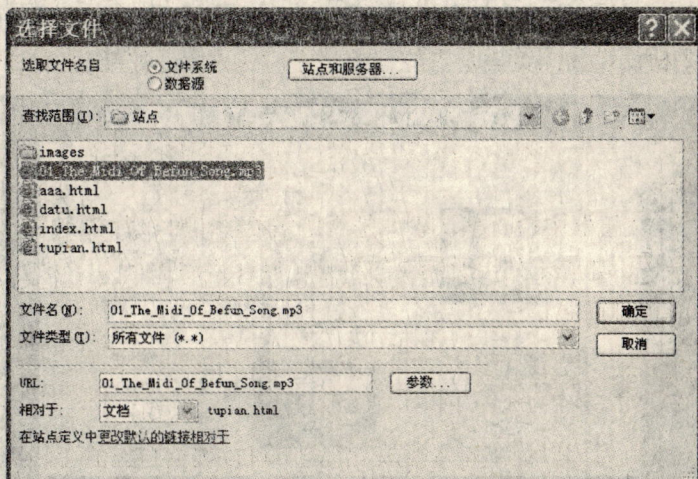

图 13-19　"选择文件"对话框

（3）设置完成后，单击"确定"按钮关闭该对话框。

（4）返回到"行为"面板中，从中选择事件 onMouseOver（如图 13-20 所示），至此该实例制作完毕。

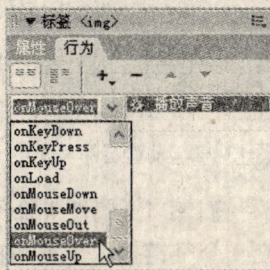

图 13-20　选择事件

需要注意的是，不同的浏览器可能需要用某种附加的音频支持（如音频插件）来播放声音。因此，具有不同插件的不同浏览器所播放声音的效果会有所不同，所以很难准确地预测出站点的访问者对提供的声音的看法。

按【F12】键，检查默认事件是否所需要的事件，如果不是，可以选择其他事件；如果未列出所需要的事件，则在"添加行为"下拉菜单的"显示事件"子菜单中更改目标浏览器。

13.2.5　显示—隐藏层

使用"显示—隐藏层"行为，可以显示、隐藏或恢复一个或多个层的默认可见性。此行为用于当用户与页面进行交互时显示的信息。它不仅可以节省页面空间，而且有助于用户对主要信息的理解。例如，当用户将鼠标指针指向某一个对象时，可以显示与该对象相关的信息。此外"显示－隐藏层"动作还用于创建预先载入层，即最初加载一个可以遮住整个页面内容的层，在所有页面元素都完全载入后该层消失，并显示页面的主体内容。

下面以实例讲述"显示－隐藏层"行为在页面中的应用。其具体操作步骤如下：

（1）打开或制作一张网页，单击"插入"|"层"命令，或单击"布局"插入栏中的"绘制层"按钮，然后在文档中的相应位置绘制一个层，其默认名称为 Layer1，在层中输入相关的内容，如图 13-21 所示。

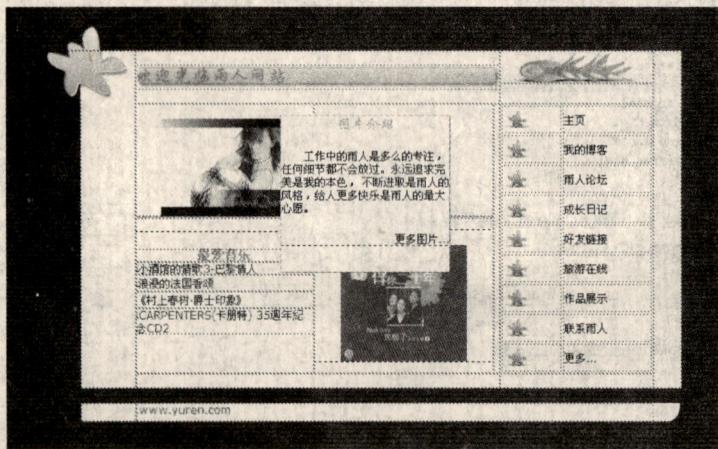

图 13-21　插入层举例

（2）单击"窗口"|"层"命令，打开"层"面板，在其中单击层 Layer1 的眼睛图标，将其设置为隐藏状态，如图 13-22 所示。

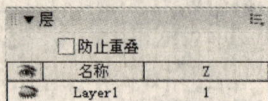

图 13-22　设置层的可见性

（3）选择所需要的图像，单击"窗口"|"属性"命令，在"属性"面板中的链接文本框中输入#（如图 13-23 所示），建立一个空链接，主要目的是为了当将鼠标指针放置于图片上时，可以显示小手形状，以便引起浏览者的注意。

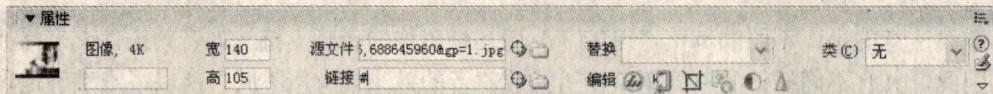

图 13-23　建立空链接

（4）在"行为"面板中单击"添加行为"下拉按钮，在弹出的下拉菜单中选择"显示－隐藏层"选项，打开"显示－隐藏层"对话框，如图 13-24 所示。

（5）在"命名的层"列表中选择对应的层，单击"显示"按钮（此时图层的名称后增加"（显示）"），然后单击"确定"按钮，返回"行为"面板，在该面板中选择刚才设置的行为，并为其选择 onMouseOver 事件，如图 13-25 所示。到此，该实例行为的前半部分已设置完毕，下面设置后半部分内容。

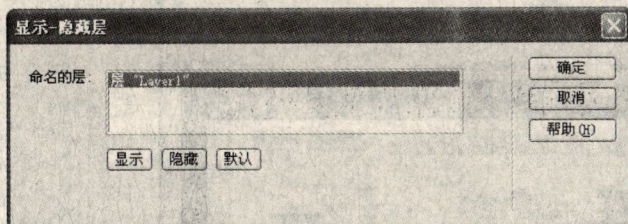

图 13-24　"显示－隐藏层"对话框

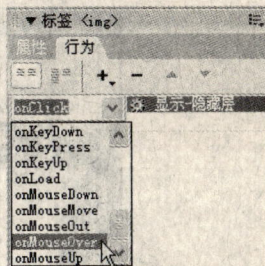

图 13-25　选择事件

（6）再次选择图片 a，单击"行为"面板中的"添加行为"下拉按钮，在弹出的下拉菜单中选择"显示－隐藏层"选项，打开"显示－隐藏层"对话框，如图 13-26 所示。

（7）在此对话框中进行隐藏设置。选择相应的层 Layer1，单击"隐藏"按钮，在层名称后面出现"（隐藏）"字样，单击"确定"按钮。

（8）返回到"行为"面板，并为其选择事件 onMouseOut，如图 13-27 所示。

图 13-26　设置"显示－隐藏层"对话框

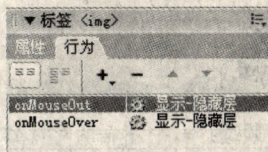

图 13-27　设置事件

（9）至此整个实例设置完毕，将鼠标指针放置在图像上，此时将显示层 Layer1 中相关的图像说明，如图 13-28 所示。

图 13-28　将鼠标指针放置在图像上时显示层举例

（10）将鼠标指针移至图像外时，图像的说明随之消失，如图 13-29 所示。

图 13-29　鼠标指针离开图像时隐藏层举例

> **提示**　如果"显示－隐藏层"选项为灰色不可用状态，则可能是由于用户选择了层。因为该行为的实现必须选择一个不同的对象作为载体，如图片。

层还可以作为预先载入的对象，以便于缓解网页下载中的等待气氛，在此不再详述，下面仅给出一些关键操作步骤，有兴趣的读者可以自己尝试操作。

（1）在"常用"插入栏中单击"绘制层"按钮，然后在文档的设计视图中绘制一个较大的层。该层一定要覆盖页面上的所有内容或部分内容。

（2）单击"窗口"｜"层"命令，打开"层"面板，从中将该层拖曳到层列表的顶部，以将该层放在所有图层的最前面。

（3）选择该层，打开"属性"面板，在"层编号"文本框中为该层输入一个名称 loading，并将层的"背景颜色"设置为与页面背景相同的颜色。

（4）可以在层中输入一些信息，如"请稍候，正在载入页面…"，这些消息提示访问者当前正在发生的操作。

（5）打开"行为"面板，从中单击"添加行为"下拉按钮，在弹出的下拉菜单中选择"显示－隐藏层"选项，然后在对话框中进行相应的设置即可。

13.2.6　显示弹出式菜单

弹出式菜单是现在网上比较流行的一种菜单形式，尤其是在一些信息量庞大的大型网站中。因为它不仅形式灵活，而且还可以节省页面空间。使用"显示弹出式菜单"行为可以将同一类型信息的菜单集中在一起，以便于浏览者的查阅。

本实例通过 Dreamweaver 8"行为"面板中的"显示弹出式菜单"选项来实现该动作，具体操作步骤如下：

（1）打开一个已有的文档，选择其中要包含多个级联菜单的选项，本实例中选择"作

品展示"，如图 13-30 所示。单击"窗口"|"属性"命令，打开"属性"面板，在面板中的
"链接"文本框中输入#，建立一个空链接，如图 13-31 所示。

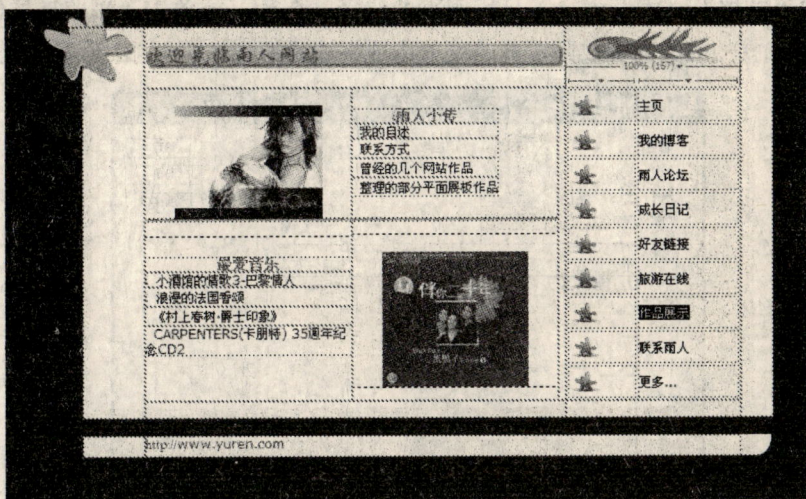

图 13-30　选择菜单选项

图 13-31　建立空链接

（2）单击"窗口"|"行为"命令，在"行为"面板中单击"添加行为"下拉按钮，在
弹出的下拉菜单中选择"显示弹出式菜单"选项，打开"显示弹出式菜单"对话框，单击该
对话框中的"内容"标签，将打开"内容"选项卡，如图 13-32 所示。

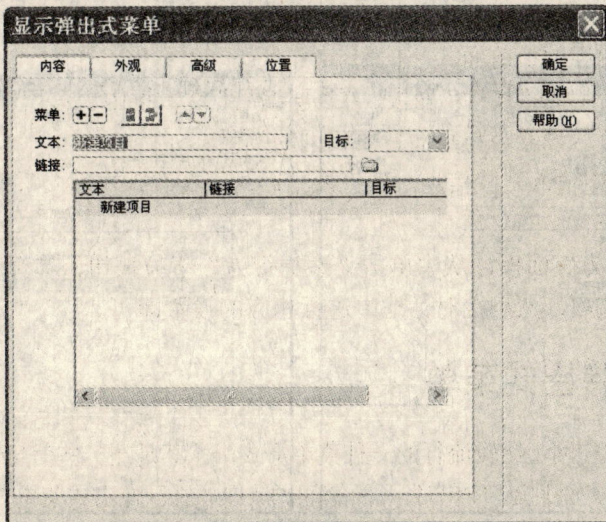

图 13-32　"内容"选项卡

（3）单击"菜单"中的"添加项"按钮，添加一个项目，然后在"文本"文本框中
输入级联菜单选项"网页作品"。

（4）在"目标"下拉列表框中选择目标网页的显示方式，如选择_blank 选项，则可在一个新窗口中打开目标网页。

（5）在"链接"文本框中输入目标网页的路径、名称，或单击"浏览"按钮🗀，在弹出的对话框中选择相应的网页，则设置的菜单选项将被添加到如图 13-33 所示的列表中。

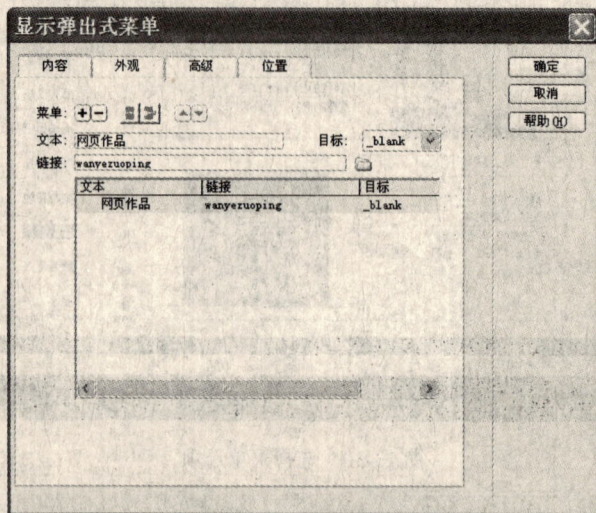

图 13-33　添加菜单选项

（6）参照步骤（3）~（5）的操作，分别添加"平面作品"、"CorelDraw 作品"、"Photoshop 作品"和"家装作品"菜单选项，如图 13-34 所示。

（7）如果新建的页面中存在级联菜单，可以通过单击🖼按钮和🖼按钮，进行级联菜单的建立与取消。例如，将"Photoshop 作品"和"CorelDraw 作品"作为"平面作品"的级联菜单，则可以分别选择"Photoshop 作品"和"CorelDraw 作品"，然后单击🖼按钮；如果要取消级联菜单，可以选择相应的菜单选项，然后单击🖼按钮。如图 13-35 所示。

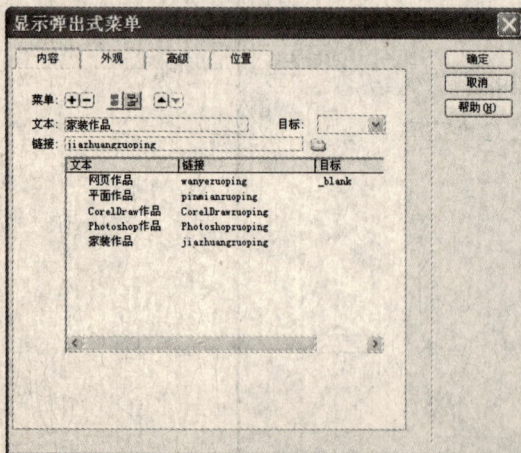

图 13-34　添加其他菜单选项

图 13-35　建立级联菜单

（8）设置完成后，单击"外观"标签，将打开"外观"选项卡，如图 13-36 所示。

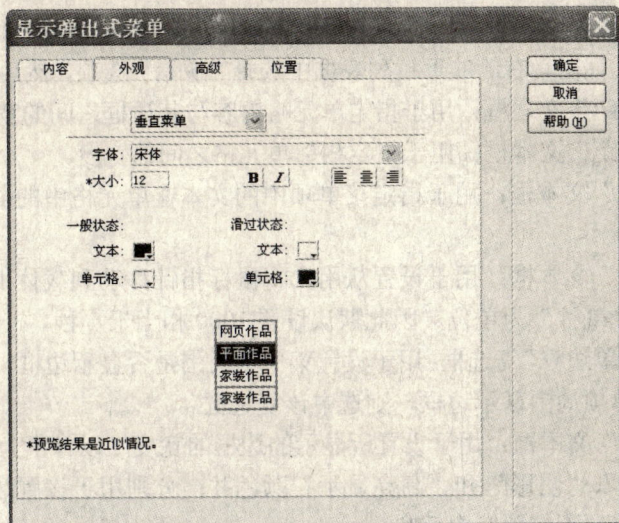

图 13-36 "外观"选项卡

（9）在"外观"选项卡中设置各个选项。单击位于该选项卡上方的下拉列表框中的下拉按钮，在弹出的下拉列表中选择一种菜单的摆放方式，如"垂直菜单"或"水平菜单"；在"字体"下拉列表框中选择所需要的字体样式，如"宋体"；在"大小"文本框中输入菜单字体的字号大小；"一般状态"和"滑过状态"用于设置在两种形式下菜单的显示形式。设置完成后，可以在下面的预览区中预览。

（10）在"高级"选项卡（如图 13-37 所示）中可设置各个选项，以控制菜单的格式。

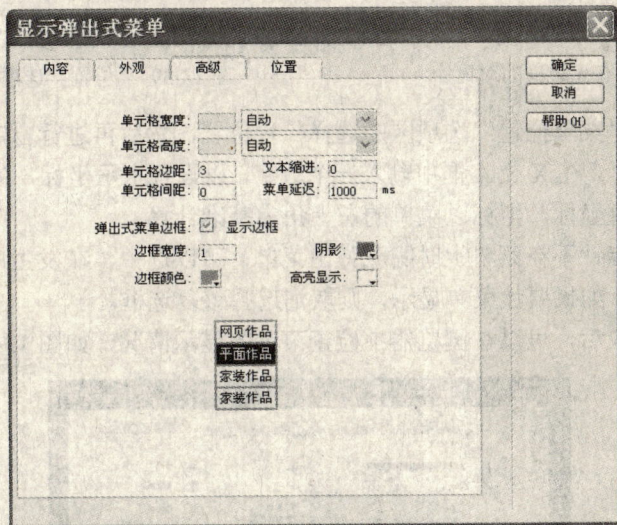

图 13-37 "高级"选项卡

在"高级"选项卡中，各个选项的含义如下：

❈ "单元格宽度"文本框：用于为菜单按钮设置一个特定的宽度（以像素为单位）。单元格宽度会根据最宽的选项自动设置，若要增加单元格宽度，可以在其右侧的下拉列表框中选择"像素"选项，然后输入一个较大的值。

❋ "单元格高度"文本框：用于为菜单按钮设置一个特定的高度（以像素为单位）。若要增加单元格高度，可在其右侧的下拉列表框中选择"像素"选项，然后输入一个较大的值。

❋ "单元格边距"文本框：用于指定单元格内容与其边框之间的宽度。

❋ "单元格间距"文本框：用于指定相邻单元格之间的宽度。

❋ "文本缩进"文本框：用于指定菜单项中的文本在单元格中的缩进距离（以像素为单位）。

❋ "菜单延迟"文本框：用于设置从用户将鼠标指针移动到载体上到菜单出现之间的时间间隔。该值以"毫秒"为单位，因此默认设置 1000 相当于 1 秒。

❋ "弹出式菜单边框"复选框：用于设置菜单项周围是否显示边框，对比效果如图 13-38 所示。如果要在菜单项周围显示边框，则选中该复选框。

❋ "边框宽度"文本框：用于设置所显示的边框的宽度（以像素为单位）。

❋ "边框颜色"、"阴影"和"高亮显示"颜色井：分别用于设置边框的颜色、阴影和高亮显示，这三个选项不在预览中反映。

（11）在"位置"选项卡（如图 13-39 所示）中为所建的菜单选择一种摆放位置。

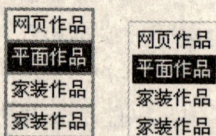

图 13-38 弹出式菜单有无边框的对比

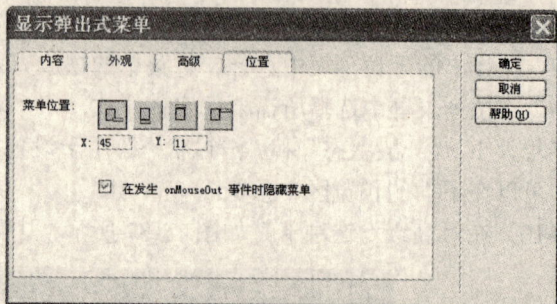

图 13-39 "位置"选项卡

（12）可以在"菜单位置"选项区中选择一种位置，然后再进行自定义。设置自定义位置坐标的具体操作是：在 X 文本框中输入一个数字，以设置水平坐标，在 Y 文本框中输入一个数字，以设置垂直坐标。坐标以菜单的左上角为基准计算。

如果要在鼠标指针不在菜单上时隐藏弹出菜单，可以选中"在发生 onMouseOut 事件时隐藏菜单"复选框；如果要让菜单显示，则取消选择该复选框。

（13）创建完成后，可以在浏览器中检查菜单的显示情况，如图 13-40 所示。

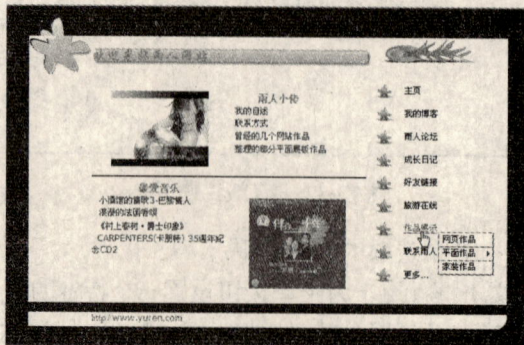

图 13-40 "显示弹出式菜单"实例

13.2.7 检查表单

"检查表单"动作可以检查表单中的各个对象，以确保用户输入了正确的内容。可以将其附加到按钮上，当用户单击"提交"按钮时，同时对多个文本域进行检查，以防止将表单提交到服务器后包含无效的数据。若要在用户提交表单时检查多个域，可以插入"检查表单"行为，具体操作步骤如下：

（1）创建或选择一个行为的载体（如插入一个"提交"按钮），单击"窗口"│"行为"命令，打开"行为"面板，单击"添加行为"下拉按钮，在弹出的下拉菜单中选择"检查表单"选项。

（2）打开"检查表单"对话框（如图 13-41 所示），可以在该对话框的"命名的栏位"列表中选择一个表单项，如 ID。由于用户名是一种特别重要的表单项，所以选中"必需的"复选框，然后在"可接受"选项区中选择一种合适的数据类型，如"任何东西"。

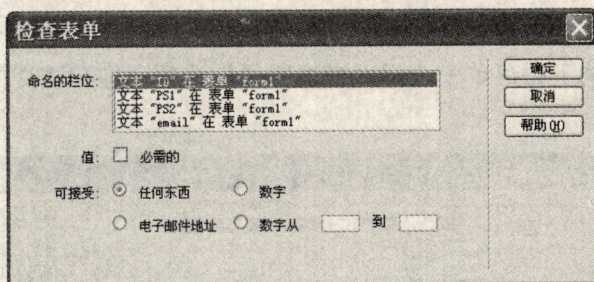

图 13-41 "检查表单"对话框

（3）设置 PS1 为"必需的"，然后在"可接受"选择区中选中"数字"或"数字从"单选按钮，以指定所输入的内容范围是数字。

（4）选择 email 表单选项，取消选择"必需的"复选框，在"可接受"选项区中选中"电子邮件地址"单选按钮，以检查该项内容是否包含一个@符号。

（5）单击"确定"按钮。返回到"行为"面板中，使用其默认事件 onClick。

（6）在浏览器中检查行为是否符合要求。如在没有输入 ID 的情况下单击"提交"按钮，则弹出一个提示信息框提示用户 ID 是必需的，如图 13-42 所示。

如果用户输入了 email，但格式不正确，虽然 email 不是必需的内容，但如果输入了错误的格式，同样会弹出提示信息框，提示 email 格式出错，如图 13-43 所示。

图 13-42 提示用户 ID 为必需的

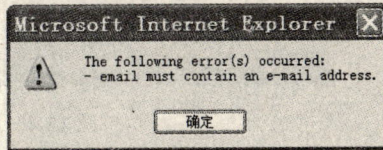

图 13-43 提示 email 格式出错

13.2.8 设置其他行为

在"行为"面板中除了常用的一些行为以外，还有一些用得较少的特殊行为，本小节将介绍几种特殊行为。

1. 交换图像

"交换图像"行为是通过更改 img 标签的 src 属性将一个图像和另一个图像进行交换的。使用此行为可以创建鼠标经过图像时，由另外一张图像代替原来图像的效果，应用鼠标经过图像效果时，会自动将一个"交换图像"行为添加到相应的网页中。制作一个按钮的"交换图像"效果的具体操作步骤如下：

（1）在图像处理软件中制作两张图像，分别作为一个菜单的两种显示形式。

（2）在页面中选择相应的菜单按钮选项，如选择"关于我们"菜单图片，如图 13-44 所示。

图 13-44 选择菜单图片举例

（3）单击"窗口"|"行为"命令，打开"行为"面板，单击面板中的"添加行为"下拉按钮 +，在弹出的下拉菜单中选择"交换图像"选项，打开"交换图像"对话框，如图 13-45 所示。

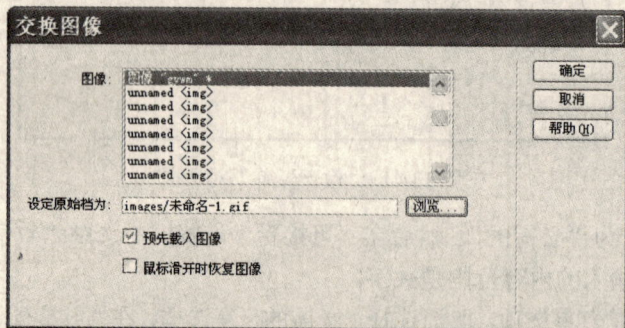

图 13-45 "交换图像"对话框

（4）在"图像"列表框中选择 gywm 选项，在"设定原始档为"文本框中设置目标文件，然后选中"预先载入图像"复选框，防止由于下载而导致图像交换的延迟，同时选中"鼠标滑开时恢复图像"复选框，以便恢复菜单的初始状态。

（5）按【F12】键，在浏览器中进行预览，当鼠标悬浮于菜单的上方时，可以显示所要交换的图像，如图 13-46 所示。

图 13-46 "交换图像"效果举例

2. 设置状态栏文本

使用"设置状态栏文本"行为，可以设置在浏览器窗口底部的状态栏中所显示的信息。例如，可以使用此行为在状态栏中加入一些欢迎词，具体操作步骤如下：

（1）单击"窗口"|"行为"命令，打开"行为"面板，单击"添加行为"下拉按钮，在其下拉菜单中选择"设置文本"|"设置状态栏文本"选项。

（2）在弹出的"设置状态栏文本"对话框的"消息"文本框中输入"欢迎光临本网站"，如图 13-47 所示。

图 13-47　设置"设置状态栏文本"对话框

（3）单击"确定"按钮。在浏览器中进行浏览，效果如图 13-48 所示。

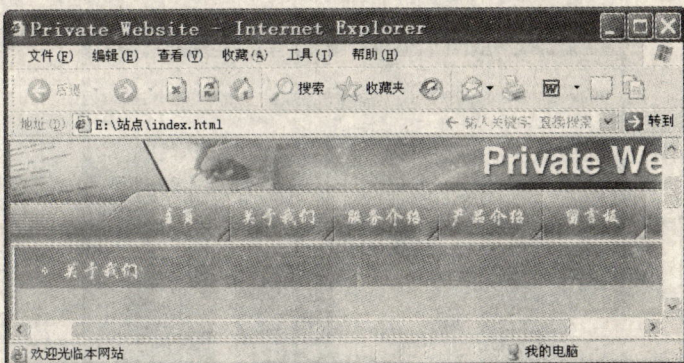

图 13-48　设置后浏览器中的状态栏举例

3. 预先载入图像

"预先载入图像"行为是将暂时不需要出现在网页上的图像载入浏览器缓存中，当需要使用时就可以立刻调入，从而减少了浏览者的等待时间。

在网页中使用"预先载入图像"行为的具体操作步骤如下：

（1）在文档中选择一个对象，然后打开"行为"面板，单击其中的"添加行为"下拉按钮，在弹出的下拉菜单中选择"预先载入图像"选项。

（2）在打开的"预先载入图像"对话框（如图 13-49 所示）的"图像源文件"文本框中输入图像文件的名称，或单击"浏览"按钮，在弹出的对话框中选择所需要的文件；单击 ➕ 按钮将图像添加到"预先载入图像"列表中（如果在输入下一个图像之前用户没有单击加号按钮，则列表中刚选择的图像将被下一个图像替换），单击 ➖ 按钮可以删除多余的图像。

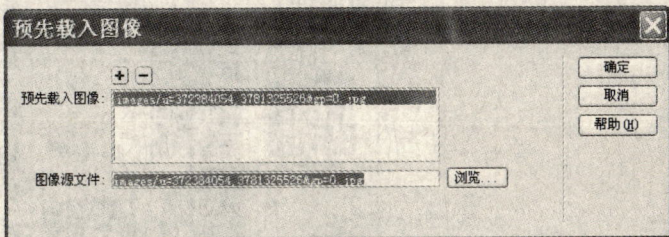

图 13-49　"预先载入图像"对话框

（3）单击"确定"按钮，关闭该对话框。

检查默认事件是否所需要的事件，如果不是，可以选择其他事件。如果未列出所需要的事件，则可以在"添加行为"下拉菜单的"显示事件"子菜单中更改目标浏览器。

4. 拖动层

应用"拖动层"行为，浏览者可以通过拖动来改变其位置。使用此行为可创建拼图游戏、滑块控件或其他可移动的界面元素。下面将通过一个小拼图游戏来演示拖动层行为的应用，具体操作步骤如下：

（1）在 Dreamweaver 8 中新建一个文档，在文档的顶端居中位置输入文本"拼图游戏"，并导入制作好的图像，如图 13-50 所示。

图 13-50　导入图像

（2）在页面中制作一个大方框（与 6 张图像正确摆放时的大小相同），然后新建 6 个层，并将所有图像分别放入不同的层中，如图 13-51 所示。

图 13-51　摆放图像位置

（3）单击窗口左下角的 body 标签，单击"窗口"|"行为"命令，打开"行为"面板，单击"添加行为"下拉按钮，在弹出的下拉菜单中选择"拖动层"选项，打开"拖动层"对话框（如果"拖动层"选项处于灰色不可用状态，则可能是因为选择了层。因为层在低版本的浏览器中不接受事件，所以用户必须选择一个不同的对象或在"显示事件"子菜单中将目标浏览器更改为 IE 4.0），如图 13-52 所示。

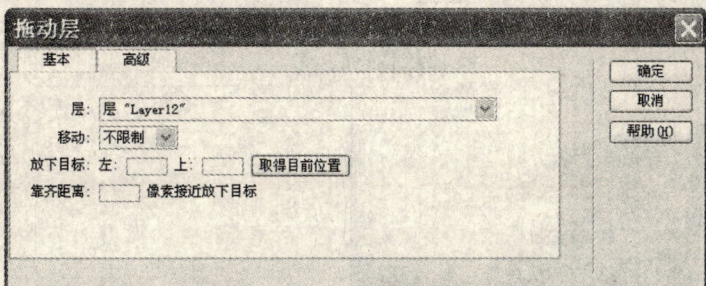

图 13-52　"拖动层"对话框

（4）在该对话框的"基本"选项卡中进行设置。在"层"下拉列表框中选择层 Layer12，单击"移动"下拉列表框中的下拉按钮，在弹出的下拉列表中选择"不限制"选项（其中有"不限制"和"限制"两个选项。"不限制"选项适用于拼图游戏和其他拖放游戏，对于滑块控件和可以移动的背景，则应选择"限制"选项）；若在该下拉列表框中选择"限制"选项，则可在"上"、"下"、"左"和"右"文本框中输入值（以像素为单位），如图 13-53 所示。

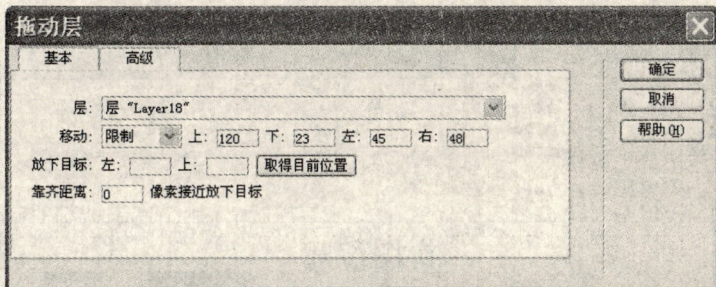

图 13-53　选择"限制"选项的"基本"选项卡

上述 4 个值是相对于层起始位置来说的。如果限制在矩形区域中移动，则在所有 4 个文本框中都输入正值；如果只允许垂直移动，则在"上"和"下"文本框中输入正值，在"左"和"右"文本框中输入 0；如果只允许水平移动，则在"左"和"右"文本框中输入正值，在"上"和"下"文本框中输入 0。

将层 Layer12 移动至合适的位置，然后单击"取得目前位置"按钮，可以利用层的当前位置自动填充"左"、"上"文本框，如 10 和 58。也可以在"左"和"上"文本框中为拖放目标输入值（以像素为单位）。其中"放下目标"选项中的值是一个点，是为层的拖动指定的终点，即当层在文档中的坐标值与"放下目标"选项区中输入的值匹配时，便认为层已经到达拖放的目标位置。这些值是与浏览器窗口的左上角相对的。

在"靠齐距离"文本框中输入一个以像素为单位的值 10，以指定当层距离目标多近时，才将层靠齐到目标。

（5）参照步骤（3）～（4）的操作，设置其他层，如图 13-54 所示。

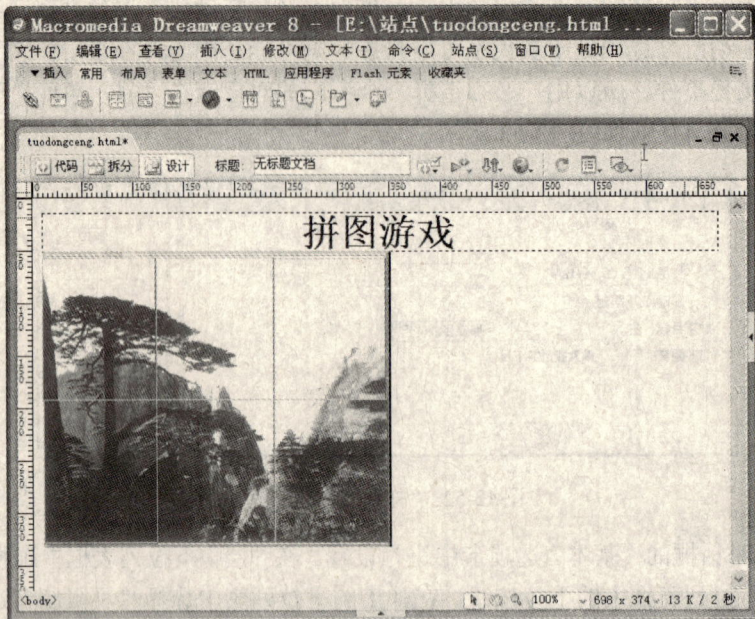

图 13-54　设置其他层

（6）将所有的层拖曳到方框的外部，打乱它们摆放的次序，并进行重新排列，如图 13-55 所示。

图 13-55　重新排列图片

（7）在浏览器中进行预览，检查各个层的拖动情况，如图 13-56 所示。

需要注意的是，因为在浏览者可以拖动层之前要先调用"拖动层"行为，所以应确保触发该行为的事件发生在浏览者试图拖动层之前。其最佳方法是使用 onLoad 事件，并将"拖动层"行为附加到 body 对象上。

图 13-56　在浏览器中进行浏览

13.3　第三方插件

　　Dreamweaver 在行为应用方面的最大优点就是它的扩展性。它为精通 JavaScript 的用户提供了自主开发编写 JavaScript 代码的条件，同时，也可以通过第三方插件来获取更多的行为，下面将简单介绍如何获取扩展行为。

1. 下载扩展包

　　要使用"行为"的扩展功能，需要先下载和安装功能扩展包。

　　单击"窗口" | "行为"命令，打开"行为"面板，单击"添加行为"下拉按钮，在弹出的下拉菜单中选择"获取更多行为"选项，可打开相应的网页，从中进行搜索和下载。也可以到网站 www.macromedia.com/go/dreamweaver_exchange_cn/中登录并下载功能扩展包。

　　此外，功能扩展管理器是一个独立的应用程序，可用于安装和管理 Macromedia 应用程序中的功能扩展。用户可通过在 Dreamweaver 应用程序中单击"命令" | "管理扩展功能"命令来启动功能扩展管理器。

2. 安装和管理功能扩展

　　安装和管理功能扩展的具体操作步骤如下：

　　（1）在 Macromedia Exchange 站点上单击某个功能扩展的下载链接。

　　（2）此时将弹出一个对话框，用户可以从中选择是直接从站点打开并安装扩展程序，还是将它保存到磁盘。若选择直接从站点打开功能扩展，则功能扩展管理器将自动处理安装；如果选择将功能扩展保存到磁盘，则可以将安装文件下载到磁盘中。最好将功能扩展包文件（.mxp）保存到用户的计算机上，通常保存在 Dreamweaver 应用程序文件夹中的 Downloaded Extensions 文件夹中。

（3）双击功能扩展包文件，或者打开功能扩展管理器并单击"文件"|"安装功能扩展"命令进行安装。

（4）功能扩展被安装到 Dreamweaver 文件夹后，有些功能扩展可能在 Dreamweaver 中不能直接使用，需要重新启动 Dreamweaver 应用程序才能生效。

习　题

一、填空题

1. 在应用行为时要注意，根据＿＿＿＿＿＿版本的不同，所支持事件的种类和多少也不尽相同。

2. 有时在浏览网页时，当用户触发了某一事件后，会弹出一些相应的提示信息，这种功能可以通过常用行为中的＿＿＿＿＿＿来实现。

3. 如果要获取更多的行为，用户可以通过＿＿＿＿＿＿来实现。

二、简答题

1. 简述行为的作用。

2. 网页制作中常见的行为有哪些，各自的作用是什么？

三、上机题

1. 制作一个提示信息框，并给出信息，如在注册表单时，当浏览者单击"提交"按钮后，提示注册成功的提示信息框。

2. 结合层，制作一个"显示－隐藏层"效果。（提示：可以制作一张图片的介绍，如当鼠标指针悬浮于菊花图片上时，显示菊花的介绍。）

3. 制作一个弹出式菜单。

第 *14* 章 动态网页的实现

导语与学习目标

　　动态网页是现在网站建设中最常用的一种表达形式，它可以根据预先制定好的程序，对用户的不同请求返回不同的内容。从而实现资源的最大利用，并节省服务器上的物理资源。通过本章的学习，读者应掌握数据库的创建、DNS 的设置和数据库的绑定。

要点和难点

> ➤ 数据库的建立
> ➤ DNS 的创建
> ➤ 学会使用"绑定"面板

14.1 创建数据库

　　动态网站中的数据库存储了网站中大量的信息，在网站的建设中具有重要的意义。本节将向读者介绍如何创建数据库，以及创建数据库的主要工具。

14.1.1 数据库概述

　　数据库作为动态网站建设中的一个重要组成部分，其主要作用是什么呢？下面将介绍数据库的概念及作用。

1. 数据库简述

　　数据库，即存储在磁带、磁盘、光盘或其他外存介质上、按一定结构组织在一起的相关数据的集合，它是依照某种数据模型组织起来的。所存储的数据集合具有如下特点：尽可能不重复，以最优方式为某个特定组织提供多种应用服务，其数据结构独立于使用它的应用程序，数据的增加、删除、修改和检索由统一软件进行管理和控制。从发展的历史看，数据库是数据管理的高级阶段，它是由文件管理系统发展起来的。

　　数据库的基本结构可分为以下三个层次：

　　❋　物理数据层。它是数据库的最内层，是物理存储设备上实际存储的数据的集合。这些数据是原始数据，是用户加工的对象，由内部模式描述的指令操作处理的位串、字符和字组成。

　　❋　概念数据层。它是数据库的中间一层，是数据库的整体逻辑表示。该层指出了每个数据的逻辑定义及数据间的逻辑联系，是存储记录的集合。它所涉及的是数据库所有对象的逻辑关系，而不是它们的物理关系，是数据库管理员概念下的数据库。

❋ 逻辑数据层。它是用户所看到和使用的数据库，表示一个或一些特定用户使用的数据集合，即逻辑记录的集合。

数据库的特点主要有以下几点：

❋ 实现数据共享。数据共享包含所有用户可同时存取数据库中的数据，也包括用户可以使用各种方式通过接口使用数据库，并提供数据共享。

❋ 减少数据的冗余度。同文件系统相比，由于数据库实现了数据共享，从而避免了用户各自建立应用文件的情况；减少了大量重复数据，维护了数据的一致性。

❋ 数据的独立性。数据的独立性包括数据中数据库的逻辑结构和应用程序的相互独立，也包括数据的物理结构与逻辑结构的相互独立。

❋ 数据实现集中控制。在文件管理方式下，数据处于一种分散的状态，而利用数据库便可以对数据进行集中控制和管理,并通过数据模型表示各种数据的组织以及数据间的联系。

❋ 数据的一致性和可维护性。确保了数据的安全性和可靠性，主要包括：

安全性控制：防止数据丢失、错误更新和越权使用。

完整性控制：保证数据的正确性、有效性和相容性。

并发控制：在同一时间周期内，允许对数据实现多路存取，同时防止用户之间的不正常交互操作。

故障的发现和恢复：由数据库管理系统提供一套方法，可及时发现故障并修复故障，从而防止数据被破坏。

2. 数据库的作用

作为网站中的一个重要组成部分，数据库在网站建设中发挥着重要的作用。与普通网站相比，具有数据库功能的网站通常被称为动态页面，其中的内容（或部分内容）是动态生成的，它可以根据数据库中相应部分内容的调整而变化，使网站内容更丰富、维护更简单、更新更便捷。数据库对网站建设的作用主要表现在以下几个方面：

（1）收集信息

普通的静态页面无法收集浏览者的信息内容，在大多数情况下网站拥有者为了完善网站的建设，往往需要搜集大量浏览者的信息，或者要求来访者成为会员，从而提供更多的服务，如大型的购物网站，注册会员后将享受优惠服务等。我们在网站上经常会看到"会员登录"、"会员注册"等内容，当浏览者通过注册和登录后，网站就为访问者提供一个独特的氛围，并详细地介绍相关服务或优惠措施，以求浏览者反馈信息。

（2）提供搜索功能方便网站内容的查找

如果网站只有几个页面，这种功能没有什么太大的意义，但是，如果网站有几十页甚至上百页，或站内提供大量的信息，如果没有方便的搜索功能，浏览者只能依靠清晰的导航系统，而对于一个新手往往要花些时间甚至根本无法查找到相关信息，因此会对网站产生不良影响。此时，提供方便的站内搜索不仅可以使网站结构清晰，还有利于需求信息的查找，节省浏览者的时间，也是吸引浏览者并达到宣传目的的重要手段之一。

（3）产品管理

如果网站有大量的产品需要展示和买卖，那么通过网络数据库可以方便地进行分类，使产品更有条理、更清晰地展示给客户。重要的是合理地将产品信息电子化归类，以方便日后的维护、检索与存储。如果将网站设计成静态页面，日后的维护工作将是相当的繁琐，而且企业必须有一个熟悉网站维护的工作人员不停地将产品信息、公司信息等发布到网上，因此也加重了工作人员的负担。对于加入数据库的网站而言，往往在后台有一个维护系统，目的是将技术化的网站维护工作简单化，如网站中出现的产品信息、价格变更、产品和服务种类的增减等，均可以通过后台管理界面从容完成。管理者所面对的不再是复杂的网页制作，而是一系列表格的操作。管理者只要熟悉基本的办公软件，如 Word 等，再经过简单的培训即可立即开展工作，而且人工费用不高。更重要的是通过程序与数据库的结合，可以统计出一些相当重要的信息，如产品的关注程度、评价信息、销售情况和质量投诉等，根据这些信息，企业可以迅速地做出相应的反应。

（4）新闻系统

一些企业网站为了宣传自己，往往放置一些新闻或相关行业动态等信息，如果网站中要放置新闻，一般而言，其更新的频率很高，此时增加数据库功能将很有必要，一方面可以快速发布信息，另一方面可以很容易地存储以前的新闻，从而便于浏览者或管理者的查阅。更重要的是避免重复修改主要页面，从而保持网站的稳定性。

（5）BBS 论坛

BBS 对于网站管理者而言，不仅可以加强与浏览者的互动，更重要的是可以收集浏览者的反馈信息，以及时了解浏览者的需求，加快网站的建设与完善，最终达到提高网站访问量的目的。

（6）开发有亲和力的网站环境

在一些网站中经常可以看到，用户登录后自己的用户名便会出现在网站中，这样的网站很具有亲和力，好像浏览者自己的网页一样，从而拉近了网站与访问者之间的距离，从而为网站的宣传与推广创造了有利条件。

（7）开发具有特殊功能的网站

该类网站的应用范围比较广泛，不仅应用于广域网，对于一些企业内部的网络，同样具有重要的应用，如地图查询、交通查询、工作管理、流程管理等。通过相应程序与数据库的结合，就可以将日常工作电子化、智能化，从而进一步方便用户的工作、提高工作效率。

14.1.2 数据库语言

数据库开发的语言有多种，如 ASP、JSP、PHP、C++、C#、VB、VC、VB.net、J2EE、J2SE、J2ME 和 EJB 等。对于各种数据库开发语言来说，它们都有各自的优、缺点。下面将介绍几种常用的数据库开发语言。

1. ASP 开发语言

ASP 全称为 Active Server Pages（活动服务器页），其程序运行在 IIS（Internet Information Server，网际网络信息服务）的基础上，脚本语言包括 JavaScript 和 VBScript。ASP 技术是由微软公司推出的，已成为目前网站应用中的核心技术，也是目前流行的 3P 技术（ASP、JSP 和 PHP）中应用最广泛的一种。

在企业应用中，使用 Windows 2000 Server 操作系统及其自带的 IIS 5.0、ASP 服务器端语言及 SQL Server 数据库服务器的搭配已经成为目前网站开发领域中的标准配置。

2. JSP 开发语言

JSP 是 JavaServer Pages 的简写。JSP 技术主要用于快速开发容易维护的动态网页，最初是由 Sun 公司开发的。它是纯 Java 的 Java 服务端组件，其开发的 Web 应用程序是跨平台的，不仅可以在 Windows、Linux 操作系统上运行，也可以在其他操作系统上运行。

JSP 技术使用 Java 编程语言编写类 XML 的 tags 和 scriptlets，可用于封装产生动态网页的处理逻辑。网页还能通过 tags 和 scriptlets 访问存在于服务端的资源（如 JavaBesns）的应用逻辑。JSP 将网页逻辑与网页设计和显示分离，支持可重用的基于组件的设计，使基于 Web 应用程序的开发变得更迅速、简单。

此外，JSP 技术是 Jakarta 项目组提供的两大模板技术（JSP 和 Velocity）之一，是一个非常好的模板技术，其中 Jakarta 项目组的 framework 对 JSP 提供了很好的支持。

下面将简单介绍一下 JSP 文件的运行：

（1）下载并安装 tomcat（下载地址：http://jakarta.apache.org/tomcat）。

（2）编写 JSP 网页和 Java 对象。

（3）配置自己的 Web 应用程序。配置方法为：在 TOMCAT_HOME/conf/server.xml 文件中加入一行代码<Content path="/appName" docBase="webapps/appName" debug="0" reloadable="true"/>。其中，TOMCAT_HOME 是 tomcat 的主目录，appName 是用户的 Web 应用程序的名称。

（4）将用户的 jsp 文件、html 文件、image 文件拷贝到 TOMCAT_HOME/webapps/appName 目录下。

（5）编译用户的 java 文件，并将编译好的 class 文件拷贝到 TOMCAT_HOME/webapps/WEB-INF/classes 目录下，或者将 class 文件压缩为 jar 文件放到 TOMCAT_HOME/webapps/WEB-INF/lib 目录下。

（6）设置完成后用户便可以在自己的浏览器上看到所制作的文件了：

http://localhost:8080/appName/youjsp.jsp。

其中，appName 是用户配置的 Web 应用程序的名称，youjsp.jsp 是用户所编写的 jsp 文件的名称。

3. PHP 开发语言

PHP 是一个嵌套的缩写名称，其全称是 PHP:Hypertext Preprocessor（超级文本预处理语言）。PHP 是一种 HTML 内嵌式的语言，与微软的 ASP 颇为相似，也是一种在服务器端执行的嵌入 HTML 文档的脚本语言。它的风格类似于 C 语言，但却混合了 C、Java、Perl 以及 PHP 自创的新语法。它在执行程序方面，比 CGI 或者 Perl 更加快速。

此外，使用 PHP 制作的动态页面与其他的编程语言相比，其优点如下：PHP 是将程序嵌入到 HTML 文档中去执行，执行效率比完全生成 HTML 标记的 CGI 要高许多；与同样是嵌入 HTML 文档的脚本语言 JavaScript 相比，PHP 在服务器端执行，充分利用了服务器的性能；PHP 执行引擎还会将用户经常访问的 PHP 程序驻留在内存中，当其他用户再次访问这个程序时，便不再需要重新编译，只需直接执行内存中的代码就可以了，这也是 PHP 高效率的体现之一；PHP 具有非常强大的功能，可以实现所有的 CGI 或者 JavaScript 的功能，并且支持几乎所有流行的数据库以及操作系统。

14.1.3 Access 数据库的建立

对于一些中小型的数据库来说，利用 Access 建立数据库，既方便又快捷。下面将通过一个简单的用户注册实例，来讲述如何利用 Access 进行数据库的创建。

首先打开 Access 应用程序，如图 14-1 所示。可以看到在窗口的右侧为"新建文件"任务窗格。

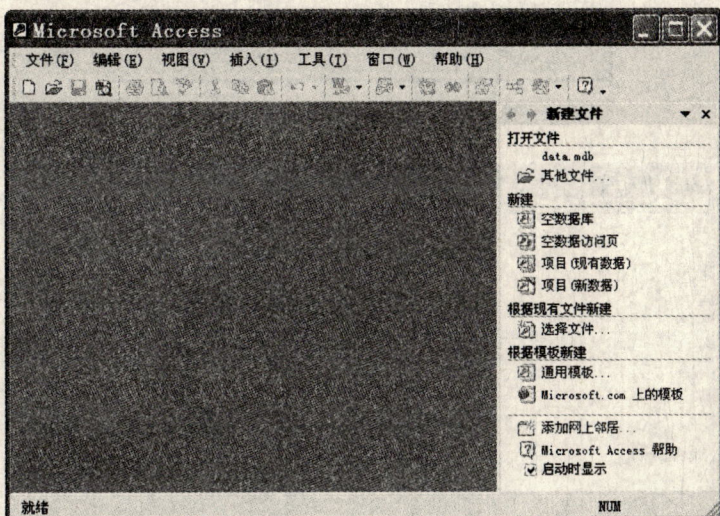

图 14-1 Access 应用程序

在该任务窗格中单击"空数据库"超链接，打开"文件新建数据库"对话框，如图 14-2所示。在"保存位置"下拉列表框中为建立的数据库选择一个存储位置，然后在"文件名"下拉列表框中为所建立的数据库命名，在"保存类型"下拉列表框中选择一种存储方式，最后单击"创建"按钮，打开数据库窗口，如图 14-3 所示。在窗口左侧的 "对象"列表中选择"表"选项，然后在右侧的选项区中双击"使用设计器创建表"选项。此时，将打开表窗口，如图 14-4 所示。

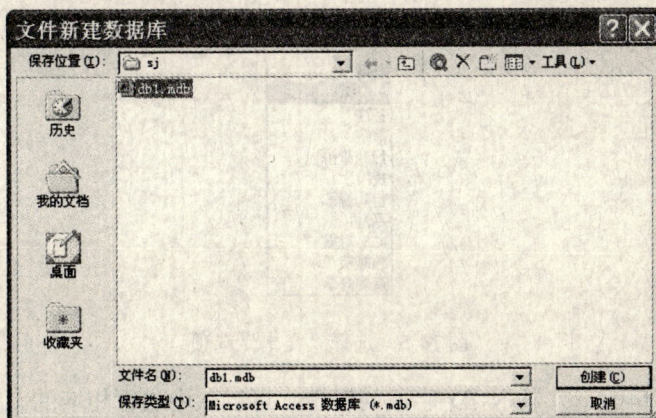

图 14-2 "文件新建数据库"对话框

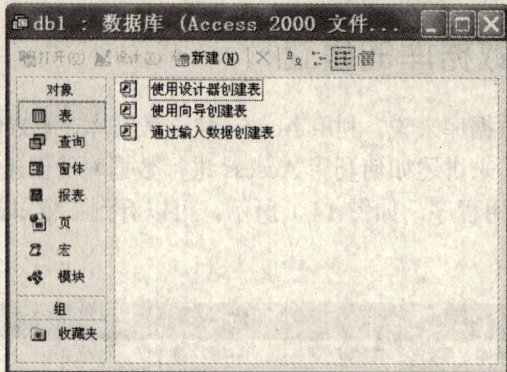

图 14-3 数据库窗口

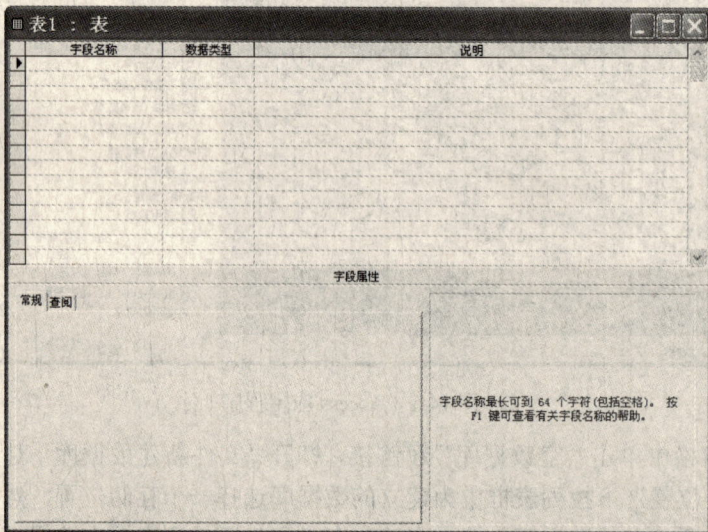

图 14-4 表窗口

在"字段名称"列下面的表格中输入一个名称，以标识数据库的一个项目。如将用户名称定义为 ID，然后在 ID 的"数据类型"列下的下拉列表框中选择一个可接受的数据类型，在本例中选择"文本"选项，如图 14-5 所示。

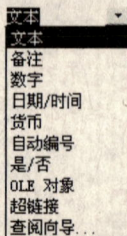

图 14-5 选择"文本"选项

此时将在表窗口的下方显示 ID 字段的属性，可以从中进行相应的设置。如设置其"字段大小"为 50，"必填字段"为"否"，"允许空字符串"为"是"，"索引"为"有（有重复）"等，如图 14-6 所示。

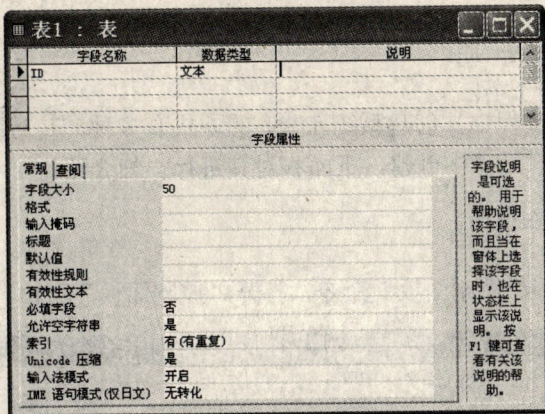

图 14-6　设置其他属性

　　参照上述操作新建字段 **PS1** 作为密码，设置其数据类型为"数字"，在其字段属性区域进行其他设置，如将"字段大小"设置为"长整型"，"必填字段"设置为"是"，将"索引"设置为"无"等，如图 14-7 所示。

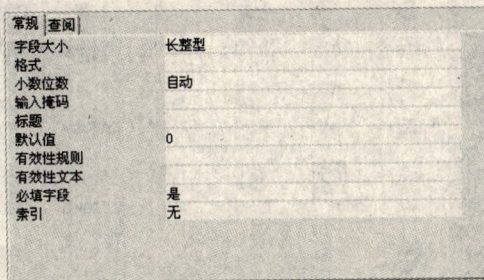

图 14-7　设置密码

　　设置重复密码 **PS2** 选项，以便于检查用户的密码，其设置方法同 **PS1** 一样。最后要为所建的数据库表格添加一个主键（为了便于查询，需要在数据库中设置一个键，被设置为主键的项目在数据库中必须是唯一的），用鼠标右键单击 **ID** 所在行的左侧，在弹出的快捷菜单中选择"主键"选项，完成数据库表格，如图 14-8 所示。

图 14-8　用户注册数据库

14.2　创建 DSN

　　在动态页面中最重要的就是后台数据库的连接，离开了数据库，动态页面也就无从谈起。下面将讲述 ODBC 数据库的连接，以及字符串的定义。

14.2.1 系统 DSN

在动态页面的制作过程中，创建系统 DSN 的方式有多种，其常用的方式有两种，分别是在控制面板中创建和在站点中创建，下面将对其进行详细介绍。

1. 在控制面板中创建

（1）单击"开始"Ⅰ"控制面板"命令，打开"控制面板"窗口，如图 14-9 所示。

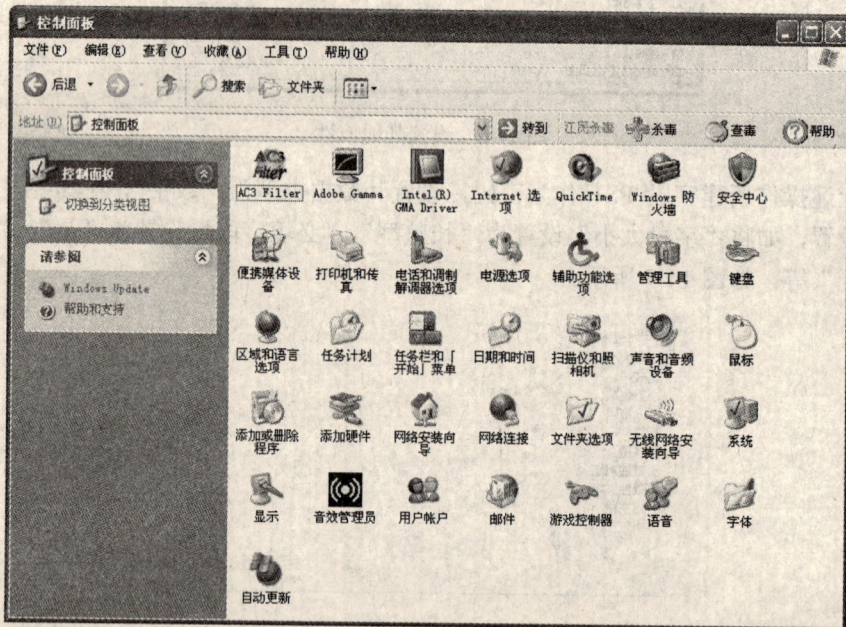

图 14-9 "控制面板"窗口

（2）双击窗口中的"管理工具"图标，打开"管理工具"窗口，如图 14-10 所示。在该窗口中双击"数据源"图标，打开"ODBC 数据源管理器"对话框，单击该对话框中的"系统 DSN"标签，将打开"系统 DSN"选项卡，如图 14-11 所示。

图 14-10 "管理工具"窗口

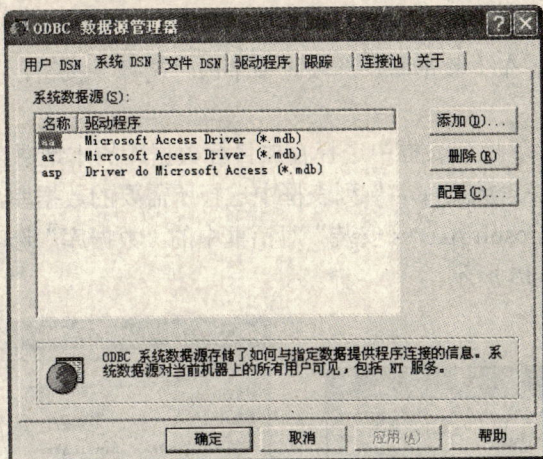

图 14-11　"系统 DNS"选项卡

（3）在"系统数据源"列表中选择对应的数据库，如果没有所要查找的数据库则单击"添加"按钮，弹出"创建新数据源"对话框，如图 14-12 所示。从中选择 Access 数据库的驱动程序（Microsoft Access Driver），单击"完成"按钮，将弹出如图 14-13 所示的"ODBC Microsoft Access 安装"对话框。

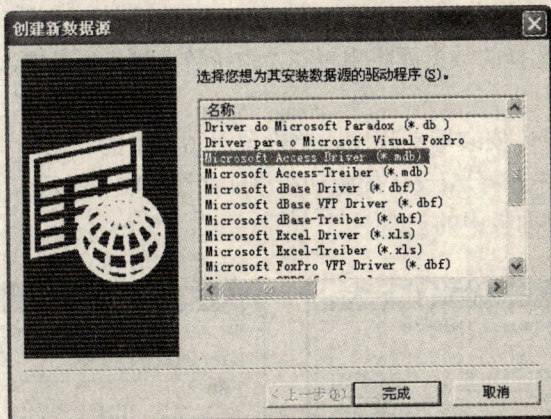

图 14-12　"创建新数据源"对话框

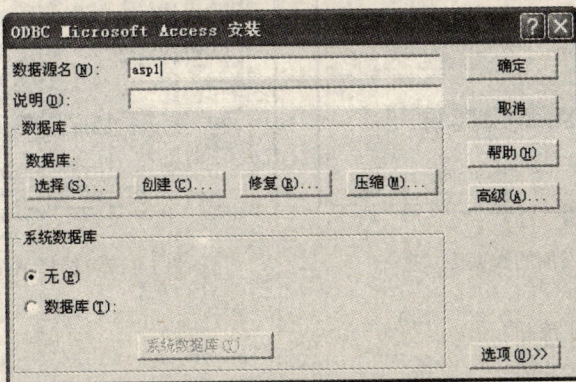

图 14-13　"ODBC Microsoft Access 安装"对话框

（4）在该对话框中进行各项设置，在"数据源名"文本框中输入一个名称，如 asp1，以便于对数据库的调用。在"数据库"选项区中单击"选择"按钮，打开"选择数据库"对话框，如图 14-14 所示。

（5）在"驱动器"下拉列表框中选择存放目标数据库的本地磁盘，在"目录"列表框中选择相应的文件夹，在"数据库名"列表框中选择所需要的数据库，然后单击"确定"按钮，即可在"ODBC Microsoft Access 安装"对话框中的"数据库"选项区中显示所设置的数据库存放路径，如图 14-15 所示。

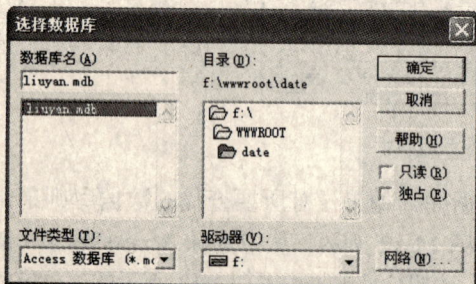

图 14-14 "选择数据库"对话框

图 14-15 显示数据库的存放路径

（6）设置完成后，单击"确定"按钮，在"ODBC 数据源管理器"对话框的"系统 DSN"选项卡中，可以看到所选择的数据库将出现在"系统数据源"列表中，选择刚添加的数据库，如图 14-16 所示。

（7）为创建的数据库安装驱动程序。单击该对话框中的"驱动程序"标签，在"驱动程序"选项卡的列表框中选择 Access 的驱动程序（如图 14-17 所示），并单击"确定"按钮。至此已完成 DSN 在控制面板中的创建。

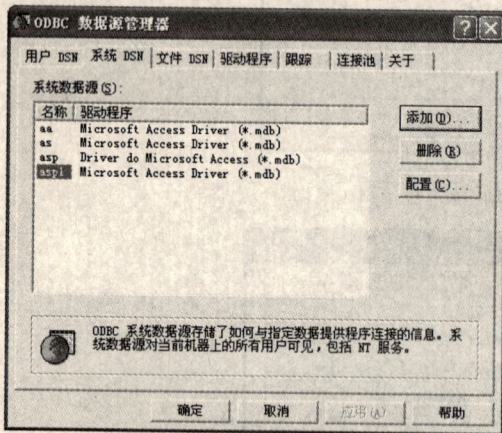

图 14-16 选择添加的数据库

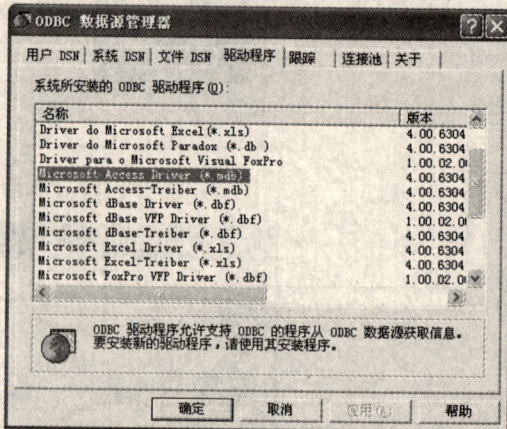

图 14-17 选择 Access 驱动程序

2. 在站点中创建

在 Dreamweaver 8 中创建 DSN 的具体操作步骤如下：

（1）在 Dreamweaver 8 中打开选项页面，如图 14-18 所示。

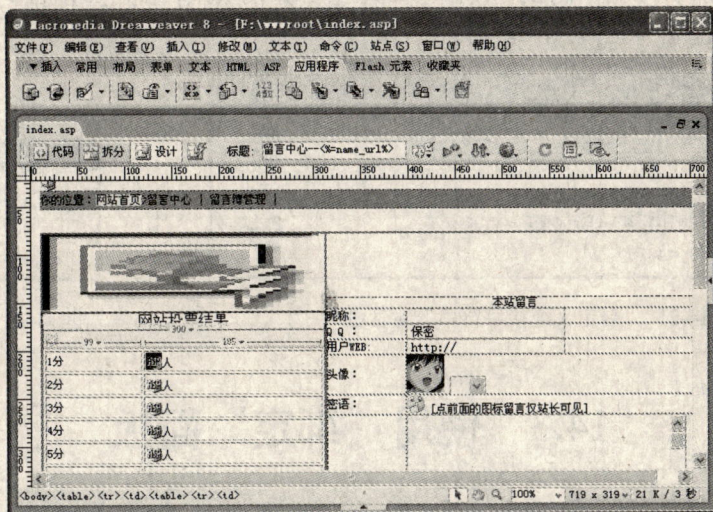

图 14-18　在 Dreamweaver 8 中打开页面

（2）单击"窗口"|"数据库"命令，打开如图 14-19 所示的"数据库"面板。

（3）单击该面板中的 + 按钮，在弹出的下拉菜单中选择"数据源名称（DSN）"选项，打开"数据源名称（DSN）"对话框，如图 14-20 所示。

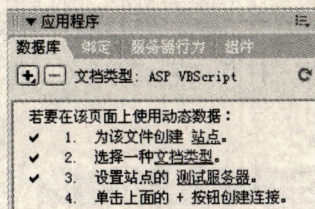

图 14-19　"数据库"面板

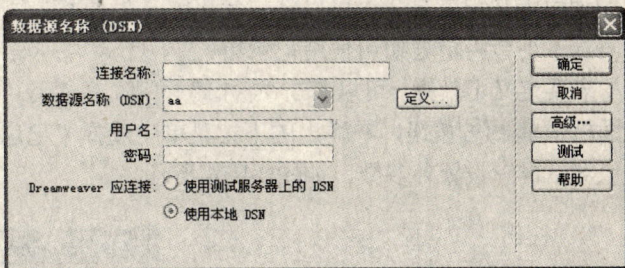

图 14-20　"数据源名称（DSN）"对话框

（4）如果已经设置了连接，则在"连接名称"文本框中直接输入名称，在"数据源名称（DSN）"下拉列表框中选择相应的数据库，然后单击"测试"按钮进行测试。如果测试成功，则表示数据库已经连接成功。如果还没有设置 ODBC 连接，则可以单击"定义"按钮，进入系统 DSN 中进行设置。

14.2.2　自定义连接字符

创建自定义字符串并连接数据库的操作，可以在"数据库"面板中进行，具体操作步骤如下：

（1）单击"窗口"|"数据库"命令，打开"数据库"面板，单击其中的 + 按钮，在弹出的下拉菜单中选择"自定义连接字符串"选项，打开"自定义连接字符串"对话框，如图 14-21 所示。

（2）在"连接名称"文本框中定义一个名称，如 asp，在"连接字符串"文本框中输入所要连接的内容，并单击"测试"按钮，如果连接成功，则弹出提示信息框提示连接成功，如图 14-22 所示。

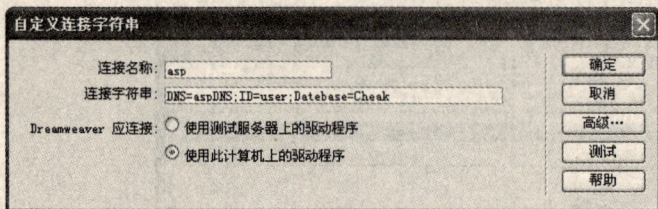

图 14-21 "自定义连接字符串"对话框　　图 14-22 提示信息框

14.3　使用"绑定"面板

在 Dreamweaver 中，可以使用"绑定"面板定义和编辑动态内容源、向页面添加动态内容以及将数据格式应用于动态文本。而使用"绑定"面板的方式则取决于用户所要执行的任务。下面将向读者介绍如何使用"绑定"面板。

14.3.1　定义记录集

使用定义记录集命令可以将记录集定义为动态内容源，而不需要用户自己编写 SQL 语句代码。本小节将讲述如何使用记录集。

若要定义记录集，可以单击"窗口"|"绑定"命令，打开"绑定"面板，如图 14-23 所示。在面板中单击✚按钮，在弹出的下拉菜单中选择"记录集"选项，打开"记录集"对话框，在该对话框中设置各参数，如图 14-24 所示。

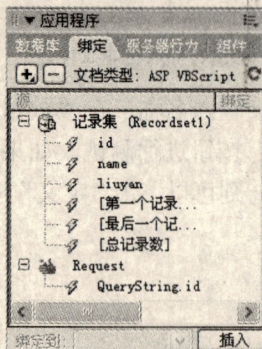

图 14-23 "绑定"面板　　　图 14-24 "记录集"对话框

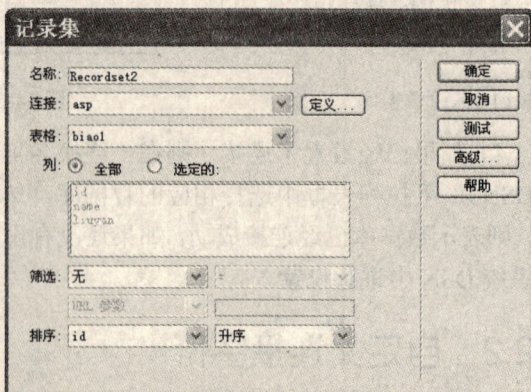

在"记录集"对话框中，各选项的含义如下：

❈ 名称：在该文本框中输入记录集的名称。一般要在记录集名称前添加前缀 rs，以区分代码中的其他对象名称，如 rsPressReleases。记录集名称只能包含字母、数字和下划线。

❋ 连接：单击该下拉列表框中的下拉按钮，在弹出的下拉列表中选择一个数据库连接对象。如果下拉列表中没有连接数据库对象，可以单击"定义"按钮，创建所需的连接数据库对象。

❋ 表格：单击该下拉列表框中的下拉按钮，在弹出的下拉列表中选择为记录集提供数据的数据库表。

❋ 列：如果要应用数据库表中的所有项目，则可以选中"全部"单选按钮。若记录集中只包括某些数据库表项目，可选中"选定的"单选按钮，然后按住【Ctrl】键，并单击列表中的选项，以选择所需列。

❋ 筛选：若要对记录集中的选项进行筛选，选择所需要的记录，然后在该下拉列表框中进行设置。

❋ 排序：若要对记录进行排序，可选择要作为排序依据的列，然后指定按升序或降序对记录进行排序。

设置完成后，单击"测试"按钮，连接到数据库并创建数据源实例。同时打开"测试 SQL 指令"对话框，其中显示返回数据的表格，每行包含一条记录，而每一列代表该记录中的一个域，如图 14-25 所示。单击"确定"按钮关闭"测试 SQL 指令"对话框。再次单击"确定"按钮，退出"记录集"对话框。

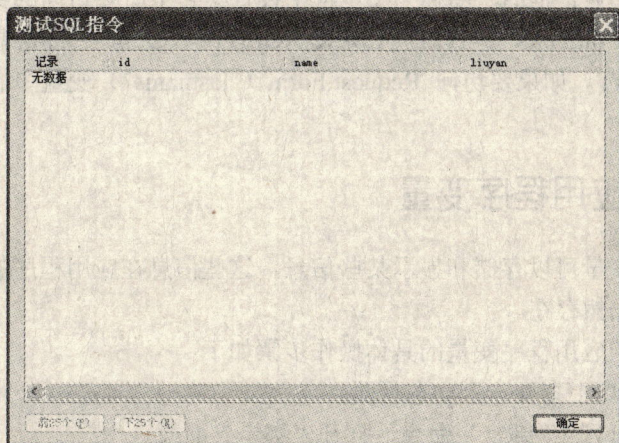

图 14-25 "测试 SQL 指令"对话框

14.3.2 设置请求变量

在"绑定"面板中单击⊞按钮，在弹出的下拉菜单中选择"请求变量"选项，打开"请求变量"对话框，如图 14-26 所示。用户可在对话框中进行具体的设置。

图 14-26 "请求变量"对话框

单击"类型"下拉列表框中的下拉按钮，弹出如图 14-27 所示的下拉列表，用户可从中选择请求集合。其中各选项的含义如下：

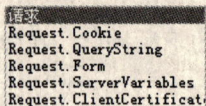

```
请求
Request.Cookie
Request.QueryString
Request.Form
Request.ServerVariables
Request.ClientCertificat
```

图 14-27 "类型"下拉列表

✽ Cookie 集合：检索在 HTTP 请求中发送的 Cookie 值。

✽ QueryString 集合：检索附加到发送页面 URL 的信息。查询字符串由一个或多个名称/值对组成，这些名称/值对使用一个问号附加到 URL 后面。如果查询字符串中包含多个名称/值对，则用&符号将它们连接在一起。

✽ Form 集合：检索表单信息，该信息包含在表单发送的 HTTP 请求的正文中，发送该表单需使用 POST 方法。

✽ ServerVariables 集合：检索预定义环境变量的值。该集合含有一个很长的变量列表，包括 CONTENT_LENGTH 和 HTTP_USER_AGENT。

✽ ClientCertificate 集合：从浏览器发送的 HTTP 请求中检索认证域。

在"请求变量"对话框的"名称"文本框中设置集合中所要访问的变量。例如，如果要访问 Request.ServerVariables（"HTTP_USER_AGENT"）变量中的信息，则应输入参数 HTTP_USER_AGENT。如果要访问 Request.Form（"lastname"）变量中的信息，则应输入参数 lastname。

14.3.3 设置应用程序变量

使用应用程序变量可以存储和显示某些信息，这些信息在应用程序的生存期内被保存，并且在改变用户后仍然存在。

定义用于页面的应用程序变量的具体操作步骤如下：

（1）在文档窗口中打开一个动态页面。

（2）单击"窗口"|"绑定"命令，打开"绑定"面板。

（3）单击⊞按钮，在弹出的下拉菜单中选择"应用程序变量"选项，打开"应用程序变量"对话框，如图 14-28 所示。在"名称"文本框中输入在应用程序源代码中所定义的变量名称。

（4）单击"确定"按钮，应用程序变量即会出现在"绑定"面板中，如图 14-29 所示。在定义了应用程序变量后，即可在页面中使用它的值。

图 14-28 "应用程序变量"对话框   图 14-29 显示新建的应用程序变量

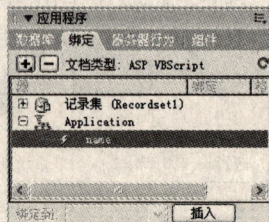

14.4　留言板的制作

在了解了数据库和系统设置后，下面将通过留言板的制作，来具体介绍动态页面在网站中的实际应用。

14.4.1　数据库的设计

若要在网页中应用数据库，应先制作一个数据库，以备使用。例如，可设计一个简单的数据库，其结构见表14-1。

表 14-1　数据结构

字段名称	中文名称	数据类型	说　　明
keyid	主键	自动编号	用于确定一个唯一的留言编号
title	主题	文本	留言的主题
date	发布日期	日期	发布信息的时间
name	发布人	文本	发布人的姓名
leaveword	留言	文本	发布的留言信息

打开 Access 应用程序，并新建一个空数据库，然后将其保存到根目录文件夹下的 date 文件夹中，将其命名为 liuyan，如图 14-30 所示。

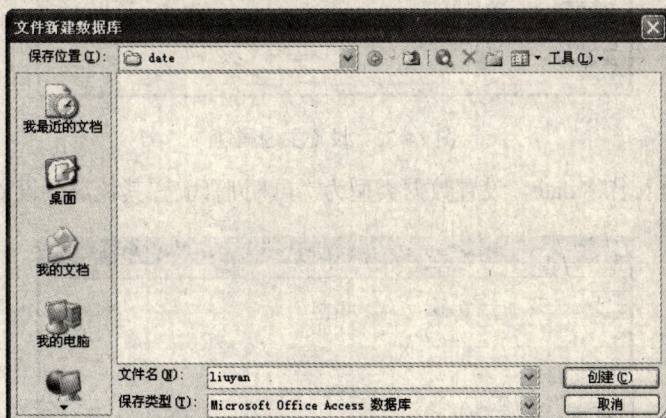

图 14-30　新建数据库

单击"创建"按钮，使该数据库进入编辑状态。新建一个数据表，按照预先设计的数据结构进行数据库的创建。在第 1 行中输入 id，其数据类型为"自动编号"，并指定该字段为主键，其他属性设置如图 14-31 所示。需要注意的是，如果没有在"标题"文本框中输入任何信息，在数据库中将以该字段的字段名称显示。若输入一个中文名称，则以所输入的中文标题显示。

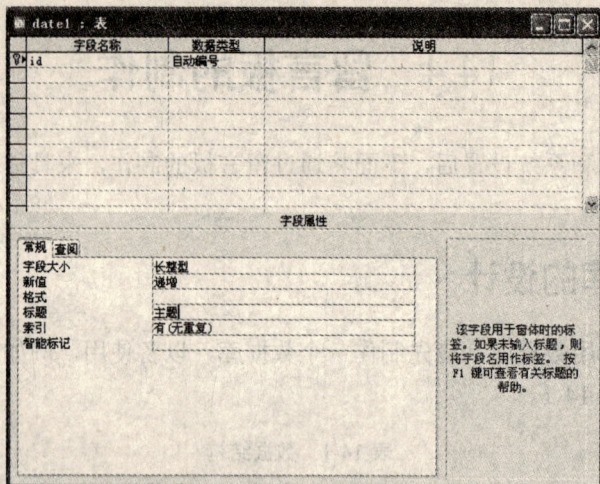

图 14-31　设置主键属性

在第 2 行中输入 title，将其数据类型设置为"文本"，其他属性设置如图 14-32 所示。

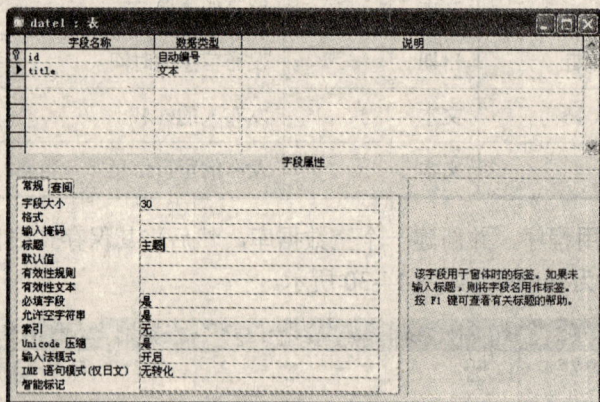

图 14-32　设置主题属性

在第 3 行中输入名称 date，设置数据类型为"日期/时间"，其他属性设置如图 14-33 所示。

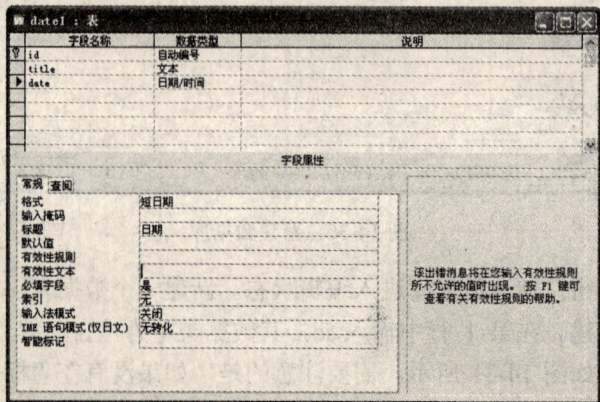

图 14-33　设置日期属性

在第 4 行中设置发布人信息，发布人作为留言板中的一个重要组成部分，可对其进行各种设置，设置字段名称为 name，数据类型为"文本"，"标题"为"姓名"，其他属性设置如图 14-34 所示。

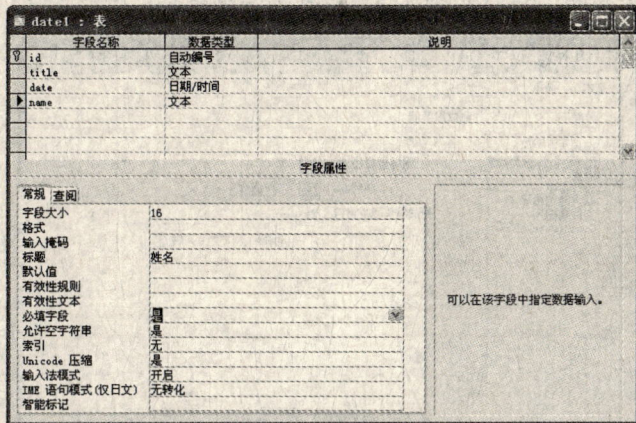

图 14-34 设置姓名属性

最后设置浏览者的留言信息 leaveword，它主要用于让浏览者发布自己的意见。可在"字段名称"列输入 leaveword，将"数据类型"设置为"文本"，其他属性设置如图 14-35 所示。

设置完成后，单击"文件"|"保存"命令，打开"另存为"对话框，如图 14-36 所示。在"表名称"文本框中输入 liuyan，然后单击"确定"按钮进行保存。

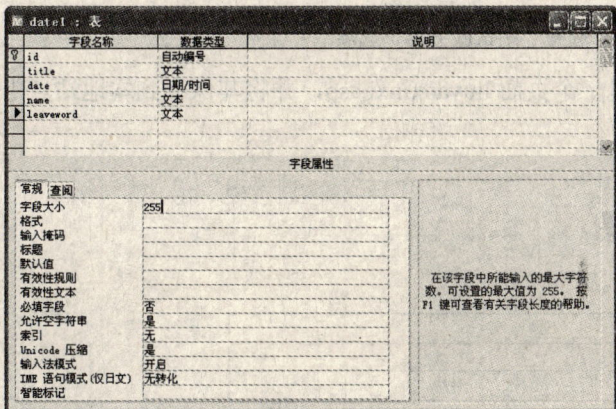

图 14-35 设置留言信息

图 14-36 "另存为"对话框

14.4.2 数据库连接

数据库制作完成后，需要将数据库与站点中的页面进行连接，让数据库发挥其作用，连接数据库的具体操作步骤如下：

（1）数据库建立后，需要建立数据库 ODBC 的连接，以便于在程序中通过 ODBC 建立与数据库的连接。根据本章前面所讲到的数据库连接方法进行连接，首先创建一个系统 DSN，如 liuyanDSN，然后连接到前面所创建的 liuyan.mdb 数据库中。

（2）在 IIS 所创建的本地站点中新建一个 shili 站点，然后将所建立的数据库移到本地站点中。

（3）打开 Dreamweaver 动态网页设计器，然后打开管理站点对话框，在该对话的左侧列表中选择"测试服务器"选项，以对其各个参数进行设置，如图 14-37 所示。

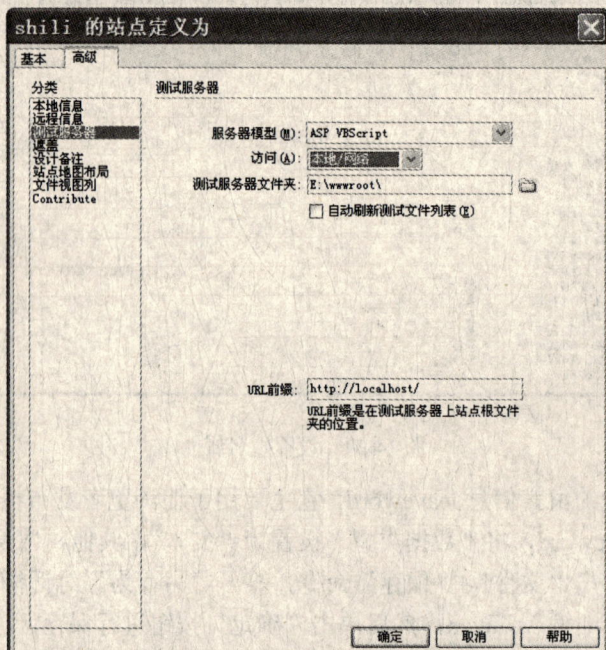

图 14-37　选择"测试服务器"选项

（4）在 Dreamweaver 文档中创建一个页面 liuyanxinxi.asp，并将其保存到本地站点中，如图 14-38 所示。

图 14-38　留言板界面举例

做好以上的工作后，即可在留言板页面的代码编辑器中添加 ASP 代码了。该对话框的编码可以是对已下载代码的修改，也可以是自己编写的代码（但前提是熟悉 ASP），最终实现留言板的功能，如可以在留言板中输入留言信息，如图 14-39 所示。

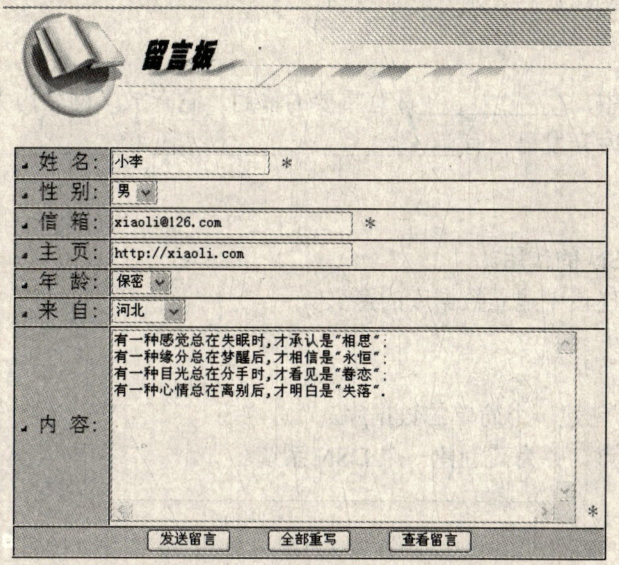

图 14-39　填写留言举例

单击"发送留言"按钮便可以发送信息；单击"查看留言"按钮，则可以查看其他的留言，如图 14-40 所示。

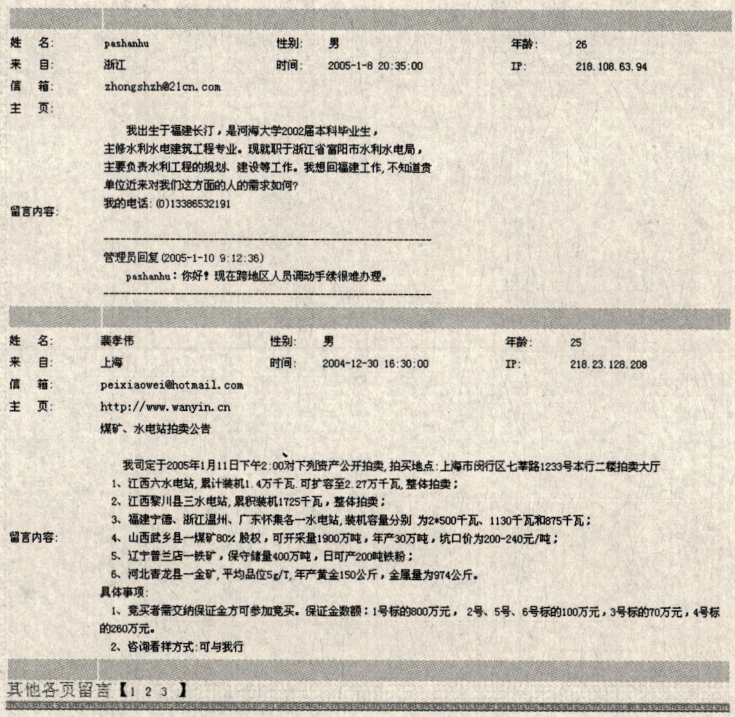

图 14-40　查看留言举例

习　题

一、填空题

1. 在动态网站中，＿＿＿＿＿＿＿＿＿具有重要的作用，它存放了网站内大量的信息。

2. 常用的数据库开发语言有＿＿＿＿＿＿、＿＿＿＿＿＿＿和＿＿＿＿＿＿＿等。

二、简答题

1. 思考创建 DSN 的作用。

2. 谈谈在网站建设中建立数据库的意义。

三、上机题

1. 利用 Access 创建一个简单的数据库。

2. 新建一个站点，并为其创建一个 DSN 系统。

第 *15* 章　网站的上传和维护

导语与学习目标

　　当一个站点制作完成后,用户可以对该站点进行正确性测试,然后将其上传到相应的网页空间,让浏览者浏览自己的网站。通过本章的学习,读者应学会安装 IIS 及构建本地站点的测试环境、网站的测试、安装 FTP、站点的上传与下载以及了解网站宣传的方法。

要点和难点

➤ 测试本地站点
➤ 网站的上传

15.1　站点测试

　　站点测试是网站上传之前的一个非常重要的环节,它可以检查网站内是否存在错误,以免当站点上传到网上后出现问题,而影响网站的正常工作。那么应如何测试网站呢?本节将重点介绍站点测试的各个环节。

15.1.1　构建测试环境

　　在进行站点测试之前,首先必须构建网站的测试环境,本小节将向读者介绍如何安装、设置 IIS,以便于进行本地测试。

1.　安装 IIS

　　在 Windows XP 操作系统下安装 IIS 的具体操作步骤如下:
　　(1)单击"开始"|"控制面板"命令,打开"控制面板"窗口,如图 15-1 所示。

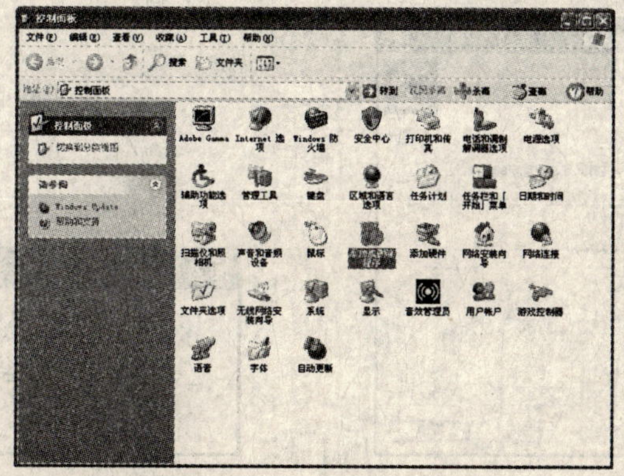

图 15-1　"控制面板"窗口

（2）在该窗口中双击"添加或删除程序"图标，打开"添加或删除程序"窗口，如图 15-2 所示。

图 15-2 "添加或删除程序"窗口

（3）在窗口左侧的列表中，单击"添加/删除 Windows 组件"按钮，打开"Windows 组件向导"对话框，如图 15-3 所示。

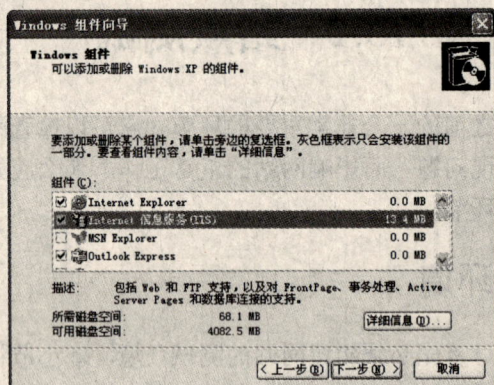

图 15-3 "Windows 组件向导"对话框

（4）在"组件"列表框中选中"Internet 信息服务（IIS）"复选框，单击"下一步"按钮，打开如图 15-4 所示的"Windows 组件向导"对话框。在配置过程中，系统会提示用户插入系统盘，或选择源文件所在位置，如图 15-5 所示。

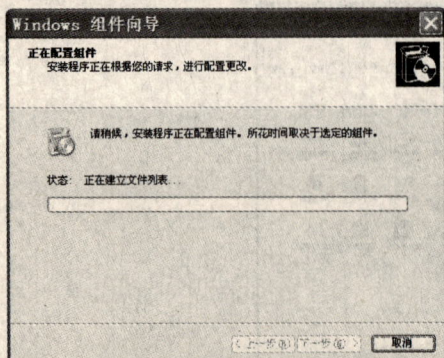

图 15-4 "Windows 组件向导"对话框

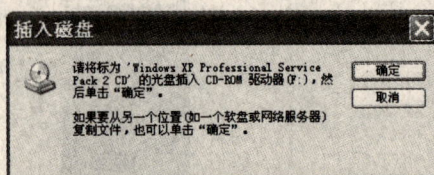

图 15-5 提示信息框

（5）插入光盘后按照提示进行操作即可完成 IIS 的安装。

提示 在安装过程中，可能会弹出"所需文件"对话框（如图 15-6 所示），要求用户选择所需要的文件，用户按照要求选择即可。

图 15-6 "所需文件"对话框

（6）安装成功后，系统将显示安装完成信息，如图 15-7 所示。

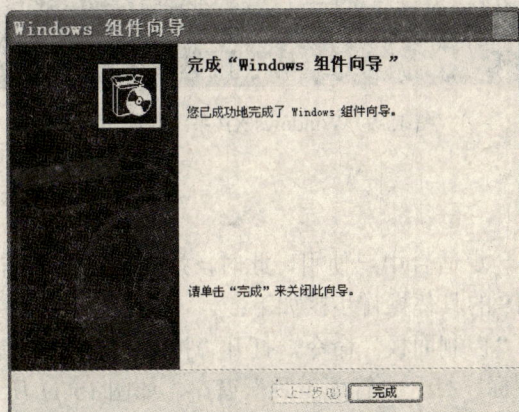

图 15-7 安装成功

（7）单击"完成"按钮，此时，系统会自动在系统盘中创建一个根目录，其默认路径为 C:\Inetpub\wwwroot，如图 15-8 所示。

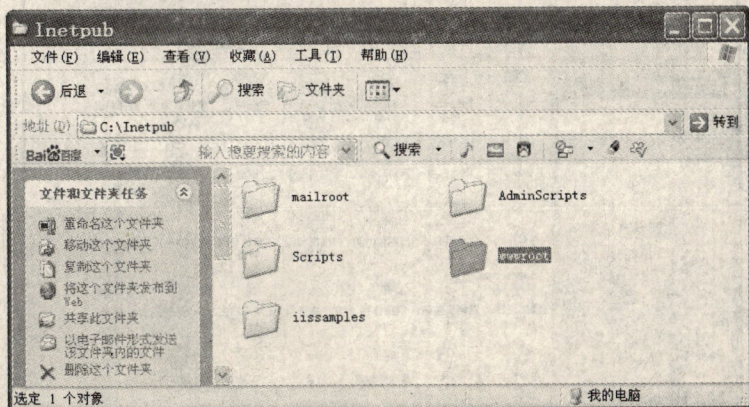

图 15-8 wwwroot 文件夹

安装 IIS 的另一种方法是：插入一张 Windows XP 系统安装盘，让其自动播放，在弹出的起始页面中，单击"安装可选的 Windows 组件"超链接（如图 15-9 所示），弹出"Windows 组件向导"对话框（见图 15-3），用户按照提示进行操作即可。

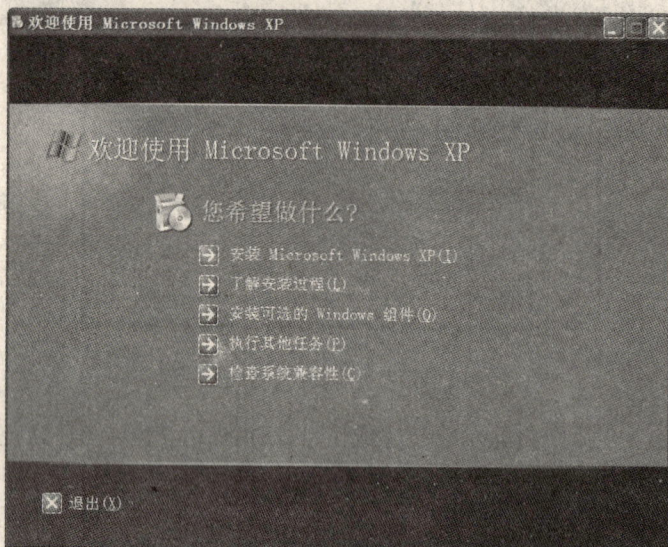

图 15-9　Windows XP 系统起始页

2.　设置 IIS

IIS 安装成功后并不一定适合用户使用，此时，用户可以按照需要进行各项设置，以便于正常测试网站。设置 IIS 的具体操作步骤如下：

（1）单击"开始"|"控制面板"命令，打开"控制面板"窗口，如图 15-10 所示。双击其中的"管理工具"图标，打开"管理工具"窗口，如图 15-11 所示。

（2）在"管理工具"窗口中，双击"Internet 信息服务"图标，打开"Internet 信息服务"窗口，如图 15-12 所示。

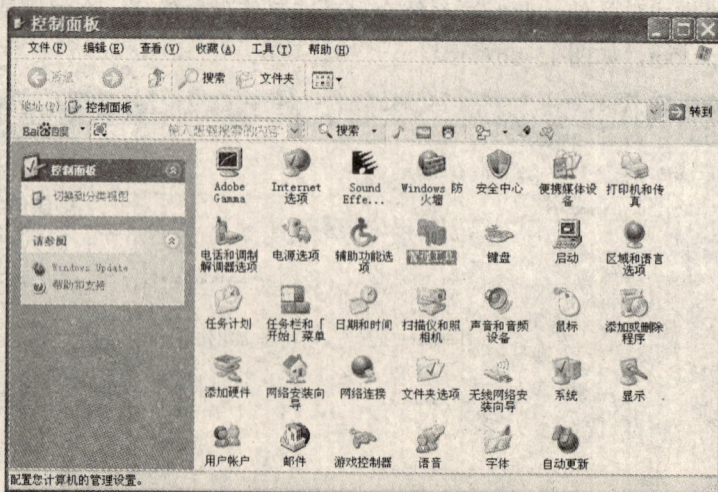

图 15-10　"控制面板"窗口

图 15-11 "管理工具"窗口

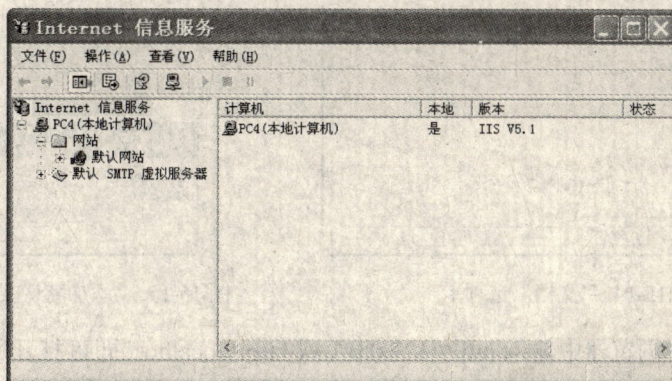

图 15-12 "Internet 信息服务"窗口

（3）从中展开本地计算机选项，选择"网站"|"默认网站"选项，单击鼠标右键，在弹出的快捷菜单中选择"属性"选项，将打开"默认网站 属性"对话框，从中选择"主目录"选项卡，如图 15-13 所示。

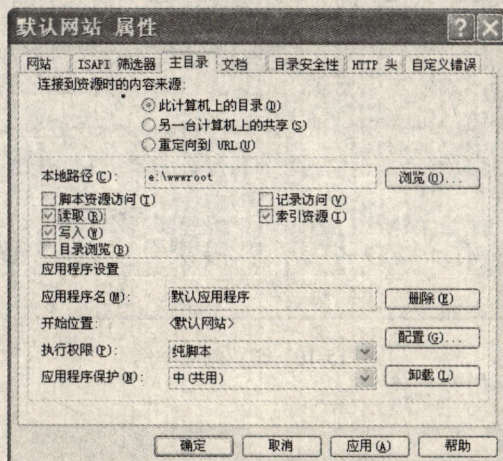

图 15-13 "主目录"选项卡

（4）在该选项卡中的"本地路径"文本框中设置本地路径，以 wwwroot 命名，可以存放于任何一个本地磁盘中（只要所选本地磁盘中存在 wwwroot 文件夹即可，默认路径为 c:\Inetpub\wwwroot），选中"读取"、"写入"和"索引资源"复选框。

（5）单击"文档"标签，将打开"文档"选项卡，如图 15-14 所示。

在列表框中列出了一些页面的名称，表示当测试网站时所要打开的默认主页。用户也可以自定义：单击"添加"按钮，将弹出"添加默认文档"对话框（如图 15-15 所示），用户可以在"默认文档名"文本框中输入默认文档名称，单击"确定"按钮即可。如果要删除某个默认文档，可以先选中该名称，然后单击"删除"按钮，设置完成后单击"确定"按钮即可。

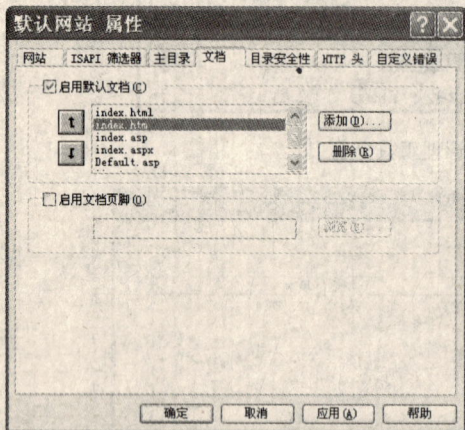

图 15-14 "文档"选项卡　　　　　图 15-15 "添加默认文档"对话框

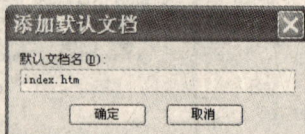

测试时只要在浏览器中输入 http://127.0.0.1 或 http://localhost 即可打开所要测试的网页。如输入 http://127.0.0.1，可打开相应的网站主页，如图 15-16 所示。

图 15-16 浏览站点举例

15.1.2 检查链接

在 Dreamweaver 中可以查找断掉的、外部的和孤立的链接。使用"检查链接"功能可以在打开的文件、本地站点的某一部分或者整个本地站点中查找断掉的链接和未被引用的文件（也称孤立文件，即文件仍然位于站点中，但没有被其他文件所链接）。

1. 链接检查器

Dreamweaver 只验证那些指向站点内部文档的链接，并将出现在选定文档中的外部链接编辑成列表，但并不验证它们。检查当前文档内链接的具体操作步骤如下：

（1）将此文件保存在本地 Dreamweaver 站点中，然后单击"文件"|"检查页"|"检查链接"命令，断掉的链接报告将显示在"链接检查器"面板中，如图 15-17 所示。

图 15-17 "链接检查器"面板

（2）用户还可以从中选择链接的类型，例如，在"显示"下拉列表框中选择"外部链接"选项（如图 15-18 所示），则外部链接报告将显示在"链接检查器"面板中（当检查整个站点的链接时可检查孤立的文件）。

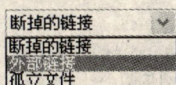

图 15-18 "显示"下拉列表

（3）若要保存此报告，则可单击"链接检查器"面板左侧的"保存报告"按钮 📄（注意目标浏览器报告为临时文件，若不保存，将会丢失），可打开"另存为"对话框，如图 15-19 所示。在此选择存储报告的位置，单击"保存"按钮即可保存。

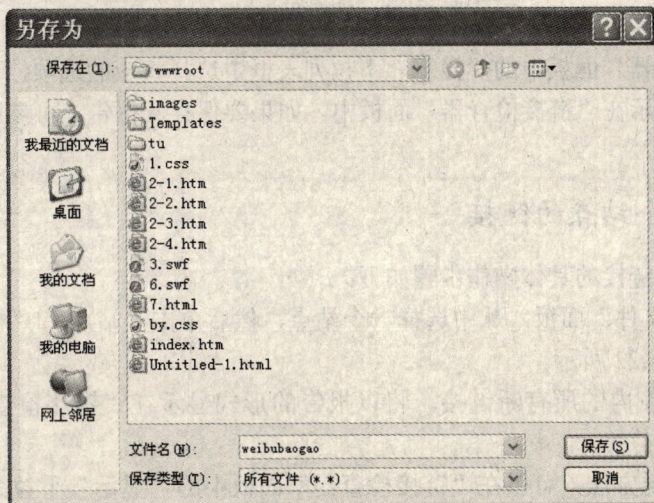

图 15-19 保存报告

2. 检查部分链接

若要在本地站点中，检查某一部分的链接，其具体操作步骤如下：

（1）单击"窗口"丨"文件"命令，打开"文件"面板，并从中选择一个站点，如图 15-20 所示。

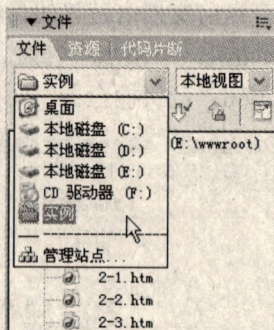

图 15-20 "文件"面板

（2）在本地视图模式下，在列表中选择要检查的文件或文件夹，并用鼠标右键单击该文件或文件夹，在弹出的快捷菜单中选择"检查链接"丨"选择文件/文件夹"选项，或单击"文件"丨"检查页"丨"检查链接"命令，则断掉的链接报告将显示在"链接检查器"面板中，如图 15-21 所示。

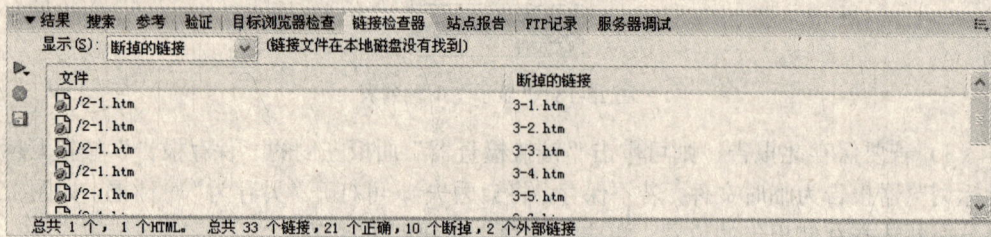

图 15-21 断掉的链接报告

在"链接检查器"面板中的"显示"下拉列表框中选择相应的选项，可查看其他报告，其相应的报告将显示在"链接检查器"面板中。如果要保存此报告，可参照保存外部链接报告的方法进行操作。

3. 检查整个站点的链接

检查整个站点链接的具体操作步骤如下：

（1）打开"文件"面板，从中选择一个站点，然后单击"站点"丨."检查站点范围的链接"命令，如图 15-22 所示。

（2）整个站点内的所有断链接，将以报告的形式显示在"链接检查器"面板中，如图 15-23 所示。

（3）采用同样方法，可以在"链接检查器"面板中的"显示"下拉列表框中选择"外部链接"或"孤立文件"选项，便可查看相应的报告。

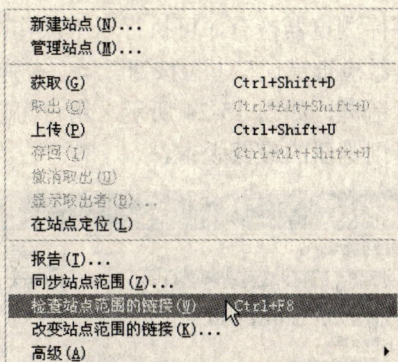

图 15-22　检查整个站点的链接

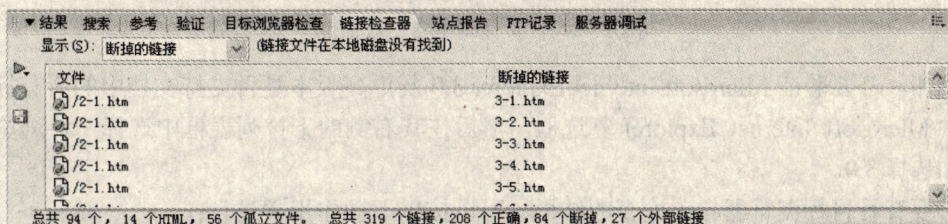

图 15-23　断链接报告

（4）如果选择的报告类型为"孤立文件"，可以直接从"链接检查器"面板中删除孤立文件（从该列表中选中一个文件，按【Delete】键即可将其删除）。若要保存当前报告，可单击"链接检查器"面板中的"保存报告"按钮进行保存。

15.1.3　目标浏览器检查

"目标浏览器检查"功能是对文档中的代码进行测试，检查是否存在目标浏览器所不支持的任何标签、属性、CSS 属性和 CSS 值。此检查对文档不做任何更改。

目标浏览器检查主要针对三个级别的潜在问题，即错误、警告和告知性信息，其含义分别如下：

❋　错误：表示代码可能在特定浏览器中导致严重的、可见的问题，如导致页面的某些部分消失等。

❋　警告：告诉用户某一段代码将不能在特定浏览器中正确显示，但不会导致任何严重的显示问题。

❋　告知性信息：表示代码在特定浏览器中不受支持，但没有可见的影响。例如，img 标签的 galleryimg 属性在一些浏览器中不受支持，但这些浏览器会忽略该属性，所以它不会有任何可见的影响。

默认情况下，每当打开一个文档时，Dreamweaver 会自动执行目标浏览器检查。可在文档、文件夹或整个站点上手动运行目标浏览器检查。目标浏览器检查不会连续更新，在更改代码后，需要手动运行目标浏览器检查，以确认用户已经修改或删除了不可用于目标浏览器的代码。此外，目标浏览器检查并不检查站点中的脚本或验证程序语法，仅检测目标浏览器所不支持的标记。

如果要对当前文档进行目标浏览器检查，可执行以下操作：

在文档中单击"没有浏览器检查错误"下拉按钮 ，在弹出的下拉菜单中选择"设置"选项，打开"目标浏览器"对话框，如图 15-24 所示。用户可以选择要检查的浏览器，然后在其右侧的下拉列表框中选择浏览器的最低版本。

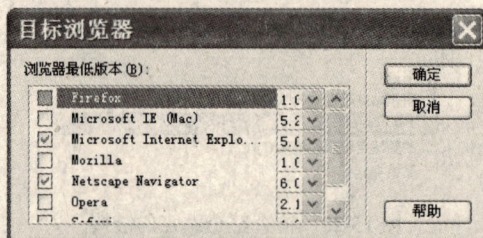

图 15-24 "目标浏览器"对话框

例如，若要验证 Microsoft Internet Explorer 3.0 及更高版本是否支持文档中的所有标记，可选中 Microsoft Internet Explorer 复选框，然后在其右侧的下拉列表框中选择一种浏览器版本，如选择 3.0。

若要查看目标浏览器自动检查的结果，可以按以下操作步骤进行：

（1）在代码视图中，打开要查看的文件，然后单击"查看"|"代码"命令，或单击"查看"|"代码和设计"命令。

（2）在代码视图中进行更改，并在"文件"面板中单击"刷新"按钮 或按【F5】键。

对于每一个目标浏览器中被认为是错误的项目，其名称下面都将显示红色波浪下划线，如图 15-25 所示（警告和告知性信息不会在代码视图中标记出来，若要查看警告和告知性信息，可以查看针对整个文档的报告）。如果 Dreamweaver 没有发现不支持的标记，则不会出现红色波浪下划线。

图 15-25 错误项目举例

如果要查看有哪些浏览器不支持某个特定的带红色波浪下划线的项目，则可以将鼠标指针指向带有红色波浪下划线的文本，此时会显示提示信息，指示有哪些浏览器不支持该项目。

当要查看整篇文档的"目标浏览器检查"报告时，可执行以下操作：

在文档中单击"没有浏览器检查错误"下拉按钮，在弹出的下拉菜单中选择"显示所有错误"选项。此时在"结果"面板组的"目标浏览器检查"面板中，显示所有错误，如图 15-26 所示。其中，错误以红色感叹号图标标记，警告以黄色感叹号图标标记，告知性信息以文字气球图标标记。

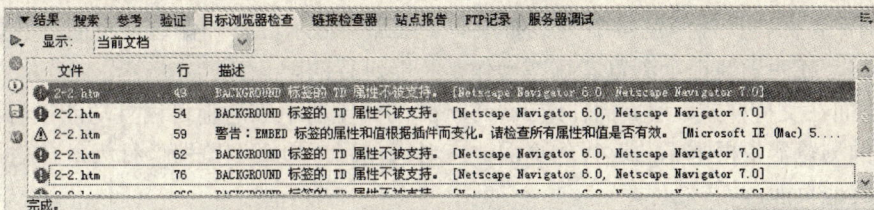

图 15-26　显示所有错误举例

若要在"目标浏览器检查"面板上查看一条较长的错误信息，可打开"目标浏览器检查"面板，选择该信息。单击鼠标右键，在弹出的快捷菜单中选择"更多信息"选项。此时将打开"描述"对话框，以显示所选错误信息的完整文本，如图 15-27 所示。

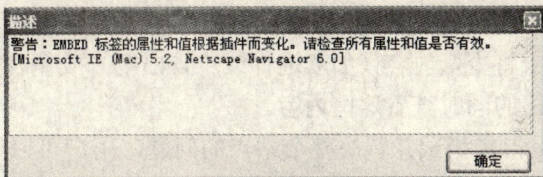

图 15-27　"描述"对话框

更多的浏览器检查错误信息如下：

❋　若要禁用自动目标浏览器检查，则可以在文档中单击"目标浏览器检查"下拉按钮，在弹出的下拉菜单中取消"打开时自动检查"选项前面的 ✔ 标记。

❋　若要跳转到代码中的下一个或上一个错误，则可以在文档中单击"目标浏览器检查"下拉按钮，在弹出的下拉菜单中选择"下一个错误"或"上一个错误"选项。

❋　若要从"目标浏览器检查"面板跳转到某个特定的错误，则可以双击该错误信息，即可在代码视图中选中此标记。

❋　若要在当前文件中手动运行目标浏览器检查，可以单击"文件"|"检查页"|"检查目标浏览器"命令，报告将显示在"目标浏览器检查"面板中。

❋　若要在站点上或一组选定的文件上手动运行目标浏览器检查，可以在"文件"面板上选择"本地视图"模式，并从中选择相应的文件或文件夹，然后单击"文件"|"检查页"|"检查目标浏览器"命令，则报告将显示在"目标浏览器检查"面板中。

❋　若要在查看当前文档报告与查看整个站点报告之间进行切换，可以在"目标浏览器检查"面板中，单击"显示"下拉列表框中的下拉按钮，在弹出的下拉列表中选择"当前文档"或"站点报告"选项。

15.1.4　站点测试

在将站点上传到服务器并声明其可供浏览之前，一般要先在本地计算机上对其进行测试。确保页面在目标浏览器中如预期效果那样显示和工作，且没有断掉的链接，页面下载也不占用太长时间，还可以通过运行站点报告测试整个站点并解决出现的问题。

1. 站点测试的内容

站点的测试主要包括如下内容：

❋　确保页面在目标浏览器中能够如预期效果那样显示，并确保这些页面在其他浏览器中工作正常，或明确地提示浏览者哪些操作是不能进行的。

❋　页面在支持样式、层、插件或 JavaScript 的浏览器中应清晰可读且功能正常。对于在较早版本的浏览器中根本无法运行的页面，应考虑使用"检查浏览器"行为，自动将访问者重定向到其他页面。

❋　应该尽可能保证可以在多种不同的浏览器和平台上预览页面。使用用户可以有机会查看布局、颜色、字体大小和默认浏览器窗口大小等方面显示的区别。

❋　由于其他站点也在重新设计、重新组织，所以以前链接的页面可能已被移动或删除，可运行链接检查报告对链接进行测试。

❋　检测页面的文件大小以及下载这些页面所占用的时间。由大型表格组成的页面，在某些浏览器中，在整张表没有被完全载入之前，访问者看不到任何内容。此时可以考虑将大表格分为几个小部分，或将少量内容（如欢迎词或广告横幅）放在表格以外的页面顶部，这样浏览者可以在下载表格的同时查看这些内容。

❋　运行一些站点报告来测试并解决整个站点的问题。用户可以检查整个站点是否存在问题，如无标题文档、空标签以及冗余的嵌套标签等。

❋　检查用户的代码中是否存在标签或语法错误。在完成对站点的大部分内容发布以后，应继续对站点进行更新和维护。站点的发布（即激活站点）可以通过多种方式完成，而且是一个持续的过程，这一过程的一个重要部分是定义并实现版本控制系统，既可以使用 Dreamweaver 中所包含的工具，也可以使用外部的版本来控制应用程序。

❋　可以使用一些专门的网站测试软件来进行测试。

2．站点测试

站点报告可以用户对多个 HTML 代码进行检查，以便于找出可合并的嵌套字体标签、辅助功能、遗漏的替换文本、冗余的嵌套标签、可删除的空标签和无标题文档等。站点测试的具体操作步骤如下：

（1）在 Dreamweaver 8 中打开一个站点，然后单击"站点"丨"报告"命令（若仅仅为站点运行辅助功能报告，可以单击"文件"丨"检查页"丨"检查辅助功能"命令，报告将显示在"结果"面板组的"站点报告"面板中）。

（2）打开"报告"对话框（如图 15-28 所示），从中可以对各选项进行设置。

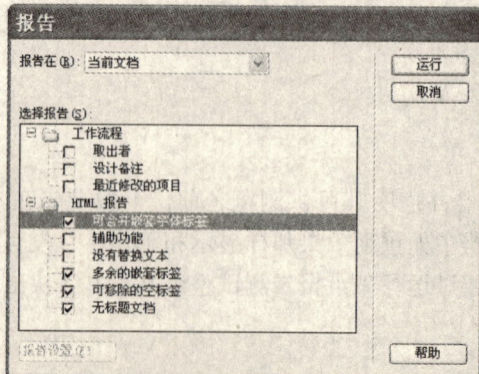

图 15-28　"报告"对话框

在该对话框中，各选项的具体含义如下：

❋ 报告在：在该下拉列表框中选择将要报告的内容（只有当"文件"面板中已经有选中的文件的情况下，才能运行"站点中的已选文件"报告选项）。

❋ 取出者：创建一个报告，列出某特定小组成员取出的所有文档。

❋ 设计备注：创建一个报告，列出选定文档或站点的所有设计备注。

❋ 最近修改的项目：创建一个报告，列出在指定时间段内发生更改的文件。

❋ 可合并嵌套字体标签：创建一个报告，列出所有为清理代码而合并的嵌套字体标签。

❋ 辅助功能：创建一个报告，详细列出用户的内容与 1998 年康复法案的第 508 号辅助功能准则之间的冲突。

❋ 没有替换文本：创建一个报告，列出所有没有替换文本的 img 标签。替换文本在纯文本浏览器或设为手动下载图像的浏览器中，替代图像并出现在应显示图像的位置。屏幕阅读器读取替换文本，而且有些浏览器可在鼠标指针滑过图像时显示替换文本。

❋ 多余的嵌套标签：创建一个报告，详细列出应该清理的嵌套标签。

❋ 可移除的空标签：创建一个报告，详细列出所有为清理 HTML 代码而移除的空标签。例如，可移除在代码视图中已删除了某项内容或图像后留下的应用于该项的标签。

❋ 无标题文档：创建一个报告，列出在选定参数中找到的所有的无标题文档。Dreamweaver 将显示所有具有默认标题、重复标题或缺少标题标签的文档。

（3）单击"运行"按钮，创建报告。结果列表将显示在"站点报告"面板中，如图 15-29 所示。

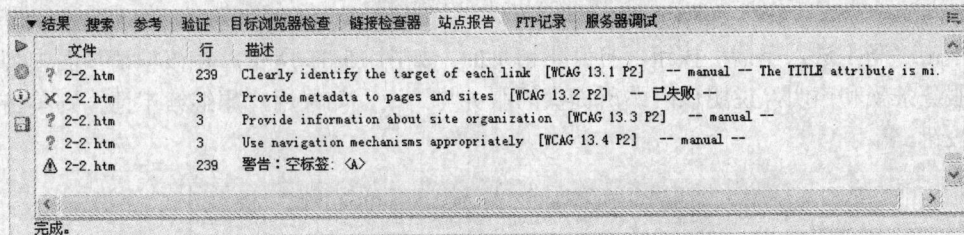

图 15-29 "站点报告"面板

15.2   站点的上传与发布

当网站制作完成后，需要向网上空间上传整个站点，其方式有两种：一种是所谓的 Web 上传；另一种是 FTP 上传。本小节将向读者介绍站点上传的具体过程。

15.2.1   申请网站域名和空间

网上空间是用于存放网站程序或网络文件的。目前多为虚拟主机。虚拟主机是使用特殊的软硬件技术，把一台计算机主机分成多台"虚拟"的主机，每一台虚拟主机都具有独立的域名和 IP 地址（或共享的 IP 地址），并具有完整的 Internet 服务器功能。在同一个硬件和操作系统上，运行着多个用户已打开的不同的服务器程序，它们之间互不干扰，而各个用户拥有自己的一部分系统资源（IP 地址、文件存储空间、内存、CPU 时间等）。虚拟主机之间完全独立，在外界看来，一台虚拟主机和一台独立主机的表现完全一样。在使用意义上是指在服务器硬盘上为用户开辟一块空间，并为用户分配相应的网络资源，这样用户就可以拥有自己的互联网址 www.yourname.com 和自己的电子邮件地址 someone@yourname.com，从而使Internet 上的浏览者通过用户的网址来查看用户的网站。

下面以在网站 http://www.92q.net/my/reg/中申请域名、空间为例，详细讲解申请网站域名和空间的方法。首先打开该网站，如图 15-30 所示。

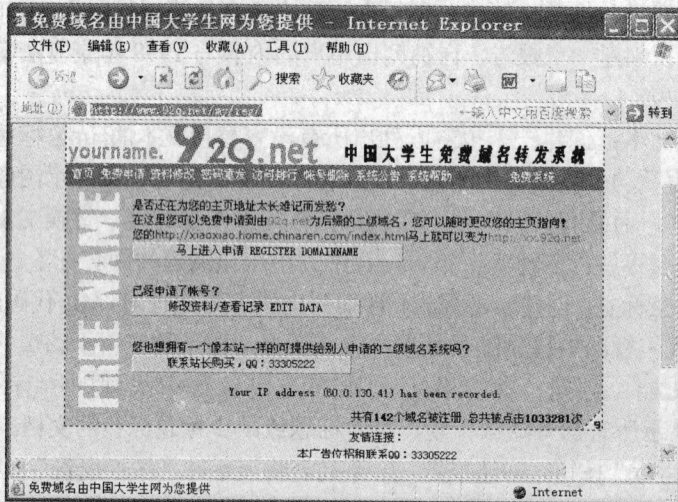

图 15-30 域名申请网站

单击"马上进入申请"按钮，打开申请页面，如图 15-31 所示。在该申请页面中列出了一些服务条款和声明，说明该网站所提供的服务与约束，如果用户想继续申请，则单击"确定"按钮。

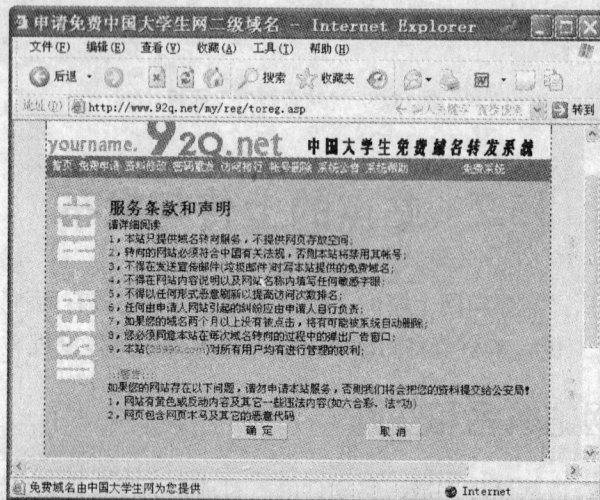

图 15-31 服务条款和声明

此时，将打开填写注册信息页面，如图 15-32 所示。用户需要将其中的各个选项按照要求进行填写。

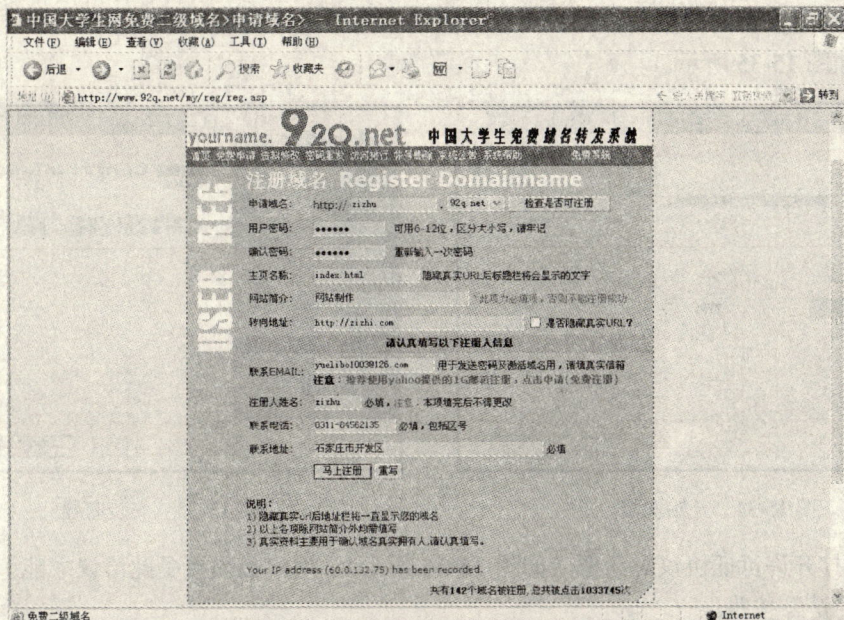

图 15-32　填写注册信息

　　填写完成后，单击"马上注册"按钮，如果注册失败，系统将给出用户注册失败的原因；如果注册成功，则显示注册成功的提示信息，同时给出用户名称与密码，以方便用户管理自己的空间。

15.2.2　上传、下载工具

　　当用户拥有了自己的网上空间后，即可利用上传工具进行网站的上传与下载。本小节将讲述如何安装 FTP 工具，以及如何建立 FTP 与远程站点之间的连接。

1. 安装 FTP 工具

　　要安装 FTP 工具，首先要有该安装程序，用户可以购买相应的软件或上网下载（可以到华军软件园、天空软件园等网站下载）。当用户拥有了安装程序后，便可以进行安装了。下面以 CuteFTP 的安装为例，讲述 FTP 软件安装的方法，其具体操作步骤如下：

　　（1）在用户的计算机上打开相应的文件夹，找到 CuteFTP 的安装程序，双击安装程序图标，启动 FTP 安装程序，如图 15-33 所示。

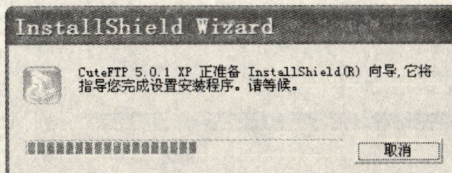

图 15-33　打开 FTP 安装程序

　　（2）此时，FTP 安装程序将自动启动安装向导，进入安装界面并开始安装，如图 15-34 所示。

（3）启用安装向导以后，用户可以按照提示向导进行安装。单击"下一步"按钮，继续安装，如图 15-35 所示。

图 15-34　开始安装

图 15-35　安装向导

（4）打开许可证协议对话框（如图 15-36 所示），用户必须接受此协议才能正常进行安装，单击"是"按钮。

（5）打开选择目的地位置对话框，其默认的位置是 C 盘，用户可以单击"浏览"按钮，重新定义安装目录，如图 15-37 所示。设置完成后，单击"下一步"按钮。

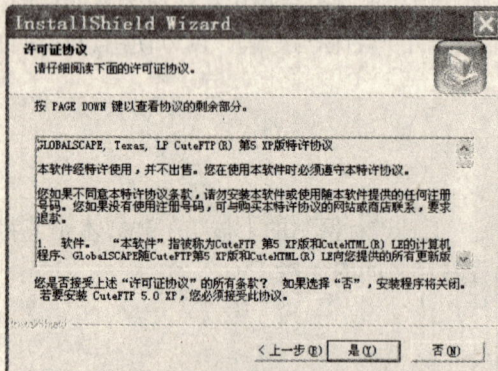

图 15-36　许可证协议对话框

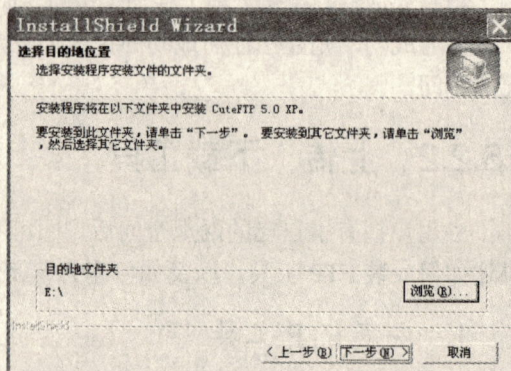

图 15-37　选择目的地位置对话框

（6）此时，程序会自动进行安装，如图 15-38 所示。

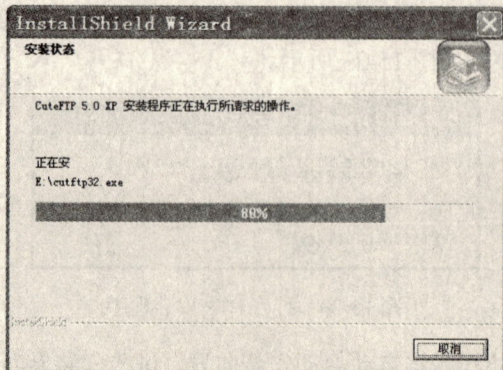

图 15-38　安装状态对话框

（7）安装完成后，系统将弹出一个如图 15-39 所示的安装完成对话框，提示用户重新启动计算机，用户也可以选择稍后重启，单击"完成"按钮，完成安装。

图 15-39　安装完成对话框

2.　使用 FTP

当用户打开 FTP 应用程序后，如果是第一次使用，此时还没有与远程服务器建立连接，用户不能够直接上传网站，需要进行设置以连接到相应的远程服务器上。当打开 FTP 应用程序时，将弹出如图 15-40 所示的 FTP 连接向导对话框，在其文本框中可以输入一个标签，单击"下一步"按钮。

此时，将打开如图 15-41 所示的对话框，在此对话框中可以进行 FTP 主机的连接，用户可以在此文本框中输入自己空间所在的主机地址。

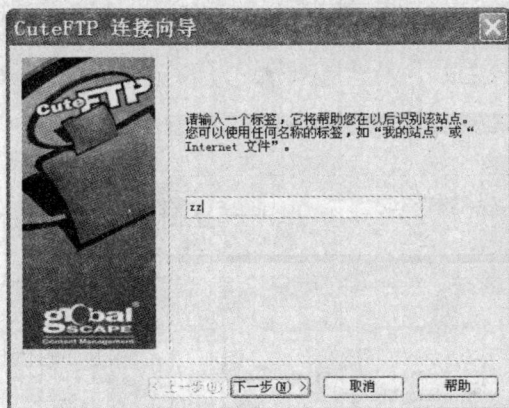

图 15-40　FTP 连接向导对话框

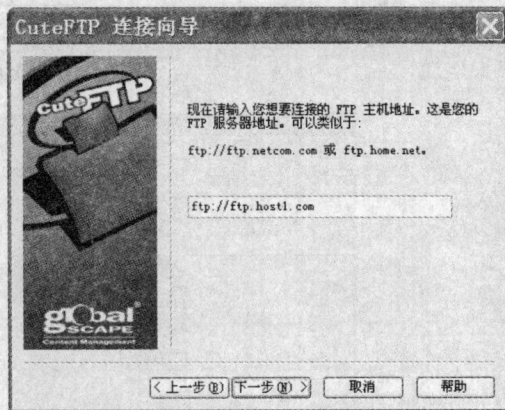

图 15-41　设置主机地址对话框

单击"下一步"按钮，打开如图 15-42 所示的对话框，其中，显示了用户使用此 FTP 与远程服务器连接的用户名与密码，用户可以输入自己的用户名和密码。设置完成后，单击"下一步"按钮。

在打开的对话框中，用户可以设置站点在本地计算机上的存放路径，或单击"浏览"按钮，从弹出的对话框中选择相应的文件夹，如图 15-43 所示。

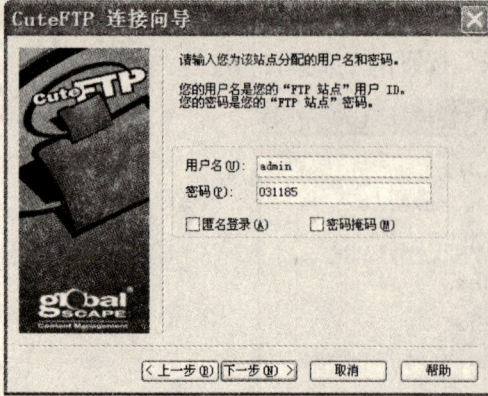

图 15-42　设置用户名与密码

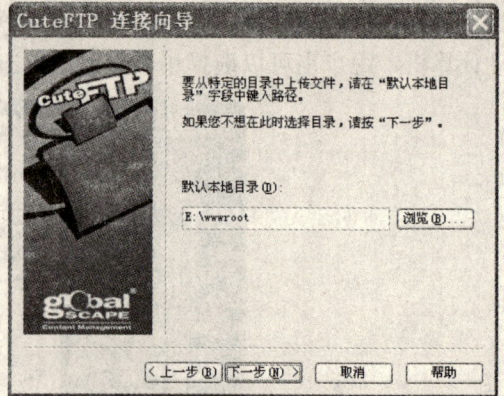

图 15-43　设置默认本地目录

单击"下一步"按钮，将打开如图 15-44 所示的对话框，用户可以根据需要选择相应的选项，然后单击"完成"按钮，此时，将打开 FTP 并显示其工作界面，如图 15-45 所示。

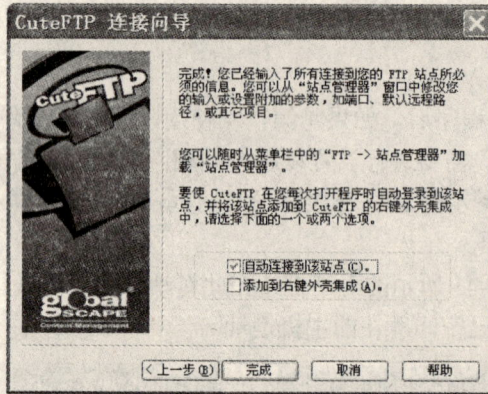

图 15-44　设置完成

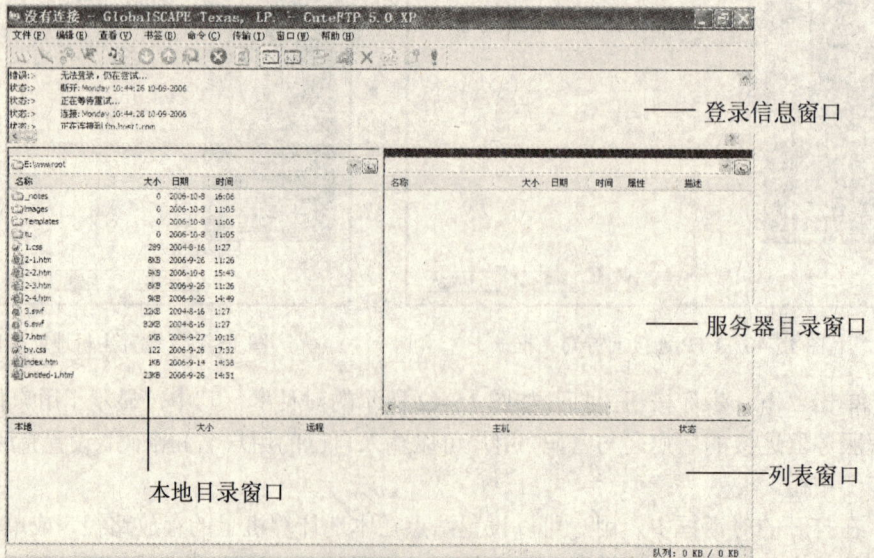

图 15-45　FTP 工作界面

FTP 界面可以分为以下四个工作区：

❋ 本地目录窗口：默认显示的是整个磁盘目录，用户可以通过其上方的下拉列表框中选择用户已经完成的网站，以准备开始上传。

❋ 登录信息窗口：FTP 命令行状态显示区。通过登录信息用户能够了解用户目前的操作进度和执行情况等，如登录、切换目录、文件传输大小、上传操作是否成功等重要信息，以便确定下一步的具体操作。

❋ 服务器目录窗口：用于显示 FTP 服务器上的目录信息。在列表中可以看到包括文件名称、大小、类型、最后更改日期等信息。窗口上方的下拉列表框中显示当前所在位置的路径。

❋ 列表窗口：显示"队列"的处理状态，用户在此可以查看准备上传的目录或文件（可以将所需的文件从本地目录中直接拖曳到此窗口）。此外配合使用 Schedule（时间表）还能达到自动上传的目的。

在了解了 FTP 的工作界面后，下面介绍 FTP 站点的创建，具体操作步骤如下：

（1）在 FTP 应用程序中，单击"文件"｜"站点管理器"命令，打开"站点管理器"窗口，如图 15-46 所示。

在此窗口中包括"新建"、"向导"、"导入"、"编辑"、"帮助"、"连接"和"退出"按钮。"新建"按钮，用于创建/添加一个新的站点；"向导"按钮，用提示来一步一步辅导用户创建新的站点，如果用户对 FTP 软件还不是很熟悉，可以单击"向导"按钮，打开向导来辅助用户创建新的站点；"导入"按钮，用户可以直接从 Cute FTP、WS-FTP、FTP Explorer、LeapFTP 和 Bullet Proof 等 FTP 软件导入站点数据库，而无需一个一个地设置站点，减少了用户录入庞大数据库的时间和录入错误；"编辑"按钮，可对用户已经建立站点的一些功能进行设置。

（2）单击"新建"按钮，打开建立站点窗口，新建一个站点，如图 15-47 所示。

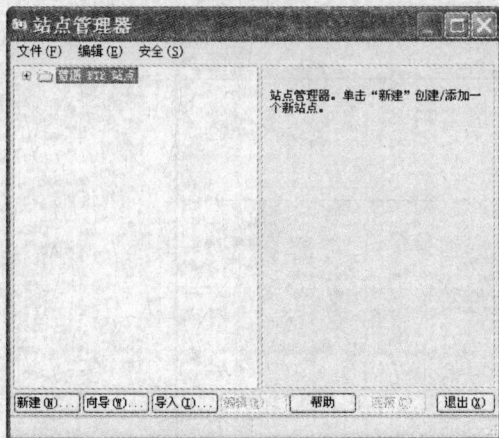

图 15-46 "站点管理器"窗口　　　　图 15-47 新建站点

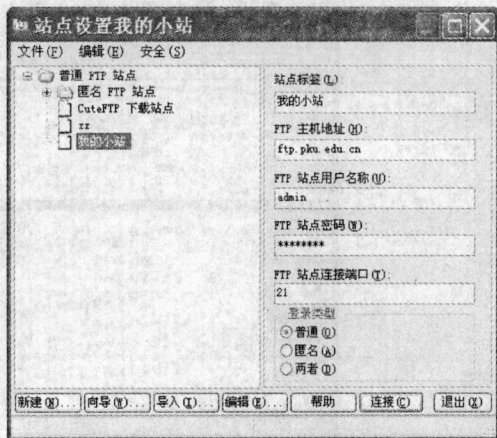

在新建站点时，需要进行以下各项设置：

❋ 站点标签：用户可以输入一个便于用户记忆的名字。

❋ FTP 主机地址：这是 FTP 服务器的主机地址，在这里用户只要填写用户的域名就可以了。

❋ FTP 站点用户名称：填写用户在相应的网站进行注册时所填写的用户名。

❋ FTP 站点密码：填写用户在相应的网站注册时所填写的密码。

❋ FTP 站点连接端口：CuteFTP 软件会根据用户的选择自动更改相应的端口地址，一般包括 FTP（21）、HTTP（80）两种，本实例中填写 21。

（3）当所有设置完成后，单击"连接"按钮，开始建立站点连接，如图 15-48 所示。连接成功后，用户便可以上传相应的站点文件了。

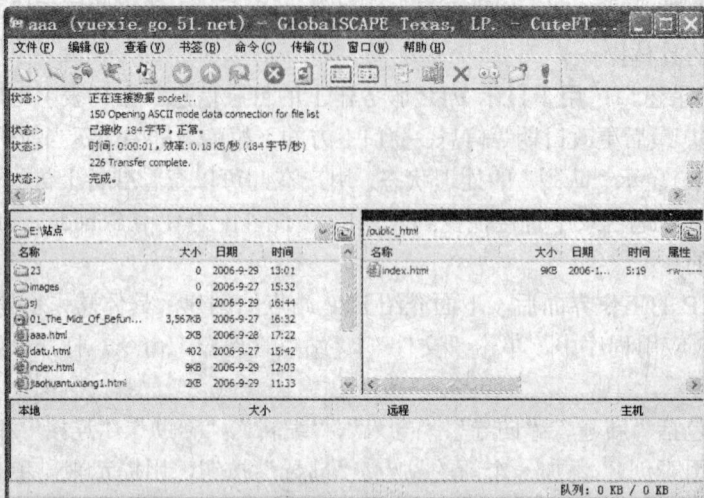

图 15-48　连接服务器

（4）在本地站点中选择相应的网页，将其拖曳到右侧的远程服务器上，即可开始上传，如图 15-49 所示。

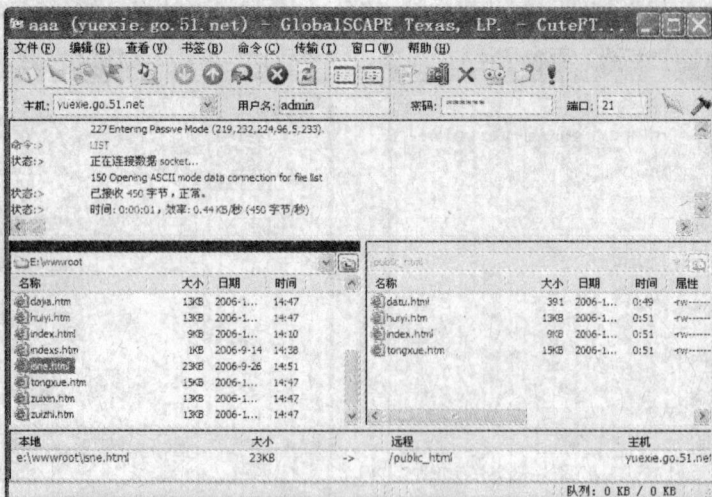

图 15-49　上传文件

15.2.3　站点更新

一旦用户连接到 FTP 站点，并上传了站点，就需要对上传的站点进行维护，其中最重要的就是更新站点内容，以维持网站所提供信息的及时性。此工作可以通过 FTP 来实现。本小节将讲述如何通过 FTP 进行上传和下载文件。

1. 上传文件

对于 FTP 用户来说，一般不可以在网上直接对自己的网站进行编辑。如果要更新网站，可以将需要更新的网页下载到本地计算机上，然后利用相应的软件进行修改后，再上传到网上的空间中，常用的上传方法有以下几种：

❋ 在本地目录窗口中选择修改后的文件，然后将其拖曳到服务器目录窗口中。

❋ 在本地目录窗口中选择需要上传的文件，并单击鼠标右键，在弹出的快捷菜单中选择"上传"选项，如图 15-50 所示。

❋ 在本地目录窗口中选中所要上传的文件，然后单击"传输"│"上传"命令，如图 15-51 所示。

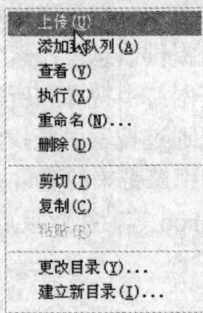

图 15-50　选择"上传"选项　　　图 15-51　单击"上传"命令

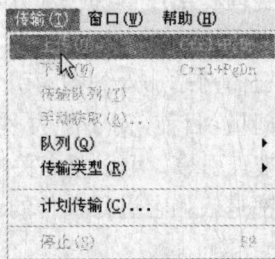

❋ 在本地目录窗口中选中所要上传的文件，然后按【Ctrl+PgUp】组合键。

2. 下载文件

如果用户需要将远程服务器上的文件下载到本地计算机上，可以通过以下几种方法进行下载：

❋ 在服务器目录窗口中选中所要下载的文件，将其拖曳到本地目录窗口中。

❋ 在服务器目录窗口中选择所要下载的文件，单击鼠标右键，在弹出的快捷菜单中选择"下载"选项，如图 15-52 所示。

❋ 在服务器目录窗口中选择所要下载的文件，然后单击"传输"│"下载"命令，如图 15-53 所示。

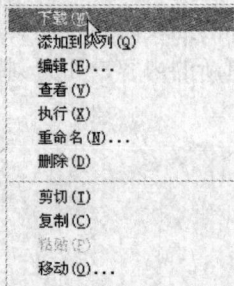

图 15-52　选择"下载"选项　　　图 15-53　单击"下载"命令

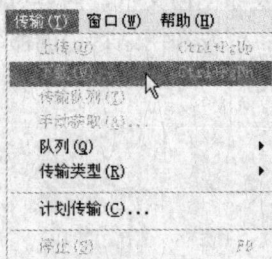

❋ 在服务器目录窗口中选中所要下载的文件，然后按【Ctrl+PgDn】组合键。

15.3　宣传网站

将网站上传到网上后，接下来要做的工作就是让更多的浏览者访问用户的网站，以提高网站的知名度。下面介绍一些常用的宣传网站的方法。

15.3.1　登录搜索引擎

登录搜索引擎是最常用，也是最有效的方法之一。其中，最常用的搜索引擎主要有 baidu、google、yahoo 等。

搜索引擎的主要作用是对互联网上的信息资源进行搜集整理，然后供用户查询。它包括信息搜集、信息整理和用户查询三部分。另外，它还是一个提供信息"检索"服务的网站，它使用某些程序把因特网上的信息归类，以帮助人们在茫茫网海中搜寻到所需要的信息。

当用户将自己的网站加入到搜索引擎后，浏览者就可以通过搜索引擎找到用户的网站，从而可以提高访问量。目前，对于绝大多数的网站来说，搜索引擎带来的流量大约可以占 60%以上。如果利用搜索引擎，可以重点关注 baidu、google、yahoo 等，在此重点推荐 baidu，有许多网站的站长都是依赖它进行宣传的。

15.3.2　交换友情链接

友情链接可以给一个网站带来稳定的访问量，并且有助于提高网站在 google 等搜索引擎中的排名。设置友情链接时，首先可以连接一些访问量比自己高，有知名度的网站。其次就是所连接网站的内容和自己网站的内容是互补的；还有就是同类网站，链接同类网站时，要保证自己网站的内容有特点，并且可以吸引人。

15.3.3　论坛宣传

先收集与自己网站相关的访问量较大的论坛网址，然后以自己的网站域名或中文名称作为用户名注册，签名栏改成用户网站的介绍，网站名称最好加大、加粗、设置成红色，头像最好设计成网站的 logo 并加有网址。

基本工作做好后，就可以发帖了，一般不直接发广告帖，这样会被删除。可以选择其他的形式，例如，发原创性文章，内容可以是介绍自己网站的建设之路，在文章的后面附带作者的名字和链接；或发布网站特色的服务项目或者最近更新的内容，如为浏览者提供的免费服务、个性服务等。

习　题

一、填空题

1．在使用本地测试网站前，需要构建测试环境，首先应在本地计算机上安装_____。

可以通过_____直接安装，也可以通过单击"添加/删除程序"窗口中的_____按钮进行安装。

2．在维护已经上传的网站时，可能需要上传或下载网页，其中较常用的工具是_____。

二、简答题

1．如何对站点进行测试及上传？
2．如何宣传和推广网站？

三、上机题

1．在自己的计算机上安装 IIS。
2．对制作的网页进行链接检查，并在本地计算机上进行站点测试。
3．在网上申请一个自己的空间。

附录 习题参考答案

第 1 章

一、填空题

1. 更多信息的共享与交流
2. 静态网页 动态网页
3. 网络
4. 红色 绿色 蓝色
5. 中性色 暖色
6. 管理 维护

二、简答题

（略）

三、上机题

（略）

第 2 章

一、填空题

1. 代码视图 拆分视图 设计视图 设计视图
2. 标尺 网格 辅助线
3. 超文本标记语言 平台

二、简答题

（略）

三、上机题

（略）

第 3 章

一、填空题

1. 直接输入 从其他文档复制 从其他应用程序中拖曳
2. 编号列表 项目符号列表 定义列表
3. 水平分隔线 垂直分隔线

二、简答题

（略）

三、上机题

（略）

第 4 章

一、填空题

1. GIF JPG PNG
2. 窗口 文本
3. Fireworks

二、简答题

（略）

三、上机题

（略）

第 5 章

一、填空题

1. 统一资源定位器
2. 绝对路径 相对路径

3．矩形热点工具　椭圆形热点工具
多边形热点工具

二、简答题

（略）

三、上机题

（略）

第6章

一、填空题

1．设置网页布局　单元格　行　列
2．标准模式　扩展模式　布局模式
3．嵌套表格

二、简答题

（略）

三、上机题

（略）

第7章

一、填空题

1．网页布局　具有较大的灵活性
2．菜单　"属性"面板
3．标尺　网格
4．层　图像　层

二、简答题

（略）

三、上机题

（略）

第8章

一、填空题

1．框架集　单个框架

2．N+1
3．导航　导航条　主要内容页面

二、简答题

（略）

三、上机题

（略）

第9章

一、填空题

1．.SWF
2．MID
3．插入背景音乐　链接音频文件

二、简答题

（略）

三、上机题

（略）

第10章

一、填空题

1．表单标签　表单域　表单按钮
2．表单
3．单行　多行　密码

二、简答题

（略）

三、上机题

（略）

第11章

一、填空题

1．外部样式表　嵌入式样式表　内
联样式表　类　标签　高级

2. 复制　重命名　修改　删除
3. 链接　导入

二、简答题

（略）

三、上机题

（略）

第 12 章

一、填空题

1. 模板　可编辑区域
2. 重复区域　重复表格
3. 资源　资源副本　.LBI

二、简答题

（略）

三、上机题

（略）

第 13 章

一、填空题

1. 浏览器
2. 弹出信息
3. 第三方插件

二、简答题

（略）

三、上机题

（略）

第 14 章

一、填空题

1. 数据库
2. ASP　JSP　PHP

二、简答题

（略）

三、上机题

（略）

第 15 章

一、填空题

1. IIS　系统盘　"添加/删除 Windows 组件"
2. FTP

二、简答题

（略）

三、上机题

（略）